數學拾穗
MATHEMATICS

蔡聰明 著

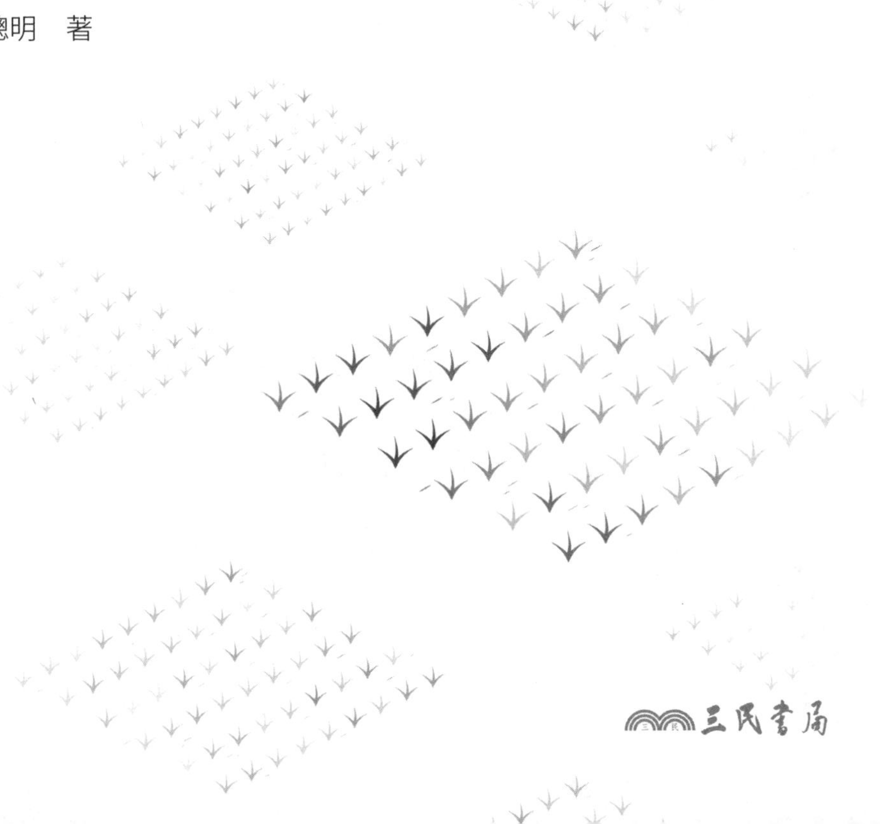

三民書局

國家圖書館出版品預行編目資料

數學拾穗／蔡聰明著；蔡聰明總策劃.－－初版一刷.
－－臺北市；三民，2019
面；　公分.－－(鸚鵡螺數學叢書)

ISBN 978-957-14-6545-6　(平裝)

1.數學 2.通俗作品

310　107022102

© 數學拾穗

著作人	蔡聰明
總策劃	蔡聰明
責任編輯	劉家菱
美術設計	吳柔語
發行人	劉振強
發行所	三民書局股份有限公司 地址　臺北市復興北路386號 電話　(02)25006600 郵撥帳號　0009998-5
門市部	(復北店) 臺北市復興北路386號 (重南店) 臺北市重慶南路一段61號
出版日期	初版一刷　2019年1月
編號	S 316660

行政院新聞局登記證局版臺業字第〇二〇〇號

ISBN　978-957-14-6545-6　(平裝)

http://www.sanmin.com.tw　三民網路書店

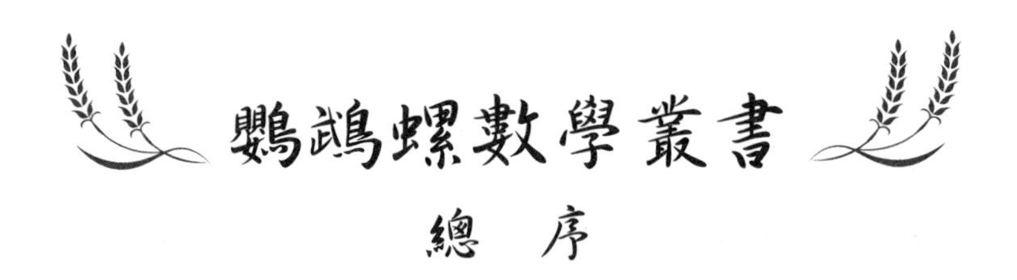

鸚鵡螺數學叢書

總　序

本叢書是在三民書局董事長劉振強先生的授意下，由我主編，負責策劃、邀稿與審訂。誠摯邀請關心臺灣數學教育的寫作高手，加入行列，共襄盛舉。希望把它發展成為具有公信力、有魅力並且有口碑的數學叢書，叫做「鸚鵡螺數學叢書」。願為臺灣的數學教育略盡棉薄之力。

▌論題與題材

舉凡中小學的數學專題論述、教材與教法、數學科普、數學史、漢譯國外暢銷的數學普及書、數學小說，還有大學的數學論題：數學通識課的教材、微積分、線性代數、初等機率論、初等統計學、數學在物理學與生物學上的應用等等，皆在歡迎之列。在劉先生全力支持下，相信工作必然愉快並且富有意義。

我們深切體認到，數學知識累積了數千年，內容多樣且豐富，浩瀚如汪洋大海，數學通人已難尋覓，一般人更難以親近數學。因此每一代的人都必須從中選擇優秀的題材，重新書寫：注入新觀點、新意義、新連結。從舊典籍中發現新思潮，讓知識和智慧與時俱進，給數學賦予新生命。本叢書希望聚焦於當今臺灣的數學教育所產生的問題與困局，以幫助年輕學子的學習與教師的教學。

從中小學到大學的數學課程，被選擇來當教育的題材，幾乎都是很古老的數學。但是數學萬古常新，沒有新或舊的問題，只有寫得好或壞的問題。兩千多年前，古希臘所證得的畢氏定理，在今日多元的光照下只會更加輝煌、更寬廣與精深。自從古希臘的成功商人、第一位哲學家兼數學家泰利斯 (Thales) 首度提出兩個石破天驚的宣言：數學要有證明，以及要用自然的原因來解釋自然現象（拋棄神話觀與超自然的原因）。從此，開啟了西方理性文明的發展，因而產生數學、科學、哲學與民主，幫忙人類從農業時代走到工業時代，以至今日的電腦資訊文明。這是人類從野蠻蒙昧走向文明開化的歷史。

古希臘的數學結晶於歐幾里德 13 冊的《原本》(*The Elements*)，包括平面幾何、數論與立體幾何，加上阿波羅紐斯 (Apollonius) 8 冊的《圓錐曲線論》，再加上阿基米德求面積、體積的偉大想法與巧妙計算，使得它幾乎悄悄地來到微積分的大門口。這些內容仍然是今日中學的數學題材。我們希望能夠學到大師的數學，也學到他們的高明觀點與思考方法。

目前中學的數學內容，除了上述題材之外，還有代數、解析幾何、向量幾何、排列與組合、最初步的機率與統計。對於這些題材，我們希望在本叢書都會有人寫專書來論述。

II 讀者對象

本叢書要提供豐富的、有趣的且有見解的數學好書，給小學生、中學生到大學生以及中學數學教師研讀。我們會把每一本書適用的讀者群，定位清楚。一般社會大眾也可以衡量自己的程度，選擇合適的書來閱讀。我們深信，閱讀好書是提升與改變自己的絕佳方法。

教科書有其客觀條件的侷限，不易寫得好，所以要有其它的數學讀物來補足。本叢書希望在寫作的自由度幾乎沒有限制之下，寫出各種層次的好書，讓想要進入數學的學子有好的道路可走。看看歐美日各國，無不有豐富的普通數學讀物可供選擇。這也是本叢書構想的發端之一。

學習的精華要義就是，**儘早學會自己獨立學習與思考的能力**。當這個能力建立後，學習才算是上軌道，步入坦途。可以隨時學習、終身學習，達到「真積力久則入」的境界。

我們要指出：學習數學沒有捷徑，必須要花時間與精力，用大腦思考才會有所斬獲。不勞而獲的事情，在數學中不曾發生。找一本好書，靜下心來研讀與思考，才是學習數學最平實的方法。

III 鸚鵡螺的意象

本叢書採用鸚鵡螺 (Nautilus) 貝殼的剖面所呈現出來的奇妙螺線 (spiral) 為標誌 (logo)，這是基於數學史上我喜愛的一個數學典故，也是我對本叢書的期許。

鸚鵡螺貝殼的剖面

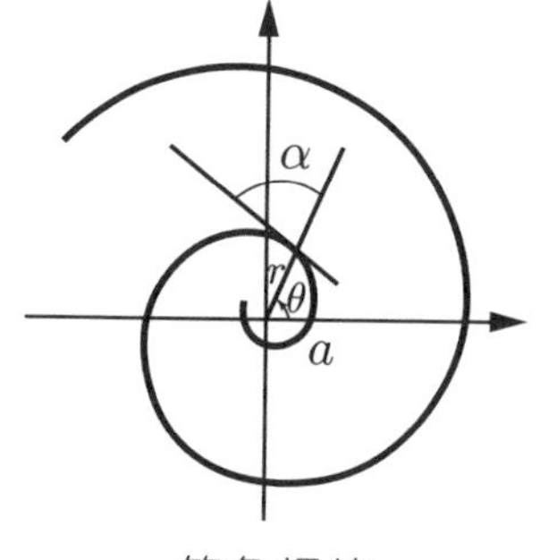

等角螺線

鸚鵡螺貝殼的螺線相當迷人，它是等角的，即向徑與螺線的交角 α 恆為不變的常數 ($\alpha \neq 0°, 90°$)，從而可以求出它的極坐標方程式為 $r = ae^{\theta\cot\alpha}$，所以它叫做**指數螺線**或**等角螺線**，也叫做**對數螺線**，因為取對數之後就變成阿基米德螺線。這條曲線具有許多美妙的數學性質，例如自我形似 (self-similar)、生物成長的模式、飛蛾撲火的路徑、黃金分割以及費氏數列 (Fibonacci sequence) 等等都具有密切的關係，結合著數與形、代數與幾何、藝術與美學、建築與音樂，讓瑞士數學家柏努利 (Bernoulli) 著迷，要求把它刻在他的墓碑上，並且刻上一句拉丁文：

Eadem Mutata Resurgo

此句的英譯為：

Though changed, I arise again the same.

意指「雖然變化多端，但是我仍舊照樣升起」。這蘊含有「變化中的不變」之意，象徵規律、真與美。

鸚鵡螺來自海洋，海浪永不止息地拍打著海岸，啟示著恆心與毅力之重要。最後，期盼本叢書如鸚鵡螺之「歷劫不變」，在變化中照樣升起，帶給你啟發的時光。

蔡聰明

2012 歲末

序言

筆者收集近幾年來在《數學傳播》與《科學月刊》上所寫的文章，再加上一些沒有發表的，經過整理就成了本書。全書分成三部分：算術與代數（共有 5 章）、數學家的事蹟（共有 5 章）、歐氏幾何學（共有 7 章）。

本書最長的一篇是第 11 章〈從畢氏學派的夢想到歐氏幾何的誕生〉，嘗試要一窺幾何學如何在古希臘理性文明的土壤中醞釀到誕生。最不一樣的一篇是第 9 章〈音樂與數學〉，也是從古希臘的畢氏音律談起，把音樂與數學結合在一起，所涉及的數學從簡單的算術到高深一點的微積分。其它的篇章都圍繞著中學的數學核心主題，我們特別著重在數學的精神與思考方法的呈現。

本書的讀者對象是高中學生以及對數學特別有興趣的國中學生。這些學子讀數學要有很清楚的脈絡，拿起教科書仔細讀，把道理讀清楚，想明白，習題都做了（務必要自己想出來）。這樣就有了最基本的基礎，然後再去作加深、拓廣以及連結的工作。

教科書有其客觀條件的限制，常有無法說清楚或難以發揮的地方，這就需要有相關的補充讀物。在世界各先進國家，優秀的補充讀物都很充足，甚至寫得比教科書還要有趣且豐富。我們希望本書也能夠扮演這樣的角色，對學子學習數學有所幫助。

數學的發展，從常量到變量，從有窮到無窮。事實上，數學是研究無窮的學問 (the science of infinity)。它有幾個面向：內容、方法與意義。

數學的內容基本上是：數、方程式、函數、圖形與空間的五合一。這平行類推於現代人類追求：自由、民主、法治、人權、公義的五合一。大自然把她的祕密以這五種形式隱藏起來，要探索大自然的祕密就要學習這五者。因此，從小學、國中、高中到大學的數學教育就是學習這五者，不斷地加深與拓廣，同時也不斷引入新方法與新觀點，讓數學這棵數千年的神木不斷地生長與茁壯。數學有內在結構之美與外在應用到大自然與宇宙之神奇。

數學是一部最精純的方法論。從比較大域來看有：算術方法（算術四則運算及其應用），代數方法（代數學），轉化方法（解析幾何，坐標系），向量方法（用向量的四則運算來做幾何），局部化方法（微積分）。從局部來看有：觀察與歸納，大膽猜測，分析與綜合，類推，推廣與特殊化，…等。這一切的演繹所用到的三個法寶是：計算、邏輯推理與想像力。

在中學數學裡我們學到的不外是下列的運算：+、−、×、÷、開方、指數、對數、歐氏算則（即輾轉相除法）、高斯算則（解一次聯立方程組的消去法）、向量四則（向量的加法、係數乘法、內積與外積）、行列式、矩陣、極限、微分、積分。有運算就要遵循運算的規則，邏輯推理與計算讓數學變成最精確的學問。

數學大致有下列四個層面：

1. 日常生活的實際應用。基本上這只涉及四則運算而已。
2. 訓練思考，包括計算、邏輯推理、條理清晰與層次井然的組織知識。
3. 探索宇宙、大自然與生命的奧祕，數學是不可或缺的最佳語言。
4. 數學知識結構本身的嚴謹與完美，作為真理的典範（為真理而真理），這有如藝術的經營。

一般人所見的數學僅止於第 1 層面，這是最淺顯的部分。能夠同時見到第 1 與第 2 層面者已屬更上一層樓。事實上，第 3 與第 4 層面才是數學家工作的核心，有如藝術般真正讓數學家、物理學家與哲學家著迷於數學的所在。

在這個資訊昌盛的時代，科技、衛星、電腦與手機都要靠數學來運作，所有訊息、圖像與影音都用 0 與 1 來編碼與傳遞，數字瀰漫在空氣中。「數學教」的教主畢達哥拉斯，提出「萬有皆整數與調和」、「數統治著宇宙」，確實是具有深刻的洞見。

期望本書能夠給讀者帶來啟發的時光。

蔡聰明

2018 冬

數學拾穗

CONTENTS

第3篇　歐氏幾何學

第 1 篇

算術與代數

01 數學發現的樂趣

(The joy of mathematical discovery)

Eureka! Eureka!

（我發現了！我發現了！）

－阿基米德（Archimedes, 西元前 287～前 212）－

數學的探索是從問題（自問或他問或書問或師問）出發，先有探索的思考過程，得到發現或猜測，接著才有檢驗 (test)，提出反例加以否定或提出邏輯證明加以肯定，再來是欣賞與品味，最後連貫到主流的知識系統，得到「無上妙趣，了悟之樂」（達文西之語）。

數學有兩大主題：數與圖形。通常數學是經過探索、計算與推理，然後發現數與圖形的性質與規律，最後再連貫與組織成有系統的「數學之書」。這樣的知識除了本身有趣且具有美感之外，又是解讀「自然之書」的必備工具。不懂數學就讀不懂「自然之書」。

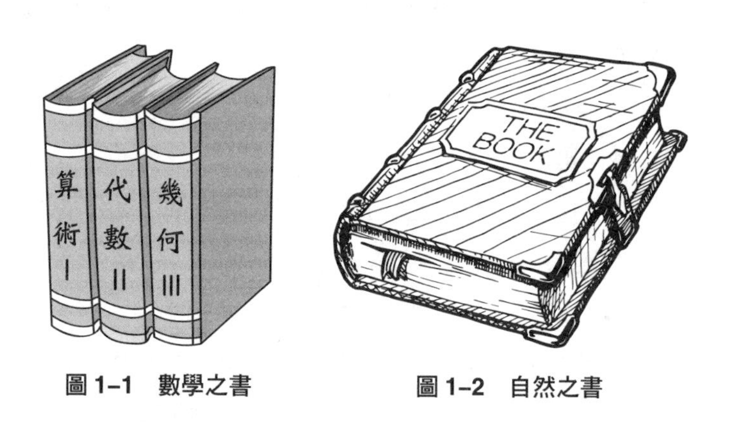

圖 1-1　數學之書　　　圖 1-2　自然之書

敏銳地觀察周遭，發現有意義的性質、有趣的規律，以及美麗的模式。這就是數學之心 (the heart of mathematics)。這是我們讀數學時最應該注意並且努力鍛鍊的地方。本章我們舉出 10 個例子來說明。

例 1（發現對稱模式）

一位小男生說：「我喜歡 "September" 這個單字，因為它可以寫成

sEptEmbEr

子音與母音規律地相間出現，最終的模式 (pattern)：

•*••*••*•

呈現出美麗的對稱圖形。」 ■

雖然微不足道，但是對於一個小孩子來說，這可以媲美於數學家的發現一個公式，以及科學家的發現一條定律那樣的欣喜。

值得注意的是，對稱與美之間的關係非常密切，將來是大學的抽象代數學之群論 (group theory) 所要研究的主題。對稱性的思考永遠是最重要的思考方法之一。看到東就想到西，看到上就想到下，這就是初步的對稱性思考。

例 2（發現質數）

一位小女生在玩分糖果遊戲時，發現 6 個糖果可以公平地分給 3 個人或 2 個人，每人得到：

$$6 \div 3 = 2 \text{ 個} \quad \text{或} \quad 6 \div 2 = 3 \text{ 個}$$

15 個糖果可以公平地分給 5 個人或 3 個人，每人得到：

$$15 \div 5 = 3 \text{ 個} \quad \text{或} \quad 15 \div 3 = 5 \text{ 個}$$

但是 5 個、7 個、13 個、19 個糖果，卻無法公平跟好朋友分享，除非獨享或跟個數一樣多的人分享（例如 $5 \div 1 = 5$，$5 \div 5 = 1$）。她稱這些不能分享的數為「不公平數」(unfair numbers)。事實上，她自己獨立地發現了「質數」的概念，而且還自創名稱。質數多麼孤高（孤芳）自賞啊！ ■

註：抽取事物的特徵性質，然後加以分類，結晶為定義，並且給予命名，這是數學的初步。請觀賞《博士熱愛的算式》這部絕佳的影片。

定義（質數的定義）

設 n 為一個大於 1 的任何自然數。如果 n 只有 1 與自身 n 的因數，再沒有其它的因數，那麼 n 就叫做**質數**，否則叫做**合數**。

注意：1 不是質數，也不是合數，它自成一類。古希臘人把 1 看作比一般數更上一級，它是「萬數之母」，是生成所有數的母親，由 1 出發不斷加 1 就可以得到所有的自然數。

例 3（發現負數）

匈牙利數學家艾迪胥 (Erdös, 1913～1996) 在四歲的時候，有一天對媽媽說：「如果妳從 100 減去 250，那麼妳將得到低於 0 的 150。」

這是一個小孩子獨立發現「**負數**」的例子：$100-250=-150$。在寒冷的冬天，我們說溫度是低於 0 的 5 度，就是「零下 5 度」或「-5 度」，讀成「負 5 度」。 ■

例 4（拉馬努金：$0\div 0=?$）

印度天才數學家拉馬努金 (Ramanujan, 1887～1920) 在小學的時候，老師說：15 個糖果分給 15 個人，每個人得到 1 個，1000 個糖果分給 1000 個人，每個人也是得到 1 個，因為

$$15\div 15=1，1000\div 1000=1$$

由此歸納出一般規則：

任何數除以自己等於 1，即 $a\div a=1$

拉馬努金馬上反問老師：「$0\div 0=?$」讓老師回答不出來。 ■

學習數學要從「被動的學習與被動的解題」，上升為「主動的學習、主動提出問題與思考問題」。古希臘哲學家蘇格拉底（Socrates，西元前 469～前 399）甚至認為「提出問題的藝術比解決問題的藝術更重要」。兩千五百年後，創立集合論的康托爾 (G. Cantor, 1845～1918) 加以呼應。康托爾說：

1. 提出問題的藝術比解決問題的藝術更重要。
   (The art of problem posing is more important than the art of problem solving.)
2. 數學的本質在於它的自由。
   (The essence of mathematics lies in its freedom.)

第 11 誡

摩西有 10 誡，上網查看是什麼！數學又多加一誡，叫做第 11 誡，我們從小都曾被耳提面命：

第 11 誡：0 不可以當除數。

不准 $1 \div 0$，更不准 $0 \div 0$！

為什麼呢？例如 $6 \div 3 = 2$，但是

$$1 \div 0 = ?$$

我們都知道乘法與除法是一體兩面，亦即

$$6 \div 3 = 2 \quad 與 \quad 6 = 3 \times 2$$

是同一回事。準此以觀

$$1 \div 0 = \square \quad 與 \quad 1 = 0 \times \square$$

是同一回事。但是，在 $1 = 0 \times \square$ 中，$\square$ 無法填入任何數。因為任

何數乘以 0 等於 0，不會等於 1，所以我們才說：0 不可以當除數或「1÷0」無意義。

至於 0÷0 更詭譎，但可類似討論：0÷0=□就是 0=0×□。此時□填入任何數皆成立。因此，0÷0 可為任意數，於是我們就說 0÷0 為「不定型」。

更進一步，若 1÷0 可定義，令其為 a，即 $1\div 0=a$。於是

$$1=0\times a=0$$

兩邊同加 1，得到 2=1。按此要領不斷加 1 下去，就有

$$0=1=2=3=\cdots$$

表示所有數都等於 0，因此 0 像是數的黑洞。數系垮掉，世界也跟著垮掉。

數學教育的「教父」波里亞 (George Pólya, 1887～1985) 曾提出教師 10 誡。他的名言：

Teach to think. Guess and Test.

教學就是激發思考。猜測再檢驗。

波里亞寫有一本經典名著《怎樣解題》(*How to solve it*)。有中譯本，期望會有同學拿來細讀。要讀就讀經典名著，聽大師之言！

頭腦的體操

若 0 可以當除數，則數學垮掉，進一步世界與宇宙都會崩塌！

例 5（發現奇數和的公式）

畢達哥拉斯（Pythagoras，約西元前 585～前 500）小時候在愛琴海邊玩耍，偶然擺弄小石子 (pebbles) 成為下面的正方形陣式：

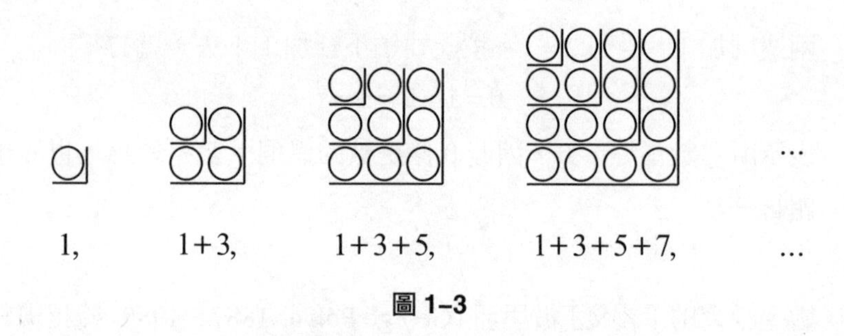

圖 1–3

他觀察到這些特例都是「正方形數」(即平方數)，由此大膽飛躍出一般公式（畢氏公式）：

對於任意的自然數 n，恆有 $1+3+5+\cdots+(2n-1)=n^2$。 ■

註：用代數符號 n 才可以表達「普遍」與「無窮」！偶數的一般表示法為 $2n$，而奇數有兩種表示法：$2n-1$ 與 $2n+1$。此處我們要選取前者。

這是數學發現的一個偉大時刻 (a great moment)，從「有涯」飛躍到「無涯」的創造。從幾個特例的觀察（有涯)，就發現了一般規律（無涯)。這個一般規律適用於無窮多的特殊狀況。

例 6（重新發現奇數和公式的欣喜）

大約經過兩千五百年之後，公理化機率論的創立者，俄國偉大的數學家柯莫哥洛夫 (A. N. Kolmogorov, 1903～1987) 在他晚年所寫的〈我如何成為一位數學家〉的文章中說：當我五或六歲時，觀察到如下的模式

$$1 = 1^2$$

$$1 + 3 = 4 = 2^2$$

$$1 + 3 + 5 = 9 = 3^2$$

$$1 + 3 + 5 + 7 = 16 = 4^2 \quad \text{等等}$$

讓我經歷了數學發現的狂喜。 ■

從此讓他一輩子跟數學結下不解之緣。一位五或六歲的小孩子，對數學的規律就有這麼強烈的感受，這是具有超強數學性向的證據。我們要強調，重新發現也是發現。數學處處都有讓人重新發現的契機。

例 7（規律與模式是初階數學）

物理學家費曼 (Feynman, 1918～1988) 回憶小時候的經驗，他說：我出生前，父親便告訴母親：「如果是個男孩，讓他做科學家。」當我還是坐在高腳椅上的年齡，父親便搬回人家剩下不要的各種顏色浴室小瓷磚片。我們一起玩，父親在我的高腳椅上排列瓷磚片，像骨牌般列出陣式，我從末端一推，它們就全倒了。

然後，我幫忙重排陣式。不久我們便改採較複雜的排列法：兩塊白的一塊藍的，兩塊白的一塊藍的，這樣排下去。母親看到了便說：「別整這孩子了，他要擺藍的就擺藍的嘛！」

父親卻說：「不！我要讓他知道什麼叫規律，規律是很有趣的，這是初階數學。」就這樣，他很早便開始向我解說這世界，指出其中的趣味。 ■

費曼很幸運，擁有一位深懂數學教育的好父親，從小就開始培養他的規律感 (the sense of order)，並且探索這個美妙的世界。

英國數學家兼哲學家懷海德 (A. N. Whitehead, 1861～1947) 說：

> 活生生的科學是無法產生的，除非人們對於事物存在有規律，特別地，大自然存在有規律這件事具有普遍而近乎本能的信仰。

相信大自然、數與形，都充滿著神奇奧妙的規律，然後努力去尋找它們，在發現中得到滿足與欣喜，這是研究科學或數學所能得到的最大報酬。

小孩子也可以發現數學！從觀察單字 September，看到 sEptEmbEr，再經過抽象化、抽取出本質，而得到 •*••*••*• 的美麗模式；從分糖果遊戲，發現質數概念；由減法發現負數概念；從排列瓷磚片，體驗規律；從擺弄正方形小石子，發現公式 $1+3+5+\cdots+(2n-1)=n^2$。這些大致就是初階的數學發現過程。上述幾位小孩子都具有敏銳的「形感」、「數感」以及「規律感」，這是學習數學的最優秀特質，他們都嚐到了發現的喜悅。這跟學習音樂需要敏銳的「音感」一樣。最後，無論是學什麼東西都要有「美感」(the sense of beauty)。

我們再舉幾個發現規律的例子，規律在數學中叫做定理，在物理學中叫做定律。定理必涉及無窮！

例 8（發現幾何定理）

古埃及人與古希臘人發現：在各種不同形狀與大小的無窮多樣三角形中，個別一個內角的大小都是說不準的，但是「三個內角加起來總是不變的 180°，即一平角」。這是說得準且明確的一個幾何定理，有如物理學的一條守恆定律。

又如對於任何直角三角形都有：「斜邊的平方等於兩股的平方之和」。這就是鼎鼎著名的畢氏定理，它是幾何之心 (the heart of geometry)。 ■

故事

印度天才數學家拉馬努金被稱譽為「一個懂無窮的人」(A man who know infinity)。他在小學時提出兩個大哉問，第一個是：$0 \div 0 = ?$ 已如上面所述。

另一個是，有一位同鄉的學長到城裡去讀書，回鄉時拉馬努金又提出他的第二個大哉問：

What is the highest truth of mathematics?

什麼是數學的至高真理？

學長回答說：畢氏定理與股票的價格曲線。

例 9（利用數學創立物理的理論，洞察大自然的祕密）

愛因斯坦 (Einstein, 1879～1955) 創立相對論 (Theory of relativity)，發現質能互變的公式 $E=mc^2$，促成原子時代的來臨，其中 E 表能量，m 表質量，c 表光速。$c=299{,}792{,}458$ 公尺 / 秒，約每秒 30 萬公里，繞地球 7 圈半。 ■

比較起來，這些都是深刻的發現，並且發現的過程精微曲折。但是，作為發現本身，在本質上跟上述四位小朋友的經驗並沒有區別，都具有「**混沌出秩序**」(orders out of chaos) 的妙趣。數學就是「見本質」的功夫。

例 10（解出問題的狂喜）

阿基米德洗澡時悟出：利用浮力原理可以判定皇冠為純金或摻雜銀子。於是，情不自禁，光溜溜地衝出澡堂，並且大叫：Eureka! Eureka!（我發現了！我發現了！）這是悟道的狂喜。 ■

我們隨時要留意周遭的發現契機，欣賞大自然與數學家的創意點子，這是學習數學與科學的要訣之一。

數學是人類不斷叩問自然，跟自然對話而產生出來的。數學家追求邏輯上可能的模式，尋找數與圖形的可能規律，這是一種驚心動魄的觀念探險之旅 (the exciting adventures of ideas)。

從古到今，人類的文明經歷過三波的發展：第一波是農業革命，第二波是工業革命，以及第三波是目前正在加速進行的資訊革命。在這個過程中，數學伴隨著人類文明而成長，並且扮演了很重要的角色，

例如牛頓 (Newton, 1642～1727) 與萊布尼茲 (Leibniz, 1646～1716) 創立微積分，幫忙推動了 17 世紀的科學革命，接著才有 18 世紀的啟蒙運動，19 世紀的工業革命，以至今日的生物與資訊革命。誠如伽利略 (Galileo, 1564～1642) 所說的：

> 自然之書 (Book of Nature) 是用數學語言寫成的，
> 不懂數學就讀不懂這本偉大的書。

循線索找答案，一步一腳印！

1. 今天是星期五，往後第 101 天是星期幾？
2. 我有 4 張 5 元與 3 張 3.5 元的郵票，用一張或多張可組成多少種不同的郵資？

3. 假設鉛筆與鋼筆的價格不同。已知 2 支鉛筆與 3 支鋼筆的價錢為 780 元，而 3 支鉛筆與 2 支鋼筆的價錢為 720 元。請問 1 支鉛筆與鋼筆各多少錢？
4. 某工程 3 個人工作需 24 天才可完成。若由 4 個人工作，請問幾天可完成？
5. 有個獵人離開他居住的小屋，向南走 1 公里，再向東走 1 公里，最後再向北走 1 公里，回到小屋。他很驚訝地發現一隻熊，請問熊是什麼顏色？
6. 桌上放了 15 個棋子，甲乙兩人輪流取走若干個，規定：每次至少取走 1 個至多取走 5 個，最後拿光者獲勝。有無必勝法？如果有，如何辦到？
7. 書本從第 1 頁開始編頁碼。
   (i) 有一本書 323 頁，編頁碼總共用了多少個數字？
   （例如從第 8 頁到第 12 頁，頁碼 8, 9, 10, 11, 12，總共用了 8 個數字。）
   (ii) 寫完一本厚書之後，編頁碼總共用掉 2989 個數字，請問這本書有幾頁？
8. 有 12 個外表與大小皆相同的硬幣，其中有一個是較輕的劣幣，用天平來秤，請問最少要秤幾次可以找出劣幣？如何秤法？若不知劣幣是較輕或較重又如何做？再考慮 27 個硬幣的情形。
9. 有三個桶子，8 公升的桶子裝滿著油，5 公升與 3 公升的桶子是空的。請問如何將 8 公升的油平分？

萬有皆整數

Come forth into the light of things,

Let nature be your teacher.

進入事物的光照之中

讓自然成為你的老師

—英國詩人華茲渥斯 (William Wordsworth, 1770～1850)—

有物就有「數量」與「形狀」，再抽象為「數」與「形」；而數學就是研究「數」與「形」的學問，探尋它們的性質和規律。

古希臘的畢達哥拉斯學派 (Pythagorean school) 信奉「數學教」，主張「萬有皆整數與調和」(All is whole numbers and harmony.)，提倡四藝的研究：算術、音樂、幾何學與天文學。畢達哥拉斯說：

數統治著宇宙 (Number rules the universe.)

最單純的數是自然數（又叫做正整數）：1、2、3、4、 …。把所有的自然數合起來看，就是集合 (set) 的概念，用記號來表現：

$\mathbb{N}=\{1, 2, 3, 4, 5, \cdots\}$，叫做自然數的集合，簡稱「自然數集」

有時會把 0 也考慮進來（這是現代的事情）：

$\mathbb{N}_0=\{0, 1, 2, 3, 4, 5, \cdots\}$，叫做「非負整數集」

集合 $\mathbb{N}$ 的組成元素叫做「自然數」。

自然數集的元素有無限多個，這差不多是每個人第一個遇到的「無窮」，用自然數來數星星，數來數去數不清。自然數是神造的，其它都是人造的。道生 1，1 生 2，2 生 3，3 生萬物。

探索自然數的性質與規律就產生了整數論。本文我們要來介紹最初步的整數論，把每一個整數當作一塊積木來玩，積木的大小與形狀皆不同。

我們要採用原子論 (Atomism) 的觀點來看事情，將「大自然」與「自然數集」作類推與對比：大自然中的原子，就相當於自然數中的質數。我們要強調，對大自然的深刻研究是數學發現的最豐富泉源。

1. 原子論：虛空與原子

好奇的古希臘人面對大自然的森羅萬象，凡事問「**為什麼**」。起先他們編造神話故事來解釋現象，得到初步的心靈滿足。後來偉大的泰利斯（Thales，約西元前 640～前 548）出現，他堅持：**要用自然的原因來解釋自然現象，而不要用神話觀來看世界**。這迫使獨斷讓位給理性論證，導致科學的誕生。

舉個例子，古希臘人觀察到水可以是液體的水、固體的冰、氣體的水蒸氣。水的本質沒有變，到底是什麼促成這個變化呢？古希臘人大膽地想像：因為水是由原子組成的，原子的不同排列與組合，所以才造成水的液態、固態與氣態。

進一步，他們追究大自然的**物質結構** (the structure of matter)，於是產生原子論的思想與學說，提出物質的結構原理：

> 凡是物質都是原子組成的。原子的質料都相同，大小與形狀不同。原子在虛空 (void) 中作永不止息的運動、排列與組合，就產生萬物。只有原子與虛空是最終的真實，其它都是一時一地的意見 (opinions)。

將物質不斷作分割，直到「不可再分割」(uncuttable)，就得到「原子」；這是分析 (analysis) 的過程。反過來，由原子組合成分子，再組合成物質；這是綜合 (synthesis) 的過程。

偉大物理學家、物理奇才費曼對原子論推崇備至，他說：

> 如果人類要面臨毀滅，只准保留一句話給未來的世代，這句話要用字最少，但含有最多的科學訊息，那麼應該保留哪一句話呢？毫無疑問，應該保留原子論：凡是物質都是原子組成的，原子是微小的粒子，永不止息地運動著，擠在一起時會互相排斥，稍分離時又會互相吸引。(像刺蝟一樣)

他又說：

> 就這麼一句話，只要你運用一點想像力，加上思考，你就可以看出，它蘊含有多麼豐富的關於這個世界的訊息。

這一套的想法統稱為「原子論」或原子論的主題變奏曲。進一步引申出許多科學方法論：除了結構原理、分析與綜合之外，還有局部與大域、基本要素與整體的關連、以簡馭繁、化約論 (Reductionism)、假說演繹法 (Hypothetico-Deductive method) 等等，形成科學與數學文明的主流思想。

2. 質數與原子

原子論的精神與方法，在科學上、方法論上與數學上都太重要了。我們把它們運用到自然數系 $\mathbb{N}=\{1, 2, 3, 4, \cdots\}$，對自然數要做類似於物質原子論的分析與綜合的工作。

首先我們注意到，兩個自然數的分合之道有「四則運算」（+、−、×、÷）。不過，我們只需看加法與乘法就夠了，因為減法與除法分別是加法與乘法的逆運算。這是思考的化約之道。

進一步，我們只需看乘法就夠了。因為對於加法而言，任何自然數最終都可以分解成一些 1 的相加，例如 $5=1+1+1+1+1$，所以 1 是唯一的「原子」。在這種狀況下，沒有什麼好研究的，因為得不到深刻而豐富的結果。

但是對於乘法就很豐富了。以下我們用「乘法」來探索自然數的分合之道。先觀察下面一些例子：

$$2=1\times2,\ 3=1\times3,\ 4=2\times2=1\times4,\ 5=1\times5,$$
$$6=2\times3=1\times6,\ 7=1\times7,\ 8=2\times2\times2=2\times4=1\times8,$$
$$9=3\times3,\ 10=2\times5=1\times10,\ 11=1\times11,\ \cdots$$

我們發現 $\{2, 3, 5, 7, 11, 13, 17, \cdots\}$ 這些數很特別，只能分解成 1 與自己的乘積，這是無聊的分解。事實上，我們把它們看作是「**不能再分解的數**」，這是自然數中的「**原子**」。遇到一個重要的概念，值得為它命名，結晶為一個定義。

定義 1

設 n 為一個大於 1 的自然數。

(i) 如果 n 除了 1 與自身 n 之外，沒有其它的因數，那麼 n 就叫做質數 (prime number)。

(ii) 若 n 不是質數，就叫做複合數，簡稱為合數 (composite number)。

眼尖的讀者必已注意到：本來 $1=1\times1$，所以 1 也只有 1 與自己兩個因數，所以 1 應該也是質數，但是我們卻把 1 排除在外，為什麼要這樣做呢？

若把 1 也當作是質數，則自然數的質因數分解便會不唯一，例如：

$$6=2\times3=1\times2\times3=1\times1\times2\times3=\cdots$$

所以為了保持質因數分解的唯一性，就規定 1 不為質數。因此自然數分成三類：

1，質數，合數

注意：1 自成一類。

例 1

1 的因數只有 1 個，質數的因數有 2 個，合數的因數有 3 個以上。

■

例 2

100 以內的質數，一共有 25 個：

2, 3, 5, 7, 11, 13, 17, 19, 23, 29, 31, 37, 41,

43, 47, 53, 59, 61, 67, 71, 73, 79, 83, 89, 97 ■

數學家哥德巴赫 (Goldbach, 1690～1764) 觀察到：

$$4=2+2,\ 6=3+3,\ 8=3+5,\ 10=3+7,\ 12=5+7,\ \cdots$$

那麼根據所謂的歸納法 (induction)，自然就得到下面的猜測，但是至今仍然是無法證明。

哥德巴赫的猜測（1742 年）

(i) 任何大於 2 的偶數都可以表成兩個質數之和。

(ii) 任何大於 4 的偶數都可以表成兩個奇質數之和。

(iii) 任何大於 6 的偶數都可以表成兩個相異質數之和。

角谷靜夫 (Kakutani) 的猜測，也稱為 Lothar Collatz 猜測

（關於數的遊戲，1937 年提出）

設 n 為大於 2 的任意自然數，施行下面的操作：

(i) 若 n 為偶數，則除以 2；

(ii) 若 n 為奇數，則乘以 3 再加 1。

按此要領不斷重複操作下去。

證明：對於任意 $n \in \mathbb{N}$，最後必會到達 1。

註：這個猜測又叫做「冰雹猜測」，數字像冰雹那樣，忽上忽下，最後總是會落回地面的 1，但至今還無法證明。

3. 算術根本定理

如同前面所說，我們把質數看作是「不能再分解的數」，相當於自然數中的「原子」。所以從原子論的精神來看，任何自然數皆可表成質數的乘積應是很自然的。所以我們有了下面重要的結果：

定理 1（算術根本定理，自然數的結構定理）

(i) 存在性：任何大於 1 的自然數 n 都可分解成質因數的乘積。

(ii) 唯一性：任何大於 1 的自然數 n，若有兩種質因數的分解：

$$n = p_1^{\alpha_1} p_2^{\alpha_2} \cdots p_m^{\alpha_m}\text{，其中 } p_1 < p_2 < \cdots < p_m \text{ 為質數}$$

$$n = q_1^{\beta_1} q_2^{\beta_2} \cdots q_n^{\beta_n}\text{，其中 } q_1 < q_2 < \cdots < q_n \text{ 為質數}$$

那麼 $m = n$，並且 $p_1 = q_1, p_2 = q_2, \cdots, p_m = q_m$。

【證明】這是一個重大的習題，一定要自己找資料來讀懂、讀通！

因為不把 1 看成是質數，才有唯一性的性質存在，這在前面也有提過。至於為何是乘法結構，而不是加法結構，這是因為在加法結構下，任何自然數皆可由 1 相加而成，變化不大，討論起來不這麼「有聊」，反倒是在乘法結構下，任何自然數皆可表成質數的乘積，可討論的東西就豐富多了，所以選擇乘法結構。

由算術根本定理我們可以看到做學問的一個方法論，即分析法與綜合法：

> 將自然數分解為質因數之乘積，這是分析法；反過來，將一些質數相乘就可以得到任意想要之自然數，這是綜合法。

由這個觀點來看，上述定理不是很美嗎？

4. 質數有幾個？

接著你一定會很想知道自然數中的原子，即質數，有多少個？有限多個或無窮多個？令人驚異的是，答案是後者，而且我們可以證明！這是古希臘數學的一項偉大成就。

定理 2

質數有無窮多個。

註：歐幾里德（Euclid，西元前 325～前 265）為了避開無窮，把這個定理說成：**任意給有限多個質數，必定可再找到一個。**

證　明　假設 ℕ 中僅存在有限個質數 $2, 3, 5, \cdots, p$。我們還可以找到一個更大的新質數：令 $M=2\times3\times5\times\cdots\times p+1$。顯然 $M>1$，於是 M 只能是質數或合數兩種可能：

(i) 如果 M 為質數，則 M 就是我們所要找的一個更大的新質數。

(ii) 如果 M 為合數，則 M 必為若干個質數之乘積。這些質數不可能為 $2, 3, 5, \cdots, p$，因為用 $2, 3, 5, \cdots, p$ 去除 M 皆剩餘 1。

無論是何種情形，我們都可以找到 $2, 3, 5, \cdots, p$ 之外的質數。這跟假設矛盾。因此，在 ℕ 中必存在有無窮多個質數。

欣賞

在定義 M 時，「+1」是畫龍點睛之筆！改為加任何其它自然數，都不行。不過，將「+1」改為「−1」也是可以的。讀數學，「眉角」的地方都要自己思考過！

這個定理告訴我們，自然數中的「原子」足夠豐富！大自然中的元素才 110 種左右就可以組成這麼豐富而美妙的世界。今質數有無窮多個，所以整數論更多姿多彩！

數學王子高斯 (Gauss, 1777～1855) 說：

數學是科學的皇后，數論是數學的皇后

Mathematics is the Queen of Sciences,

and Arithmetic is the Queen of Mathematics.

上述的證明是歐幾里德給出的，非常美妙。數學家艾迪胥說，他小時候就是讀到這個證明，讓他深深愛上數學，而走上數學之路。

我們更仔細來看歐幾里德的作法，就會更清楚：

$2+1=3$ 是質數

$2\times3+1=7$ 是質數

$2\times3\times5+1=31$ 是質數

$2\times3\times5\times7+1=211$ 是質數

$2\times3\times5\times7\times11+1=2311$ 是質數

$2\times3\times5\times7\times11\times13+1=30031=59\times509$ 不是質數

因此，我們透過 $M=2\times3\times5\times\cdots\times p+1$ 來找新質數：若 M 已是質數，那麼我們就找到一個大於 p 的質數了；若 M 不是質數，如上述的 30031，為合數，顯然 30031 無法被 2、3、5、7、11 和 13 整除，但是它存在有質因數 59 或 509，皆大於 13。透過這個方式，給任何有限多個的質數，我們恆可找到新的質數。

我們列出如下的對照表：

	大自然	自然數
分合之道	物理與化學	乘法
基本要素	原子	質數
種類與個數	有限的 110 種左右	無窮多個
結構定理	凡是物質都是由原子組成的	任何大於 1 的自然數都可以分解為質數的乘積

定理 3

$\sqrt{2}$ 不是有理數。(我們就稱 $\sqrt{2}$ 為「無理數」。)

證　明 我們利用歸謬法與算術根本定理。

假設 $\sqrt{2}$ 是有理數，故可以表為 $\sqrt{2}=\dfrac{b}{a}$，其中 a 與 b 皆為自然數。

於是 $b^2=2a^2$。首先我們注意到：$a>1$ 且 $b>1$。

因為若 $a=1$，則 $b^2=2$，但是 2 不是平方數，故 $a=1$ 不成立。

從而 $a>1$。又因為 $\sqrt{2}>1$，故 $b>1$。

現在由算術根本定理得到

$$a=p_1^{\alpha_1}p_2^{\alpha_2}\cdots p_n^{\alpha_n}$$

$$b=q_1^{\beta_1}q_2^{\beta_2}\cdots q_m^{\beta_m}$$

其中 $p_1, \cdots, p_n$ 與 $q_1, \cdots, q_m$ 都是質數，且 $\alpha_1, \cdots, \alpha_n, \beta_1, \cdots, \beta_m$ 皆為自然數。

再由 $b^2 = 2a^2$ 得到

$$q_1^{2\beta_1} q_2^{2\beta_2} \cdots q_m^{2\beta_m} = 2p_1^{2\alpha_1} p_2^{2\alpha_2} \cdots p_n^{2\alpha_n}$$

左項若有 2 的因數，則 2 為偶次方，但右項的 2 為奇次方，這是一個矛盾。總之，剛開始「假設 $\sqrt{2}$ 是有理數」會導致矛盾，因此，其否定敘述「$\sqrt{2}$ 不是有理數」就成立。

註：這樣的證法叫做歸謬法 (reductio ad absurdum)，是古希臘文明的獨創，偉大的發明，成功地征服無窮。

頭腦的體操

尋找其它證明 $\sqrt{2}$ 為無理數的方法。

註：筆者寫過一篇文章，收集有 28 種證法。在數學雜誌上，經常還可以看見有人提出新的證法。另外，畢氏定理有 520 種證法。

5. 公因數與公倍數

從一個自然數的分解，可以知道該數的結構。兩個或兩個以上的自然數就有**公因數**與**公倍數**的概念。

最小公因數是 1，這是淺顯的，沒什麼好說的，所以公因數欲求其大，大才可貴。另一方面，公倍數沒有最大的，大之中還有更大，所以公倍數欲求其小，小才可貴。因此才有**最大公因數**和**最小公倍數**的概念。

例如，24 的因數有 1, 2, 3, 4, 6, 8, 12, 24，倍數有 24, 48, 72, 96, 120, 144, …；而 60 的因數有 1, 2, 3, 4, 5, 6, 10, 12, 15, 20, 30, 60，倍數有 60, 120, 180, …；所以 24 與 60 的最大公因數為 12，最小公倍數為 120。

在自然界中，基本上是遵循達爾文 (Darwin, 1809～1882) 的「物競天擇，適者生存」的原則。有一種蟬每隔 17 年出現一次，叫做「17 年蟬」，這樣可以避開許多天敵。如果天敵每隔兩年出現一次，則 34 年後才會遇到；如果天敵每隔三年出現一次，則 51 年後才會碰到。這是最小公倍數的問題。

天干有 10 個，地支有 12 個，最小公倍數是 60，所以一甲子有 60 年，每隔 60 年一輪。這也是最小公倍數的問題。

在日常生活中，甲乙兩方談判，尋求共識，這個共識就相當於公因數，而最大共識就相當於最大公因數。因此，談判就是尋求公因數，乃至最大公因數的過程。在國際間，談判破裂有時會引起戰爭。

頭腦的體操

探索輾轉相除法求最大公因數的方法。

註：古希臘畢氏學派追尋最大公因數的熱情，驚天動地，可歌可泣！從幾何眼光來看，就是追求兩線段的最大共度單位。

6. 三個故事

故事 1

印度天才數學家拉馬努金對每一個自然數的性質都瞭若指掌，達到每一個數都是他的「好朋友」。流傳著這麼一個故事，有一次，拉馬努金在英國生病住院，數學家哈第 (Hardy, 1877～1947) 坐計程車去看他，車子的號碼是 1729，哈第覺得這是一個無趣的數。到了醫院，哈第就把這件事告訴他，他馬上反駁說：

> 不！哈第，1729 是一個很有趣的數，
> 它是能用兩種方法表示為兩個數的立方和的最小數。

事實上，$1729 = 1^3 + 12^3 = 9^3 + 10^3$。拉馬努金被稱譽為「一個懂無窮的人」。

這個故事把數學家對數字的敏感說得最透澈。我們都聽說，學音樂需要音感好，同理，學數學需要敏銳的數感與形感，共同需要的是美感。

故事 2

畢達哥拉斯教一個學生幾何學，起先學生學得很慢，學習意願也不高。於是畢氏對學生說：「只要你學會一個定理，我就給你一塊錢。」這位學生越學越有興趣，越想多學。不過，畢氏越教越慢，

慢到學生受不了，於是要求畢氏說：「請老師教快一點，老師每教我一個定理，我就付一塊錢的學費。」先前付出的錢，最後又回到畢氏的口袋，學生也學會了幾何學。

故事 3

歐幾里德教學生幾何學，有一位學生問道：「我從學幾何可以得到什麼好處？」歐氏說：「這個人只是想從學習中獲利」，於是就叫僕人拿幾個錢幣給這位學生，打發他走路。

7. 結語

全體與部分之間的組合關係就叫做結構定理，例如算術基本定理，文章與字母之間的關係之語法與文法，樂曲與音符之間關係的樂理。

畢氏學派的音樂、音律也是西方音樂的源頭，豐富美麗。將來有機會我們再來談論。

每一門數學都有一個最核心的根本定理，例如：

算術：算術根本定理

代數：代數學根本定理

微積分：微積分根本定理

線性代數：線性代數根本定理

……………………………………………

這一套的想法統稱為「原子論」或原子論的主題變奏曲。引申開來，研究任何事物，在方法論上，我們就採用「分析法與綜合法」，對事物得到結構性的了解，從而達到「以簡馭繁」的境界，形成西方科學文明的主流思想。

頭腦的體操

任取一個三位數，使得百位數與個位數相差大於等於 2。例如，取 123，倒過來得到 321，大數減去小數 $321-123=198$，再倒過來得到 891，兩數相加得到 $198+891=1089$。

(i) 證明：任取一個三位數，百位數與個位數相差大於等於 2，按上述的操作方法都會得到 1089。

(ii) 在 900 個三位數中，有幾個數是百位數與個位數相差大於等於 2 的？

任何事物都有結構，從一片樹葉到大自然宇宙，所以都可以採用原子論的觀點去研究，我們把常見的、更豐富的例子列成下表：

大域、全體	局部、部分
人體	細胞
社會	個人
樂曲	音符
書本	字母
總體經濟	個體經濟
林	樹
海邊沙灘	細沙
海洋	滴水
永恆	剎那
物質世界	原子
幾何圖形	點
自然數系	質數
普遍	特殊

數學研究「數」與「形」，分別發展出代數學與幾何學。探尋「數」與「形」的規律，產生概念與方法，結晶為公式與定理，再組織成一門漂亮的學問，用來解決生活中的問題，並且了解周遭的世界。

古希臘數學評論家普羅克拉斯 (Proclus, 412～485) 說：「有數的地方就有美。」(Wherever there is number, there is beauty.) 因為美，所以才值得去研究它。

頭腦的體操

1. 從 1 到 $2n$ 的自然數中，任取出 $n+1$ 個，證明至少會有兩個數互質。
2. 有 1025 人參加網球賽，採單淘汰制，直到冠軍產生，請問總共比賽幾局？
3. 玻璃瓶中有一個細菌在繁殖，每隔 1 分鐘就加倍，1 小時後玻璃瓶就塞滿，請問何時玻璃瓶充塞到達一半？若由兩個細菌開始，玻璃瓶何時塞滿？
4. 設兩位數 ab 為質數，求六位數 $ababab$ 的所有質因數。
5. 設三位數 abc 為質數，求六位數 $abcabc$ 的所有質因數。
6. 任取一個四位數，不要四個數字都相同。將數字重排成最大數與最小數，然後相減得到一個新數，再按同法操作。證明最後一定會到達 6174 這個數。

記住：自己找到的一個答案，勝過別人告訴你（妳）的一千個答案！

03 數學的疑惑一則

1. 兩者必有一個錯誤
2. 支持 $0.\overline{9}<1$ 的理由
3. 反對 $0.\overline{9}<1$ 的理由
4. 歸納法與數學歸納法
5. 實數系的完備性
6. 極限的概念：什麼是 $0.\overline{9}$？
7. 從各種角度看 $0.\overline{9}=1$
8. 結語

我們觀察到：

$$0.9<1,\ 0.99<1,\ 0.999<1,\ \cdots \tag{1}$$

於是有人就根據歸納法「歸納出」：

$$0.\overline{9}=0.9999\cdots(\text{無窮循環})<1 \tag{2}$$

這相當於觀察到許多天鵝都是白色之後，就歸納出：凡是天鵝都是白色的。

另外也有人「歸納出」：

$$0.\overline{9}=1 \tag{3}$$

這兩個結論互相衝突，這就令人產生疑惑。

本章我們要來探討何者才是正確的。這個問題雖然微不足道，但是在整個探討過程中，可以幫忙澄清許多美妙的數學概念與方法，包括自然數系、數學歸納法、極限、實數系的完備性等等，這就很有意思了。

我們採取一個平凡而偉大的觀點：一件事情，不論大小，只要從頭到尾徹底做好，就是美麗的藝術，讓人樂在其中。

1. 兩者必有一個錯誤

從邏輯的矛盾律來看，(2)式與(3)式至少有一個是錯的。我們也可以從數系的基本性質來論證，根據二一律或三一律，(2)式與(3)式只有一個會成立。

二一律：對於任何兩個實數 a 與 b，下列兩者有一個且只有一個成立

$$a=b,\ a\neq b$$

三一律：對於任何兩個實數 a 與 b，下列三者有一個且只有一個成立

$$a=b,\ a>b,\ a<b$$

由三一律知

$$0.\overline{9}<1,\ 0.\overline{9}=1,\ 0.\overline{9}>1$$

這三者只有一個成立。因為 $0.\overline{9}>1$ 顯然不可能，所以

$$0.\overline{9}<1,\ 0.\overline{9}=1$$

兩者只有一個成立。

註：列出「所有可能」，然後逐次消去不可能，這又叫做福爾摩斯辦案原理。

2. 支持 $0.\overline{9}<1$ 的理由

第一種說法：一個實數的小數展開是適定的 (well-defined) 且明確的，$0.\overline{9}$ 與 1 是兩個不同的小數，故他們不相等，並且只好是 $0.\overline{9}<1$。

第二種說法：(1)式顯然是對的，這個趨勢可以永遠保持下去，乃至飛躍到無涯時，(2)式也是對的。

這兩個論證都是「似是而非」！

3. 反對 $0.\overline{9}<1$ 的理由

我們採用古希臘文明的傑作，即精緻的歸謬法，論證如下：假設 $\alpha=0.\overline{9}<1$ 成立。那麼 $1-\alpha>0$。因為我們可以找到足夠大的 $n\in\mathbb{N}$，使得

$$\frac{1}{10^n}<1-\alpha \quad 或 \quad 1-\frac{1}{10^n}>\alpha$$

所以

$$\alpha=0.\overline{9}>0.99\cdots9\ (n\ 個\ 9)=1-\frac{1}{10^n}>\alpha$$

自己大於自己，這是一個矛盾。因此，原假設 $\alpha=0.\overline{9}<1$ 不成立。同理，$\alpha=0.\overline{9}>1$ 也不成立。由三一律知：$\alpha=0.\overline{9}=1$。

這其實是已經用極限論證法的證明。

4. 歸納法與數學歸納法

我們來細究「歸納法」。令 P_n 表示敘述：$0.99\cdots9\ (n\ 個\ 9)<1$。那麼由(1)式的觀察，我們「歸納出」：

$$對於所有的\ n\in\mathbb{N}，P_n\ 皆成立。\tag{4}$$

所謂的「歸納法」就是，由特例的觀察，飛躍到一般的規律。這個一般規律涉及自然數的無窮。「飛躍」就是一種創造的洞悟眼光，從「有涯」飛躍到「無涯」，因為一般規律涉及無窮。

歸納所得到的結論，涉及自然數系的無窮，通常就用數學歸納法來證明。

數學歸納法告訴我們，只要驗證下列兩個步驟就好了：

1. P_1 成立。
2. 對於任意 k，假設 P_k 成立，則可推導出下一個 P_{k+1} 也成立。

   那麼對所有的 $n=1, 2, 3, \cdots$，敘述 P_n 就都成立。

對於我們的問題，這兩個步驟是：

(i) P_1，即 $0.9<1$，這顯然是成立的。

(ii) 假設 P_k 成立，即 $0.99\cdots9$（k 個 9）<1 成立，則 P_{k+1} 當然也成立，即 $0.99\cdots99$（$k+1$ 個 9）<1 成立（不證自明）。

因此，兩步合起來，(4)式就得證。

註：證明必然是演繹法，數學歸納法是演繹法，是一種特定形式的演繹法。(枚舉) 歸納法是一種發現的方法，跟數學歸納法不一樣。發現與證明，思想先大膽飛躍，然後再作推理與證明。

5. 實數系的完備性

有理數系 $\mathbb{Q}$ 對取極限 (limit) 而言，不無完備，會存在有理數的數列其極限值不是有理數，例如 $\sqrt{2}$ 是無理數，且 $\sqrt{2}=1.4142135623\cdots$（無窮不循環小數），所以有理數列

$$a_1=1,\ a_2=1.4,\ a_3=1.41,\ a_4=1.414,\ a_5=1.4142,\ \cdots\to\sqrt{2}\notin\mathbb{Q}$$

從有理數系 $\mathbb{Q}$ 延拓為實數系 $\mathbb{R}$，讓實數系變成具有完備性 (completeness)，這有各種等價的作法，此處要用的是其中之一：

假設 (a_n) 為由實數所組成的數列，若它滿足下列兩個條件：

1. 遞增：$a_1 \leq a_2 \leq a_3 \leq \cdots$。
2. 有上界：存在 $M \in \mathbb{R}$，使得 $a_n \leq M, \forall n \in \mathbb{N}$。

則極限 $\lim\limits_{n\to\infty} a_n$ 存在，當然是一個實數。

6. 極限的概念：什麼是 $0.\overline{9}$？

歸根結柢，我們必須問：$0.\overline{9}$ 是什麼數？它存在嗎？此地的 $0.\overline{9}$ 是存在的，這可由實數系的完備性看出來：

令 $a_n = 0.99\cdots 9$（n 個 9），那麼數列 (a_n) 為遞增且有上界 1，所以極限 $\lim\limits_{n\to\infty} a_n$ 存在，就是 $0.999\cdots = 0.\overline{9}$。因為當 $n \to \infty$ 時，a_n 可任意靠近 1，並且極限值唯一，所以

$$\lim_{n\to\infty} a_n = 1 = 0.\overline{9} \tag{5}$$

我們注意到，上述的數學歸納法只證明了：

$$a_n = 0.99\cdots 9 < 1, \ \forall n \in \mathbb{N}$$

並沒有觸及飛躍到無涯彼岸的極限值也小於 1：

$$\lim_{n\to\infty} a_n = 0.\overline{9} < 1 \tag{6}$$

事實上，(6)式是錯的，因為

$$a_n = 0.99\cdots 9 \text{（}n\text{ 個 9）} = \frac{9}{10} + \frac{9}{100} + \cdots + \frac{9}{10^n}$$

$$= 1 - \frac{1}{10^n}$$

所以 $\lim\limits_{n\to\infty} a_n = 1$。換言之，極限 $0.\overline{9} = 1$ 才是正確的。

用數學歸納法證明的：$a_n < 1, \forall n \in \mathbb{N}$，跟 $0.\overline{9} = \lim_{n\to\infty} a_n = 1$ 並沒有矛盾！兩者屬於不同層次的結果。

詳言之，數學歸納法是自然數系 $\mathbb{N}$ 的一個重要原理，意指：由 1 出發，逐次加 1，永不止息，就能窮盡所有的自然數。因此，雖然自然數集是第一個無窮集，但是數學歸納法只對付所有的有限自然數 n，並沒有對無窮步驟之後的結果發言。事實上，$\infty \notin \mathbb{N}$。無窮大不是一個數，它只是用來表達「要多大就有多大」的概念。從「有涯」的 a_n 飛躍 $(n \to \infty)$ 到「無涯」所得到的極限值才是 $0.\overline{9}$。這已超越自然數系的界線。極限概念是建立微積分的基礎。

再舉一個例子：「一尺之棰，日取其半，萬世不竭」，指的是，

$$\frac{1}{2^n} > 0, \forall n \in \mathbb{N}$$

但是這並沒有否定數列 $(\frac{1}{2^n})$ 以 0 為極限：

$$\lim_{n\to\infty} \frac{1}{2^n} = 0$$

經過取極限的飛躍可能產生「質變」，我們舉兩個例子。

例 1

在數學史上，柯西 (Cauchy, 1789～1857) 曾犯過一個錯誤：假設函數列 (f_n) 在閉區間 $[a, b]$ 上連續，並且 f_n 逐點收斂到 f，則 f 也是一個連續函數。事實上，f 可能不連續。當 f_n 均勻收斂到 f 時，連續性才充分可以從 f_n 傳遞到 f。■

例 2

任何多邊形都可用尺規化成正方形，而圓是內接正 n 邊形的極限 $(n \to \infty)$，但方圓問題無解（即圓無法用尺規化成正方形）。■

7. 從各種角度看 $0.\overline{9}=1$

除了上述歸謬法與極限的觀點之外，下面我們介紹五種論證法。

甲、無窮等比級數

$0.\overline{9}$ 是一個無窮等比級數：

$$0.\overline{9}=\frac{9}{10}+\frac{9}{100}+\cdots+\frac{9}{10^n}+\cdots=\frac{\frac{9}{10}}{1-\frac{1}{10}}=1$$

乙、代數方法

設 $x=0.\overline{9}$，則 $10x=9.\overline{9}=9+x$，解得 $x=1$。

這個方法可以用來將任何無窮循環小數化成分數。不過，我們要特別小心，當我們令 x 為某數時，這個數一定要存在，否則可能會「無中生有」，得到很荒謬的結果。

例 3（反證法，歸謬證法）

假設自然數是有限多個，那麼必有一個最大的自然數，令其為 n。考慮平方數 n^2，這也是自然數，故 $n^2 \le n$（因為 n 是最大的自然數）。另一方面，$n^2 \ge n$（因為平方數必大於等於原數）。因此，$n^2=n$，解得 $n=0$（不合）或 $n=1$。1 是最大的自然數，這顯然是荒謬的。換言之，「自然數是有限多個」這個敘述不成立。■

丙、除法演算

因為 $1 \div 3 = 0.333\cdots = 0.\overline{3}$，所以兩邊同乘以 3 就得到

$$1 = 0.999\cdots = 0.\overline{9}$$

丁、除法演算

另外，我們也可以採用直式來計算 $1 \div 1$：

$$\begin{array}{rr} & 1 \\ 1 \big) & 1 \\ & \underline{1} \\ & 0 \end{array} \qquad \begin{array}{rl} & 0.9\,9\cdots \\ 1 \big) & 1\,0 \\ & \;\;9 \\ & \overline{\;\;1\,0} \\ & \;\;\;\;9 \\ & \overline{\;\;\;\;1\cdots} \end{array}$$

所以

$$1 \div 1 = 1 = 0.999\cdots = 0.\overline{9}$$

戊、實數的小數展開

將區間 [0, 1] 分成 10 等份，1 落在第 10 等份上，因此 1 的小數第一位數是 9。再將 [0.9, 1] 分成 10 等份，1 又落在第 10 等份上，因此 1 的小數第二位數也是 9。按此要領不斷做下去，就得到 $1 = 0.999\cdots = 0.\overline{9}$。

事實上，1 有兩種小數表示法：

$$1 = 0.999\cdots = 1.000\cdots$$

任何有限小數亦然，例如

$$0.23 = 0.23000\cdots = 0.22999\cdots$$

任何實數都可以展開成小數，其中的有限小數與無窮循環小數為有理數，而不循環的無窮小數為無理數。

8. 結語

小小的一個問題，要說清楚，居然涉及許多數學的基本概念與方法。從任何地方切入，不論是加深或拓廣，都可以牽動一片知識網絡，欣賞到一個美麗的天地，這是數學探索與深入思考引人入勝的所在。

04 一個數學益智問題

問題 1

假設一瓶飲料 20 元，2 個瓶蓋可換 1 新瓶，4 個無蓋空瓶也可換 1 新瓶，請問 200 元最多可以喝到幾瓶的飲料？

1. 首先考慮「連續」的情況

假設 1 個瓶蓋可換 $\frac{1}{2}$ 瓶飲料，1 個空瓶可換 $\frac{1}{4}$ 瓶飲料，所以每喝 1 瓶飲料就可換回 $\frac{1}{2}+\frac{1}{4}=\frac{3}{4}$ 瓶飲料，永不止息喝下去。因此，總共可喝

$$10+10\times\frac{3}{4}+10\times(\frac{3}{4})^2+10\times(\frac{3}{4})^3+\cdots=40 \text{ 瓶}$$

這 40 是個**理論值**。若不諳無窮級數，為了避開它，我們也可這樣論述：

我們觀察買 1 瓶飲料的效應，除了得到 1 瓶之外，還可換得 $\frac{3}{4}$ 瓶：1 個瓶蓋的 $\frac{1}{2}$ 瓶加上 1 個空瓶的 $\frac{1}{4}$ 瓶。因此，實際上我們只付了 $1-\frac{3}{4}=\frac{1}{4}$ 瓶的價錢。從而，20 元買 1 瓶就可以達到 $1\div\frac{1}{4}=4$ 倍的效果。今 200 元可買 10 瓶，故總共可達到 $10\times4=40$ 瓶，有 4 倍乘數效果。

2. 離散的情況

假設在換瓶的過程中，若湊不成 2 個瓶蓋又湊不成 4 個空瓶時，換新瓶遊戲就要停止。例如，剩下 1 個瓶蓋不能換 $\frac{1}{2}$ 瓶，剩下 1 個空瓶不能換 $\frac{1}{4}$ 瓶。

我們採用一種換瓶的策略，列表法以避免混淆與計算錯誤。

(i) 採取每次全數喝光的策略

未喝瓶數：	10	7	5	4	3	2	1	2	1
喝的瓶數：	**10** +	**7** +	**5** +	**4** +	**3** +	**2** +	**1** +	**2** +	**1** = **35**
瓶蓋數：	10	7	6	4	3	3	2	2	1
空瓶數：	10	9	6	6	5	3	4	2	3

答案：理論值為 40 瓶，而實際上總共可喝 35 瓶，剩下 1 個瓶蓋與 3 個空瓶。

(ii) 採取盡可能換光瓶蓋與空瓶的策略

未喝瓶數：	10	8	6	5	4	3	1	2	1
喝的瓶數：	**8** +	**8** +	**4** +	**4** +	**4** +	**3** +	**1** +	**2** +	**1** = **35**
瓶蓋數：	8	8	4	4	4	3	2	2	1
空瓶數：	8	8	4	4	4	3	4	2	3

答案仍然是：總共可喝 35 瓶，剩下 1 個瓶蓋與 3 個空瓶。

當然還有其它的換瓶策略，讀者務必要採取一種不同的策略做一遍，做了之後才會有感覺。然而要把所有的策略都試過，並不可行，更不合數學之道。

問：採取任何換瓶的策略，答案是否都相同？（答案是肯定的。）

3. 一般理論的考量

我們用數學的語言，考慮一般的情形。

問題 2

根據原題的換新瓶規則，請問 $2n$ 元購入 n 瓶飲料，最多總共可喝幾瓶？

考慮離散情況，假設初始未喝的瓶數為 n，相應的理論值為 $4n$，喝的總瓶數為 d_n，最後剩餘的瓶蓋數為 c_n，剩餘空瓶數為 b_n，消失的瓶數為 m_n。我們要來探求 d_n 與 d_{n-1}、d_{n-2}、 … 之間的遞迴關係式。因為至少要喝掉 2 瓶才能啟動換瓶的機制，我們不妨由喝 2 瓶開始：

未喝瓶數：	n		$n-2$		$n-1$		$n-3$	$n-1$	
喝的瓶數：	0	+	2		+		2		總共 = 4 瓶
瓶蓋數：	0		2		0		2	0	
空瓶數：	0		2		2		4	0	
交換瓶數：			1				2		

所以得到遞迴的一階差分方程與初期條件：

$$\begin{cases} d_n = d_{n-1} + 4,\ n \geq 3 \\ d_2 = 3 \end{cases} \tag{1}$$

同理，由喝 3 瓶開始亦得相同的(1)式。若由喝 4 瓶開始，就得到：

$$\begin{cases} d_n = d_{n-1} + 4,\ n \geq 4 \\ d_3 = 7 \end{cases} \tag{2}$$

若由喝 5 瓶開始，就得到：

$$\begin{cases} d_n = d_{n-2} + 8, \ n \geq 5 \\ d_3 = 7 \end{cases}$$

這被含納在(2)式之中。

解(1)式或(2)式都得到相同的結果。理論上可喝 $4n$ 瓶，實際上喝到的瓶數 d_n 稍微少一點，其一般公式如下：

當 $n=1$ 時，$d_1=1$，剩下 $(c_1, b_1)=(1, 1)$（少喝 $m_1=3$ 瓶）。

當 $n \geq 2$ 時，$d_n=4n-5$，剩下 $(c_n, b_n)=(1, 3)$（少喝 $m_n=5$ 瓶）。

4. 消失的五瓶在何處？

剩下 1 個瓶蓋與 3 個空瓶，若可無止境繼續交換下去，就得到：

$$\frac{5}{4}+\frac{5}{4}\times(\frac{3}{4})^2+\frac{5}{4}\times(\frac{3}{4})^3+\cdots=5 \text{ 瓶}$$

因此，40 瓶是最大的極限，可以看作理論值，實際上的離散操作是達不到的，因為總是會有剩下無法交換的蓋子 1 個與空瓶 3 個，這在「連續」操作之下又會產生 5 瓶，這就是那消失的 5 瓶。

習題（銀行創造貨幣）

假設銀行的存款準備率為 20%，亦即每接受 100 元的存款，只要保留 20 元作為準備金，其餘 80 元又放貸出去。今某甲存入 B_1 銀行 100 萬元，則 B_1 銀行的存款增加 100 萬元。B_1 銀行保留 20 萬元作為準備金，其餘的 80 萬元貸款給某乙，而乙向丙支付貨款 80 萬元。丙將 80 萬元全部存入 B_2 銀行，於是 B_2 銀行的存款增加 80 萬元。B_2 銀行保留 $80\times 20\% = 16$ 萬元作為準備金，其餘的 64 萬元全部貸款給某丁。讓這個過程不止息地進行下去。試求銀行存款、貸款與準備金的總金額？

解答 500、400、100 萬元。由此看出，由初始的 100 萬元就創造出 $500+400=900$ 萬元這麼多的貨幣！乘數是 9 倍。通常中央銀行就透過升降銀行的存款準備率，來控制通貨量，提升存款準備率就是緊縮通貨，降低存款準備率就是寬鬆通貨。

5. 最後剩餘的模式

我們詳細列出原問題答案的狀況：假設初始未喝的瓶數為 n，則相應的理論值為 $4n$，喝的總瓶數為 d_n，最後剩餘的瓶蓋數為 c_n，剩餘空瓶數為 b_n，消失的瓶數為 m_n。經過簡單計算，把結果列成下表：

n	$4n$	d_n	(c_n, b_n)	m_n
1	4	1	(1, 1)	3
2	8	3	(1, 3)	5
3	12	7	(1, 3)	5
4	16	11	(1, 3)	5
5	20	15	(1, 3)	5
6	24	19	以下全同	

事實上，最後剩餘的所有可能模式為

$$\{(0, 0), (0, 1), (0, 2), (0, 3), (1, 0), (1, 1), (1, 2), (1, 3)\}$$

我們可以驗證：當 $n=1$ 時，必然是 $(1, 1)$；當 $n \geq 2$ 時，配合上一節的解差分方程可知，只有 $(1, 3)$ 是唯一的可能，其餘皆不可能。

因此，原題最多可喝 $d_{10}=35$ 瓶，而最後的剩餘 $(c_{10}, b_{10})=(1, 3)$，這導致消失了 $m_{10}=5$ 瓶。

6. 問題的各種主題變奏

我們還可再做各種「主題變奏」，例如改變換新瓶的規則：

問題 3

用 $2n$ 元買進 n 瓶飲料，換新瓶的規則各如下：

(i) 4 個瓶蓋或 5 個無蓋空瓶都可換 1 新瓶。

(ii) 2 個瓶蓋或 2 個無蓋空瓶都可換 1 新瓶。

(iii) 3 個瓶蓋或 6 個無蓋空瓶或 9 個商標都可換 1 新瓶。

(iv) 2 個瓶蓋或 3 個無蓋空瓶或 6 個商標都可換 1 新瓶。

(v) 2 個瓶蓋或 4 個無蓋空瓶都可換 1 新瓶，而瓶蓋上又附有中獎的約定，例如：中 5 瓶、10 瓶的機率分別為 0.01 與 0.0001。

求最多可以喝到幾瓶的飲料？最後剩餘的模式是什麼？對於第(v)小題，會牽涉到機率與期望值的演算，問題稍深刻，但有趣。

生產公司為了促銷商品，訂下一些獎勵規則，要如何訂？在成本、利潤與極值的考量下，每瓶的售價要訂為多少等等。這是商業上一個很切實際的數學應用問題，從小學生、國中生、高中生到社會人士都可以做，讓頭腦做思考的體操，堪稱老少咸宜。

05 兩個多項函數的插值公式

—插值是讀間的藝術—

函數代表自然律或數學律，例如自由落體定律 $S(t)=\dfrac{1}{2}gt^2$，半徑為 r 的圓面積公式 $A(r)=\pi r^2$。大自然的祕密往往以函數的形態隱藏起來，把它們探求出來是科學研究的重大問題。古希臘德爾斐 (Delphi) 神廟的神諭說：自然不顯露，也不故意隱藏，她會透露出一些線索。

數學告訴我們如何透過線索來捕捉未知函數。如果透露的是函數局部的變化訊息，那麼我們就用微分方程來捕捉未知函數，再解微分方程就得到答案。

自然還有另一種透露線索的方式，就是人類經由實驗與觀察來叩問她，逼她吐露部分的訊息或數據，且相信自然是誠實無欺的。我們就根據部分的訊息或數據，尋幽探徑，找出或猜測出大自然的祕密。

本章我們要來探討多項函數的插值問題，即在坐標平面上，給定 $n+1$ 個點，要找一個 n 次多項函數通過它們，得到的結果就是著名的牛頓 (Isaac Newton, 1642～1727) 插值公式與拉格朗日 (Lagrange, 1736～1813) 插值公式。更進一步，考慮等間距的牛頓插值公式，將它連續化且無窮化，就得到微積分的核心結果：泰勒 (Brook Taylor, 1685～1731) 展開公式。它被尊稱為「微積分之心」(the heart of calculus)，可見其重要與美妙。

目前高中數學的課程已對這兩個插值公式有所推導，用到的只是淺易的因式定理。然而，有許多學生對它們總是疑惑不解，希望本章對高中生具有清晰易讀的功效，並且能夠達到理解的境地。

1. 多項函數的插值問題

假設未知的函數為 $y=f(x)$，在實驗室裡我們對它做實驗觀察 $n+1$ 次，得到 $n+1$ 個點或數據：

$$\{(x_k, y_k): y_k=f(x_k), k=0, 1, \cdots, n\}$$

我們要來探討下面的問題：

多項函數的插值問題

要找一個 n 次多項函數 $y=p_n(x)$ 通過這 $n+1$ 個點，亦即使得 $p_n(x_k)=y_k$。於是就用 $y=p_n(x)$ 來當作 $y=f(x)$ 的近似估計（見圖 5–1：$n=3$ 的情形）。

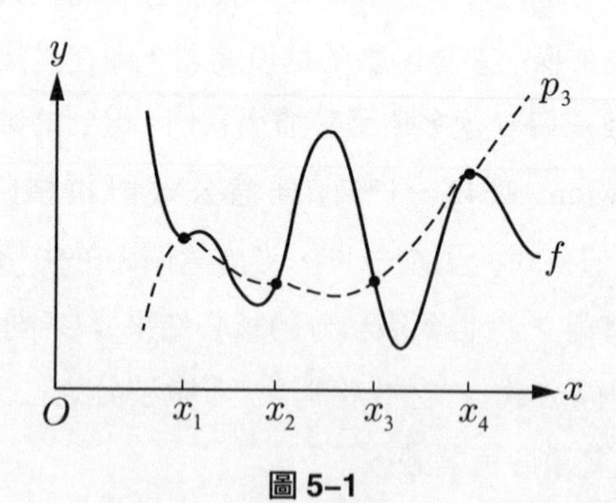

圖 5–1

註：插值是讀間的藝術。(Interpolation is the art of reading between the lines.)

這是數值分析的一個重要問題。在各種函數類中，多項函數是相對簡單的函數，這使得我們可以「用已知的多項函數 $y=p_n(x)$ 來估算未知的函數 $y=f(x)$」，達到「以簡馭繁」的功效，或乾脆就用 $p_n(x)$ 來取代 $f(x)$。

另一方面，多項函數類已足夠廣泛，只要讓次數不斷提高，就可以逼近幾乎所有常用的函數，這是泰勒展開定理 (Taylor expansion theorem) 給我們的洞察。值得注意的是，統計學裡的多項式迴歸分析，類似於此地的插值問題。

面對多項函數的插值問題，我們要解決四個問題：**解答存在嗎？解答唯一嗎？(解答有幾個？) 如何建構出解答？解答有何應用？**這些分別叫做存在性問題、唯一性問題、建構問題以及應用問題。前兩者比較是理論層次的問題，後兩者比較實際，因為建構出解答往往就回答了前兩個問題。

對於多項函數的插值問題，很容易證明解答存在且唯一，而實際**建構**則有牛頓與拉格朗日的兩種有趣且美妙的「主題變奏」，表面形式不同但實質相同。

2. 存在性、唯一性與建構

定理 1

在坐標平面上，假設 $x_0, x_1, \cdots, x_n$ 皆相異，則存在唯一的 n 次多項函數，通過這 $n+1$ 個點：$\{(x_k, y_k): k=0, 1, \cdots, n\}$。

【證 明】 存在性：假設 $p_n(x) = a_0 + a_1x + \cdots + a_nx^n$ 為所求 n 次多項函數，則有

$$\begin{cases} a_0 + a_1x_0 + a_2x_0^2 + \cdots + a_nx_0^n = y_0 \\ a_0 + a_1x_1 + a_2x_1^2 + \cdots + a_nx_1^n = y_1 \\ \qquad\qquad\vdots \\ a_0 + a_1x_n + a_2x_n^2 + \cdots + a_nx_n^n = y_n \end{cases}$$

其中諸係數 a_k 是待求的未知數。考慮係數行列式

$$V_{n+1} = \begin{vmatrix} 1 & x_0 & x_0^2 & \cdots & x_0^n \\ 1 & x_1 & x_1^2 & \cdots & x_1^n \\ \vdots & \vdots & \vdots & \vdots & \vdots \\ 1 & x_n & x_n^2 & \cdots & x_n^n \end{vmatrix}$$

這叫做 $n+1$ 階的范德蒙（Vandermonde, 1735～1796，法國數學家兼音樂家）行列式。因為若把 x_i 換成 x_j，則有兩列 (rows) 相同，故行列式的值為 0，由因式定理知，V_{n+1} 恰含有 C_2^{n+1} 個形如 $(x_j - x_i)$ 的因式，事實上 $V_{n+1} = \prod_{0 \le i < j \le n} (x_j - x_i)$。令 D_k 表示以 $y_0, y_1, \cdots, y_n$ 取代 V_{n+1} 的第 k 行 (column)，由克拉瑪 (Cramer, 1704～1752) 規則得知：

$$a_k = \frac{D_k}{V_{n+1}},\ k = 0, 1, 2, \cdots, n$$

因此，聯立方程組的解答存在且唯一，並且透過克拉瑪規則與行列式的計算就可以建構出解答。

唯一性也可以這樣證明：假設 $g(x)$ 與 $h(x)$ 皆為通過 $n+1$ 個點的 n 次多項函數。令 $q(x) = g(x) - h(x)$，則 $q(x)$ 至多為 n 次多項函數，並且具有 $n+1$ 個根，因此 $q(x)$ 必為零多項函數，從而 $g(x) = h(x)$。

例 1

假設 x_0、x_1、x_2 皆為相異數，試求通過三點 (1, 3), (3, 2), (5, 7) 的二次多項函數。

解答

假設二次多項函數為 $p_2(x)=a_0+a_1x+a_2x^2$，則有

$$\begin{cases} a_0+a_1+a_2=3 \\ a_0+3a_1+9a_2=2 \\ a_0+5a_1+25a_2=7 \end{cases}$$

因為范德蒙行列式（即係數行列式）為

$$M=\begin{vmatrix} 1 & 1 & 1 \\ 1 & 3 & 9 \\ 1 & 5 & 25 \end{vmatrix}=16$$

並且

$$M_0=\begin{vmatrix} 3 & 1 & 1 \\ 2 & 3 & 9 \\ 7 & 5 & 25 \end{vmatrix}=92,\ M_1=\begin{vmatrix} 1 & 3 & 1 \\ 1 & 2 & 9 \\ 1 & 7 & 25 \end{vmatrix}=-56,\ M_2=\begin{vmatrix} 1 & 1 & 3 \\ 1 & 3 & 2 \\ 1 & 5 & 7 \end{vmatrix}=12$$

所以

$$a_0=\frac{92}{16}=\frac{23}{4},\ a_1=\frac{-56}{16}=\frac{-7}{2},\ a_2=\frac{12}{16}=\frac{3}{4}$$

因此所求的插值二次多項函數為

$$y=p_2(x)=\frac{23}{4}-\frac{7}{2}x+\frac{3}{4}x^2$$

■

上述方法的缺點是，當插值多項函數通過的點數較多時，會遇到高階的行列式，計算量會變得很大，相當繁瑣。因此需要另找簡潔易算的方法來解決多項函數的插值問題。這一步是牛頓與拉格朗日跨出去的，他們對插值多項函數作分析與綜合，利用因式定理洞察出其內在的結構，分別得到牛頓插值公式與拉格朗日插值公式。

然而，不論採取什麼方法來建構出插值多項函數，儘管其表面形式不同，但是它們在實質上都是相同的唯一解答。不過，形式有時也很重要，例如牛頓插值公式的形式就方便於通到微積分之心的泰勒展開公式，而拉格朗日插值公式僅止於對稱、漂亮而已。

3. 牛頓插值公式

牛頓利用因式定理並且採用逐步升高次數的方法來逐步建構出所欲求的 n 次多項函數 $p_n(x)$。這類似於解方程式的牛頓逐步逼近求根法。

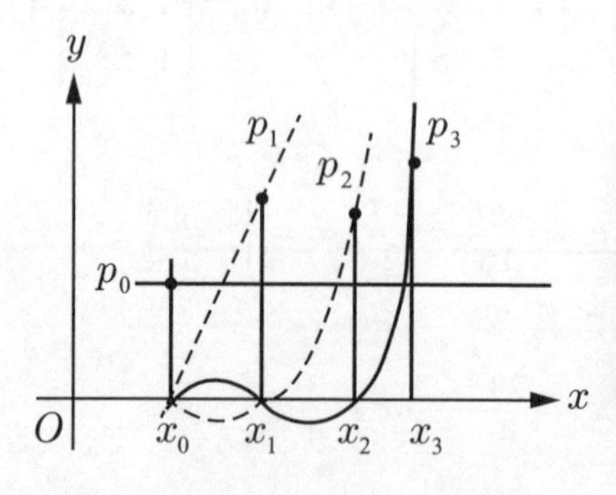

牛頓

圖 5–2

甲、非等間距的牛頓插值公式

(1) 第一步做出零次多項函數：取 $g_0(x)=a_0\equiv y_0\equiv p_0(x)$，這是通過 (x_0, y_0) 的常數函數。假設 $y_0\neq 0$，則它是一個零次多項函數。

(2) 第二步做出一次多項函數：找一個一次多項函數 $p_1(x)$ 通過 $(x_0, 0)$。根據因式定理，可令 $p_1(x)=a_1(x-x_0)$。於是一次多項函數

$$g_1(x)=p_0(x)+p_1(x)=a_0+a_1(x-x_0)$$

通過 (x_0, y_0)。再要求 $g_1(x)$ 通過 (x_1, y_1)，由此可求出 a_1。

(3) 第三步做出二次多項函數：找一個二次多項函數 $p_2(x)$ 通過 $(x_0, 0)$ 與 $(x_1, 0)$，又根據因式定理，可令其為 $p_2(x)=a_2(x-x_0)(x-x_1)$。加到 $g_1(x)$ 得到二次多項函數

$$g_2(x)=a_0+a_1(x-x_0)+a_2(x-x_0)(x-x_1)$$

再要求 $g_2(x)$ 通過 (x_2, y_2)，由此可求出 a_2。(參見示意圖 5–2)

按此要領繼續做下去，直到 $n+1$ 個點都做完為止，最後得到 n 次多項函數

$$\begin{aligned} g_n(x)=a_0&+a_1(x-x_0)+a_2(x-x_0)(x-x_1)+\cdots \\ &+a_n(x-x_0)(x-x_1)\cdots(x-x_{n-1}) \end{aligned} \tag{1}$$

其中的係數由下面的遞迴方程組決定：

$$\begin{cases} a_0=y_0 \\ a_0+a_1(x_1-x_0)=y_1 \\ a_0+a_1(x_2-x_0)+a_2(x_2-x_0)(x_2-x_1)=y_2 \\ \vdots \\ a_0+a_1(x_n-x_0)+\cdots+a_n(x_n-x_0)\cdots(x_n-x_{n-1})=y_n \end{cases}$$

求出諸 a_k 之後，代入(1)式，就叫做**牛頓插值公式**，相當簡潔易記，諸 a_k 也易求。在上述中不需要等間距，亦即 $x_0, x_1, \cdots, x_n$ 相鄰的間隔不必相等。

習題 1

求牛頓三次多項函數插值公式，使其通過下列四點：

(0, 1), (1, 2), (2, 5), (3, 22)。

解答 $p(x)=1+x+x(x-1)+2x(x-1)(x-2)$。

乙、等間距的牛頓插值公式

為了得到簡潔的公式，考慮等間距的特例，並且令間距為 Δx，亦即

$$x_1=x_0+\Delta x,\ x_2=x_0+2\Delta x,\ \cdots,\ x_n=x_0+n\Delta x$$

或者

$$x_1-x_0=\Delta x,\ x_2-x_0=2\Delta x,\ \cdots,\ x_n-x_0=n\Delta x$$

此時牛頓遞迴方程組變成：

$$\begin{cases} a_0=y_0 \\ a_0+a_1\Delta x=y_1 \\ a_0+2a_1\Delta x+2!a_2(\Delta x)^2=y_2 \\ \vdots \\ a_0+na_1\Delta x+\cdots+C_k^n k!a_k(\Delta x)^k+\cdots+C_n^n n!a_n(\Delta x)^n=y_n \end{cases}$$

解得

$$a_k=\frac{1}{k!}\frac{\Delta^k y_0}{\Delta x^k},\ k=0,\ 1,\ \cdots,\ n \tag{2}$$

我們定義（右）差分 $\Delta y_0=y_1-y_0$，而 $\Delta^k y_0$ 表示第 k 階差分。另外，我們也採用慣例：將 $(\Delta x)^k$ 簡寫為 Δx^k。

從而，等間距的牛頓插值公式就是

$$p_n(x) = y_0 + \frac{\Delta y_0}{\Delta x}(x - x_0) + \frac{1}{2!}\frac{\Delta^2 y_0}{\Delta x^2}(x - x_0)(x - x_1)$$
$$+ \cdots + \frac{1}{k!}\frac{\Delta^k y_0}{\Delta x^k}(x - x_0)(x - x_1) \cdots (x - x_{k-1})$$
$$+ \cdots + \frac{1}{n!}\frac{\Delta^n y_0}{\Delta x^n}(x - x_0)(x - x_1) \cdots (x - x_{n-1}) \tag{3}$$

這個式子並不漂亮，我們進一步將它修飾一下：對於一般點 x，必可表成

$$x = x_0 + t \cdot \Delta x \tag{4}$$

之形，其中 t 為某個實數。於是

$$\begin{aligned} x - x_k &= x_0 + t \cdot \Delta x - x_k \\ &= t \cdot \Delta x - (x_k - x_0) \\ &= t \cdot \Delta x - k \cdot \Delta x = (t - k)\Delta x \end{aligned}$$

從而

$$\begin{aligned} &(x - x_0)(x - x_1) \cdots (x - x_{k-1}) \\ &= t(t-1) \cdots (t-k+1)(\Delta x)^k = t^{(k)}(\Delta x)^k \end{aligned}$$

其中 $t^{(k)} \equiv t(t-1)(t-2) \cdots (t-k+1)$ 為排列數 P_k^t【註】。因此，**等間距的牛頓插值公式**（在文獻上又叫做 Gregory-Newton 插值公式）可以改寫成更簡潔的形式：

$$\begin{aligned} p_n(x) &= p_n(x_0 + t \cdot \Delta x) \\ &= y_0 + \Delta y_0 \cdot t^{(1)} + \frac{\Delta^2 y_0}{2!} t^{(2)} + \cdots + \frac{\Delta^n y_0}{n!} t^{(n)} \end{aligned} \tag{5}$$

或者

$$\begin{aligned} p_n(x) &= p_n(x_0 + t \cdot \Delta x) \\ &= y_0 + C_1^t \Delta y_0 + C_2^t \Delta^2 y_0 + \cdots + C_n^t \Delta^n y_0 \end{aligned} \tag{6}$$

其中組合係數 $C_k^t = \dfrac{t(t-1)(t-2)\cdots(t-k+1)}{k!}$。這兩個公式都叫做等間距的**牛頓插值公式**，其中(5)式又叫做離散的 Maclaurin 公式，而(6)式是連續化的差分三角形公式，因為當 $t=n$ 時，(6)式就是**差分三角形公式**：

$$\begin{aligned} y_n = p_n(x_n) &= p_n(x_0 + n\cdot\Delta x) \\ &= y_0 + C_1^n \Delta y_0 + C_2^n \Delta^2 y_0 + \cdots + C_n^n \Delta^n y_0 \end{aligned} \tag{7}$$

【註】：排列數的記號 $t^{(k)}$ 類推於單項式 t^k，因為差分公式 $\Delta t^{(k)} = kt^{(k-1)}$ 與微分公式 $Dt^k = kt^{k-1}$ 具有類推的相同形式。

4. 拉格朗日插值公式

拉格朗日也是利用**因式定理**，但想法稍有不同，過程與結果的對稱性、漂亮性也值得欣賞與品味。

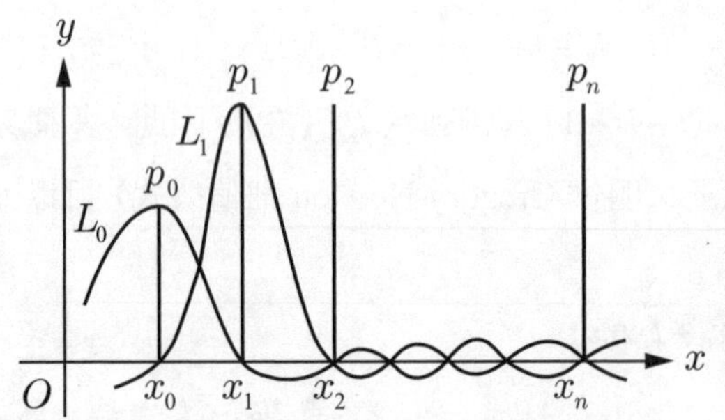

拉格朗日

圖 5–3

甲、非等間距的拉格朗日插值公式

拉格朗日觀察到：如果能夠找到 $n+1$ 個 n 次多項函數 $L_0(x)$, $L_1(x)$, $\cdots$, $L_n(x)$，使得

$$L_0(x) \text{ 通過 } (x_0, y_0), (x_1, 0), (x_2, 0), \cdots, (x_n, 0) \text{ 諸點}$$
$$L_1(x) \text{ 通過 } (x_0, 0), (x_1, y_1), (x_2, 0), \cdots, (x_n, 0) \text{ 諸點}$$
$$\vdots$$
$$L_n(x) \text{ 通過 } (x_0, 0), (x_1, 0), \cdots, (x_{n-1}, 0), (x_n, y_n) \text{ 諸點}$$

（參見示意圖 5–3）它們叫做拉格朗日基本的多項式 (basis polynomials)。再做特殊的線性組合，即全部加起來：

$$p_n(x) \equiv L_0(x) + L_1(x) + \cdots + L_n(x)$$

那麼 $L(x)$ 就是所求。這是方法論中最重要的分析與綜合的思考方法。

根據多項式的因式定理，我們令 n 次多項函數

$$L_0(x) = \alpha_0 \cdot (x - x_1)(x - x_2) \cdots (x - x_n)$$

其中 α_0 為待定常數。因為 $L_0(x)$ 通過 (x_0, y_0) 點，所以我們有

$$y_0 = \alpha_0 \cdot (x_0 - x_1)(x_0 - x_2) \cdots (x_0 - x_n)$$

解 α_0 得到

$$\alpha_0 = \frac{y_0}{(x_0 - x_1)(x_0 - x_2) \cdots (x_0 - x_n)}$$

於是得到

$$L_0(x) = \frac{(x - x_1)(x - x_2) \cdots (x - x_n)}{(x_0 - x_1)(x_0 - x_2) \cdots (x_0 - x_n)} y_0$$

同理可得

$$L_1(x) = \frac{(x - x_0)(x - x_2) \cdots (x - x_n)}{(x_1 - x_0)(x_1 - x_2) \cdots (x_1 - x_n)} y_1 \text{，等等}$$

相加起來就是所欲求：

$$p_n(x)=\frac{(x-x_1)(x-x_2)\cdots(x-x_n)}{(x_0-x_1)(x_0-x_2)\cdots(x_0-x_n)}y_0+\frac{(x-x_0)(x-x_2)\cdots(x-x_n)}{(x_1-x_0)(x_1-x_2)\cdots(x_1-x_n)}y_1$$

$$+\cdots+\frac{(x-x_0)(x-x_1)\cdots(x-x_{n-1})}{(x_n-x_0)(x_n-x_1)\cdots(x_n-x_{n-1})}y_n \tag{8}$$

這是通過 $n+1$ 點 $(x_0, y_0), (x_1, y_1), (x_2, y_2), \cdots, (x_n, y_n)$ 的 n 次多項函數，叫做**拉格朗日插值公式**，非常對稱好記。它當然跟牛頓插值公式相同，只是表現的形式不同，我們可以比喻為，同一個人穿不同的衣服，一個是穿著運動服，另一個是穿著西裝，各有不同的功能。

例 2

求一個三次拉格朗日多項函數 $p_3(x)$，使其通過下列四點：(0, 5), (2, 9), (4, 1), (5, 7)；再求 $p_3(3)$。

解答

$$L_0(x)=\frac{(x-2)(x-4)(x-5)}{(0-2)(0-4)(0-5)}\times 5=\frac{-1}{8}(x-2)(x-4)(x-5)$$

$$L_1(x)=\frac{(x-0)(x-4)(x-5)}{(2-0)(2-4)(2-5)}\times 9=\frac{3}{4}x(x-4)(x-5)$$

$$L_2(x)=\frac{(x-0)(x-2)(x-5)}{(4-0)(4-2)(4-5)}\times 1=\frac{-1}{8}x(x-2)(x-5)$$

$$L_3(x)=\frac{(x-0)(x-2)(x-4)}{(5-0)(5-2)(5-4)}\times 7=\frac{7}{15}x(x-2)(x-4)$$

所以拉格朗日多項函數

$$p_3(x)\equiv L_0(x)+L_1(x)+L_2(x)+L_3(x)$$

於是 $p_3(3)=\frac{18}{5}=3.6$ ■

習題 2

求一個四次拉格朗日多項函數 $p_4(x)$，使其通過下列五點：

$(-2, 3), (1, 4), (3, 9), (4, 5), (5, 3)$；再求 $p_4(10)$。

乙、等間距的拉格朗日插值公式

仿等間距牛頓插值公式的情形，我們也考慮等間距的拉格朗日插值公式，經過計算，(8)式就變成比較簡潔的形式：

$$\begin{aligned} p_n(x) &= p_n(x_0 + t\cdot\Delta x) \\ &= \frac{t^{(n+1)}}{(-1)^n t n!} y_0 + \frac{t^{(n+1)}}{(-1)^{n-1}(t-1)(n-1)!} y_1 + \cdots \\ &\quad + \frac{t^{(n+1)}}{(-1)[t-(n-1)](n-1)!} y_{n-1} + \frac{t^{(n+1)}}{(t-n)n!} y_n \end{aligned} \tag{9}$$

似乎沒有什麼用途，欣賞就好。

另外在統計學裡，有一個迴歸分析的論題，有點類似於插值問題。對於兩個統計變量 X, Y 觀察 n 次，得到如下的數據：

$$\{(x_k, y_k) \mid k = 1, 2, \cdots, n\}$$

我們要找一個多項函數來最佳適配 (best fit) 這一堆數據，這就是曲線適配 (curve fitting) 問題。特別地，若採用最簡單的一次函數（直線）$y = ax + b$，就是所謂的線性迴歸分析，所求得的直線叫做迴歸直線。這個論題也非常有趣，我們留待另書討論。

5. 經驗與科學理論

科學就是要追求大自然的真理，利用數學來編織科學理論，可供任何人檢驗與質疑。我們採用愛因斯坦有關科學理論的一個圖像來說明：

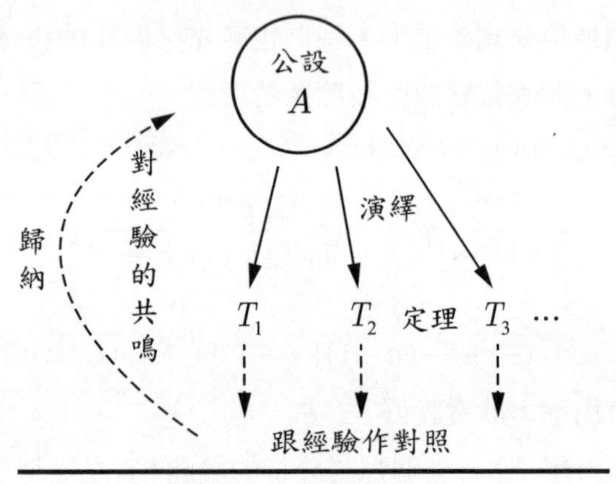

圖 5–4

科學的發展是由經驗事實 (ε) 出發，對經驗產生共鳴，然後透過創造想像力歸納出一組的公設 (A)，接著由公設演繹（邏輯推理）出各種定理 (T)，再跟經驗事實作對照（檢驗），除了必須適配既有的經驗事實之外（這是最起碼的要求），還要能夠預測未知。如果預測被證實，那麼科學理論就算暫時成功，但沒有保證永遠成功。如果預測被否證，則科學理論就要重新建構。這整個合起來就是一套的科學理論。

把插值法應用到科學理論，我們做個想像的比擬：觀測數據

$$\{(x_k,\ y_k)\,|\,k=1,\ 2,\ \cdots,\ n\}$$

代表經驗事實，通過這些數據的一條曲線（函數）$y=g(x)$ 代表適配經驗事實的**一個科學理論**。科學研究就是要找一條曲線通過這些點，據此再作出預測，若預測符合觀測事實，則科學理論就暫時成立。同一組的經驗事實，可以有許多個科學理論都適配經驗事實，例如在圖 5–5 中，我們作出 T_1, T_2, T_3 三個理論。換言之，從經驗事實延拓出來的科學理論不唯一，事實上有「無窮」多個，經過競爭的結果才得到最適當的唯一理論暫時存留下來！這是現代科學哲學 (Philosophy of Science) 討論的課題之一。

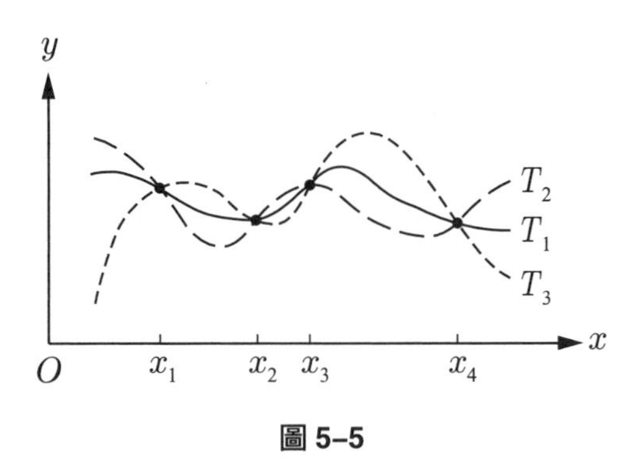

圖 5–5

例 3（歸納法的弔詭）

數列 1, 4, 9, 16, □，請問空格應填多少？

大多數人會從首四項 1, 4, 9, 16 猜測出一般項的規律為 $a_n=n^2$，所以第 5 項為 $a_5=5^2=25$。但是有位天才填 23，被評為 0 分。天才很不服氣，找老師理論，他論證說：利用因式定理，考慮 $a_n=n^2+k(n-1)(n-2)(n-3)(n-4)$，$k$ 待定，以 $n=5$ 代入，令其為 23，解得 $k=-\frac{1}{12}$，所以歸納出的一般項公式為

$$a_n = n^2 - \frac{1}{12}(n-1)(n-2)(n-3)(n-4)$$

從而 $a_5 = 23$。事實上，這個填空題可以填上任何答案 x，而且都有公式可循：

$$a_n = n^2 + \frac{x-25}{24}(n-1)(n-2)(n-3)(n-4)$$

因此，任何有限的觀測事實，無法決定下一個觀測值，也就是說可以發展出無窮多個理論。有限多個觀測值無法決定下一個值，更不用說往後的無窮多個值。■

6. 連續化與無窮化

首先我們引進**逼近的觀點**來看等間距牛頓插值公式。它的意思是：對於一個未知函數 $y = f(x)$，我們觀察到它的**等間距**的 $n+1$ 個點 x_0, $x_1, \cdots, x_n$ 的取值：

$$y_0 = f(x_0),\ y_1 = f(x_1),\ \cdots,\ y_n = f(x_n)$$

其中 $\Delta x = x_{k+1} - x_k,\ k = 0, 1, \cdots, n-1$。令 $x = x_0 + t\Delta x$，那麼等間距牛頓插值公式，即(5)式：

$$p_n(x) = p_n(x_0 + t\cdot\Delta x) = y_0 + \Delta y_0 \cdot t^{(1)} + \frac{\Delta^2 y_0}{2!}t^{(2)} + \cdots + \frac{\Delta^n y_0}{n!}t^{(n)}$$

就是通過 $n+1$ 個點 $(x_0, y_0), (x_1, y_1), (x_2, y_2), \cdots, (x_n, y_n)$ 的 n 次多項函數，它是 x 的函數，又透過 $x = x_0 + t\Delta x$ 的關係，表為 t 的函數（此地 x_0 固定，Δx 也暫時固定）。

換言之，$y = f(x)$ 與 $y = p_n(x)$ 在 $n+1$ 個點上被綑綁在一起。於是我們就理直氣壯地用已知的 $p_n(x)$ 來當作 $f(x)$ 之近似估計。

一個很自然的想法：讓 $n \to \infty$（叫做**無窮化**）並且間距 $\Delta x \to 0$

（叫做連續化），則 $f(x)$ 與 $p_n(x)$ 被綑綁在一起的點就越多且越綑越細密，那麼它們「理應」越來越逼近，甚至終究合而為一，此時 $f(x)$ 就對 x_0 點展開為泰勒級數。

詳言之，對於任意固定的 x，我們不妨假設 $x > x_0$。現在令

$$\Delta x = \frac{x - x_0}{n} \text{ 且 } x_1 = x_0 + \Delta x,\ \cdots,\ x_n = x_0 + n \cdot \Delta x$$

則 $n \cdot \Delta x = x - x_0$ 為固定數並且 $x_n = x$。於是 f 在 $n+1$ 個點 $x_0, x_1, \cdots, x_n$ 上的等間距牛頓插值公式為

$$\begin{aligned} p_n(x) &= f(x_0 + n \cdot \Delta x) \\ &= f(x_0) + \Delta f(x_0) \cdot n^{(1)} + \frac{\Delta^2 f(x_0)}{2!} n^{(2)} + \cdots + \frac{\Delta^n f(x_0)}{n!} n^{(n)} \end{aligned}$$

那麼在 $n \cdot \Delta x = x - x_0$ 保持為定數之下，我們合理地猜測：

$$f(x) = \lim_{\Delta x \to 0} p_n(x) \tag{10}$$

註：當 $\Delta x \to 0$ 時，連帶地 $n \to \infty$。

下面我們來探究這個極限的表達式。為此，令 $h = n \cdot \Delta x = x - x_0$，則

$$\Delta x = \frac{h}{n} \quad \text{並且} \quad n = \frac{h}{\Delta x}$$

亦即將長度為 h 的區間 $[x_0, x]$ 等分割為 n 段，每一小段的長度為 Δx，見圖 5–6：

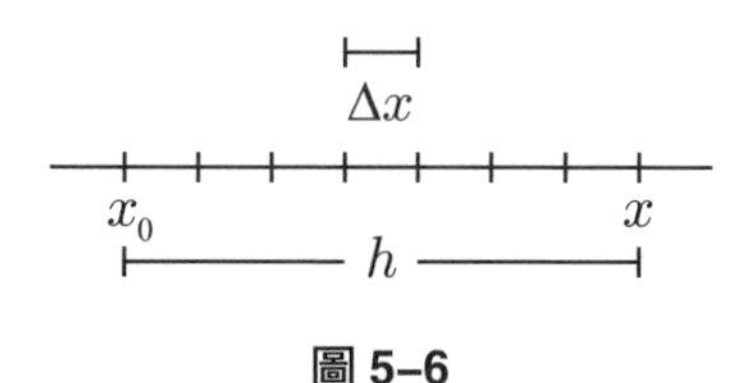

圖 5–6

於是等間距牛頓插值公式的通項為

$$\frac{\Delta^k f(x_0)}{k!}n^{(k)} = \frac{n(n-1)\cdots(n-k+1)}{k!}\Delta^k f(x_0)$$

$$= \frac{\frac{h}{\Delta x}(\frac{h}{\Delta x}-1)\cdots(\frac{h}{\Delta x}-k+1)}{k!}\Delta^k f(x_0)$$

$$= \frac{h(h-\Delta x)(h-2\cdot\Delta x)\cdots[h-(k-1)\cdot\Delta x]}{k!}\frac{\Delta^k f(x_0)}{(\Delta x)^k}$$

現在令 $\Delta x \to 0$，就得到

$$h(h-\Delta x)(h-2\cdot\Delta x)\cdots[h-(k-1)\cdot\Delta x] \to h^k$$

並且

$$\frac{\Delta f(x_0)}{\Delta x} \to f'(x_0),\ \frac{\Delta^2 f(x_0)}{\Delta x^2} \to f''(x_0),\ \cdots,\ \frac{\Delta^k f(x_0)}{\Delta x^k} \to f^{(k)}(x_0)$$

因此

$$\frac{\Delta^k f(x_0)}{k!}n^{(k)} \to \frac{f^{(k)}(x_0)}{k!}h^k$$

從而，在 $\Delta x \to 0$，但 $h = n\cdot\Delta x = x - x_0$ 保持不變之下，我們從有涯飛躍到無涯，就得到

$$f(x) = f(x_0+h) = f(x_0) + f'(x_0)\cdot h + \frac{f''(x_0)}{2!}h^2 + \cdots + \frac{f^{(n)}(x_0)}{n!}h^n + \cdots$$

或者寫成

$$f(x) = f(x_0) + f'(x_0)\cdot(x-x_0) + \frac{f''(x_0)}{2!}(x-x_0)^2 + \cdots$$

$$+ \frac{f^{(n)}(x_0)}{n!}(x-x_0)^n + \cdots$$

這就是鼎鼎著名的**泰勒級數**。特別地，當 $x_0 = 0$ 時，叫做 Maclaurin 級數：

$$f(x) = f(0) + f'(0)x + \frac{f''(0)}{2!}x^2 + \cdots + \frac{f^{(n)}(0)}{n!}x^n + \cdots$$

現在我們可以輕鬆簡潔的論述如下：若 $f(x)$ 可以展開為冪級數

$$f(x) = c_0 + c_1(x - x_0) + c_2(x - x_0)^2 + \cdots + c_n(x - x_0)^n + \cdots$$

則係數必為

$$c_n = \frac{f^{(n)}(x_0)}{n!}$$

這樣就得到 $f(x)$ 的**泰勒級數**。然而，我們還是看重從**等間距牛頓插值公式**一路尋幽探徑的過程。事實上，這就是從差和分連續化與無窮化變成微積分的過程。離散與連續 (discrete and continuous) 之間的平行類推，屬於數學方法論的層級，值得特別強調。

上述就是泰勒的思路與發現過程。他由增分法 (the method of increments) 與有限差分演算法 (Calculus of finite differences) 起家，在 1715 年得到偉大的發現：

定理 2（泰勒定理，1715 年）

對於「足夠好」的一類函數都可以展開為泰勒級數：

$$f(x) = f(x_0) + f'(x_0)\cdot(x - x_0) + \frac{f''(x_0)}{2!}(x - x_0)^2 + \cdots + \frac{f^{(n)}(x_0)}{n!}(x - x_0)^n + \cdots$$

至於什麼是「足夠好」的條件，以及如何證明泰勒定理，則留給微積分去說清楚講明白。

圖 5–7　泰勒

值得作個對照。泰勒分析的「原子」(基本組成要素）是基本的單項函數：

$$1,\ (x-x_0),\ (x-x_0)^2,\ (x-x_0)^3,\ \cdots$$

另外一種更重要且深刻的傅立葉 (Fourier, 1768～1830) 分析，其「原子」是基本的週期波動函數：

$$1,\ \cos x,\ \sin x,\ \cos 2x,\ \sin 2x,\ \cos 3x,\ \sin 3x,\ \cdots$$

可以把「任意」 2π 週期的函數 $f(x)$ 展開為

$$f(x)=\frac{a_0}{2}+\sum_{k=1}^{\infty}(a_n\cos nx+b_n\sin nx)$$

這被形容為美得像「一首科學的詩」 (a scientific poem)。

例 4

Maclaurin 展開式：

$$\sin x = x - \frac{x^3}{3!} + \frac{x^5}{5!} - \frac{x^7}{7!} + \cdots + (-1)^n \frac{x^{2n+1}}{(2n+1)!} + \cdots$$

$$\cos x = 1 - \frac{x^2}{2!} + \frac{x^4}{4!} - \frac{x^6}{6!} + \cdots + (-1)^n \frac{x^{2n}}{(2n)!} + \cdots$$

$$e^x = 1 + x + \frac{x^2}{2!} + \frac{x^3}{3!} + \frac{x^4}{4!} + \frac{x^5}{5!} + \cdots + \frac{x^n}{n!} + \cdots$$ ■

在數學史上，這是數學家首次有系統地對函數的結構作「庖丁解牛」的工作，今日叫做泰勒分析法。這啟示我們：對於一個函數，只要在一點 $x = x_0$ 知道足夠多的資訊 (即各階導數)，那麼我們就知道了整個函數。這實在令人驚奇，簡直就是「一個人不出門，就能知天下事」。

歷史人物簡介

牛頓只有少數幾個學生，泰勒是其中之一。泰勒具有相當的音樂與藝術才華。為了探索音律之謎，他首開其端採用微積分來研究小提琴的**弦振動問題**（1713 年），開啟三角級數研究的先河。大約一個世紀之後，傅立葉研究**熱傳導問題**，產生傅立葉分析（1807 年），這個研究才達於高潮。泰勒也研究線性透視 (Linear perspective) 的理論，影響後來的畫法幾何學 (Descriptive geometry) 與射影幾何學 (Projective geometry)，他的美術作品至今仍然被珍藏於英國倫敦的國家畫廊 (The National Gallery)。

第 2 篇

數學家的事蹟

06 數學家艾迪胥

艾迪胥（Paul Erdös, 1913～1996, Erdös 唸成 “air-dish”）在 1996 年 9 月 20 日於波蘭華沙參加一個數學研討會時，突然心臟病發而離開人間。數學界因此失去了一位特立獨行，並且具有高尚道德情操的偉大數學家。

如果火星人在艾迪胥活著的期間，曾經跟地球接觸過，那麼請艾迪胥代表地球到火星去當大使必是個好主意。外星人應該會欣賞艾迪胥的超地球凡俗的智慧。他使用的是宇宙普遍語言——數論，既流利又機智。更重要的是，他不受塵世所羈絆。他沒有結婚，沒有孩子，沒有房子，沒有信用卡，沒有固定工作，沒有換鞋的麻煩。事實上，他什麼都沒有，只有一只簡便的行李箱，裝著些許衣物以及一些筆記本，就過著周遊全世界的生活。他不挑食，只要有咖啡。他說：

一個數學家就像一部機器，將咖啡轉變成定理。

他的樸素生活完全是為了數學，他整個身體與靈魂都是為數學而活。數學？這是令許多人頭痛的一門學問！大多數受過一些教育的人，你向他們解說大霹靂 (the Big Bang) 或遺傳學，他們可以理解，但是他們對於數學的興趣總是侷限在只能了解銀行存款簿上的錯縱而已。對於數學家來說，他們所從事的學問是人類心智最純粹的探險與創造，而許多人都公認，艾迪胥是 20 世紀所出產的數學家中之翹楚。

一般而言，當艾迪胥抵達他要演講的一個城市時，他會打電話給他的數學家朋友，告知「我的頭腦已經來到」，聽起來彷彿是從地獄來的聲音。但是對於邀請他的主人，這個頭腦是一個可以共享的寶藏，並且他們有共同的責任加以開發。主人只需打理他的吃、住，負責幫他清洗衣物，就這麼簡單。

艾迪胥是一位雲遊世界的猶太人。在他的大半輩子，故國匈牙利都是在獨裁者的統治之下，他有許多家人被德國的希特勒殺害。為了回報照顧他生活的朋友之恩情，他從數論、圖形與邏輯擷取美麗的珍珠。他的問題經常是很容易描述，但是卻不易求解，擁有廣大的創造與驚奇空間。

舉個例子，假設有無窮多個點畫在一張無窮的畫布上，使得任何兩點之間的距離都是整數，問這幅畫看起來是什麼樣子？當他向你說明，這些點只能落在一條直線時，他會眉飛色舞，額頭起皺紋。但是你無法要求他解釋他的美妙證明，除非你對圓錐曲線有興趣（這個例子出自 Anning 和艾迪胥合寫的一篇文章中，發表在 *Bull. AMS 51*, 598–600, 1945。他喜歡說：

> 上帝擁有一本超限的天書 (a transfinite book)，裡面包含所有的數學定理以及它們的最佳證明。

如果上帝夠意思的話，他會讓你偷窺一下。例如費瑪 (Fermat, 1601～1665) 的「兩平方和」定理，即任何形如 $4n+1$ 的質數皆可唯一表成兩個自然數的平方和。艾迪胥認為高斯所提出的證明就是從上帝的天書偷看到的。所謂的最佳證明是指最單純且最漂亮的證明，有時候這並不唯一。

艾迪胥的雙親都是數學教師。在四歲時，艾迪胥發現了負數，有一天他對媽媽說：「如果妳從 100 減去 250，那麼妳將得到低於 0 的 150。」那時他已會心算三位數與四位數的乘法，但是沒有人教他負數。後來，他總是很高興地回憶說：「這是一種獨立發現。」他又說：

> 當我十歲時，父親告訴我歐幾里德定理「質數有無窮多個」的證明，從此我就被數學釣上了。

一個正整數如果除了「1 與自身」之外不能被比他小的正整數整除，就叫做「質數」。例如，他的生年 1913 就是一個質數，他的享年 83 也是質數。他在 17 歲進入布達佩斯大學，當大多數新鮮人只求功課平安及格時，艾迪胥就得到生平第一個重要的數學發現：對於著名的 Chebyshev 定理提出一個初等的論證，即證明：在任何兩個自然數

$n \geq 2$ 與 $2n$ 之間，至少存在有一個質數。從而，歐幾里德定理是自然的結論。四年後，他大學畢業並且得到數學博士學位。對於先前數學家所發展出來的質數理論，他利用更簡潔的辦法加以重鑄，被譽為有如開闢巴拿馬運河的航路，解除了必須繞道南美洲的麻煩。

接著，他得到英國曼徹斯特大學所給的四年獎學金。從此以後，艾迪胥就採行「雲遊學者」(the wandering scholar) 的生活方式，成為「宇宙的教授」(professor of the universe)。他周遊世界，經常在一個月之中，訪問了十五所大學與研究機構。他養成在旅途中，在飛機上，隨時隨地都可以做數學的習慣。高斯謙稱自己的研究成果「雖不多，但個個熟透」(Few, but ripe)，這變成高斯的格言；而艾迪胥的格言卻是「另一個屋簷下，另一個證明」(Another roof, another proof)。艾迪胥從未有一個固定的職位，通常都是在幾家研究機構輪駐，每個地方只待上一段短時間。他全心奉獻給數學，有幾位親近的朋友幫他打理財務，包括報稅。

在 1938 年到 1939 年之間，他待在普林斯頓的高等研究院，與 Mark Kac 及 Aurel Wintner 共同發展出機率式的數論 (probabilistic number theory)。在 1949 年，他與 Atle Selberg 合作得到質數定理的一個初等但並不容易的證明。這使得 Selberg 在 1950 年得到費爾茲獎，艾迪胥在 1951 年得到柯爾獎。後來，在 1983 年他和陳省身共同得到沃爾夫獎，艾迪胥將五萬美元的獎金自留 750 美元，其餘的都捐出去。

漂亮歸漂亮，可能有人會質疑艾迪胥所發表的約一千五百篇論文（其中約五百篇是跟他人共同合作）是否有實用價值？他並沒有宣稱他的論文具有實用性。他說，只要證明美妙，這就夠了。然而，數學不論是多麼抽象，總是會有一天在某一個地方變成有用，這是數學的奧妙所在。例如，「組合學」是艾迪胥所探索的一支數學，它可以計算用磚鋪滿一個不規則空間所需的塊數。他在圖枝理論 (graph theory) 的研究工作，也被應用到通訊網路的設計上。

多年前，有位著名的老數論家曾很不客氣地當著 Gian-Carlo Rota 的面批評艾迪胥的研究工作說：「艾迪胥只是在重複使用幾個招數而已。」這令 Rota 心裡不舒服，Rota 說：「事實上，每個人都只有那幾招，連偉大的希爾伯特 (Hilbert, 1862～1943) 也不例外！我跟大家一樣敬佩艾迪胥在數學上的貢獻。」

超過 60 年以上驚人的研究生涯，艾迪胥對數學作出許多貢獻，主要是在數論、機率論、實變與複變分析、幾何學、逼近理論、集合論與組合學，其中要以數論與組合學是他的天才特別閃亮的領域。

他的非凡左腦，曾幫助過許多剛出道的年輕數學家。他設立兩個基金，一個在匈牙利，一個在以色列，專門獎勵年輕數學家。對於他來說，具有潛力的數學家是個 “ε”，這個希臘字母被數學家用來表示一個很小的量。對於一個 “ε”，他扮演著 “Uncle Paul” 的關懷角色。他拋出問題，如果他們能夠解出來，他就給他們幾百美元作為獎勵，藉此也把他從演講與獲獎所得到的收入，像散財童子般地分送出去。一個同事形容他像一隻勤勞的蜜蜂：嗡嗡嗡地飛到世界各地去傳播數學花粉。

他所提出的未解決問題都附有標價，從 10 美元到最高的一萬美元，完全根據問題的難度而定。當然，追尋艾迪胥未解決問題的答案，其誘因是榮譽大過金錢。每個人都以能擁有艾迪胥簽名的支票為榮。舉一個例子：考慮一個無窮數列，各項都是自然數，假設其倒數和之無窮級數是發散的，問此無窮數列是否含有任意長度的算術數列（即等差數列）？這一題的標價是三千美元。

艾迪胥與匈牙利神童 Louis Pósa 的相遇相知最為人所津津樂道。在 1959 年的夏天，當時 Pósa 未滿 12 歲，艾迪胥從美國回匈牙利，人家告訴他說，有一位小男生名叫 Pósa，知道相當多的高中數學（Pósa 的母親是一位數學家）。於是艾迪胥非常好奇，第二天就跟 Pósa 共進午餐。當 Pósa 在喝湯時，艾迪胥就提出下面的問題：給你 $n+1$ 個自然數，皆小於或等於 $2n$，試證必存在有兩個數是互質的。這是艾迪胥在多年前發現的結果，他費去十來分鐘才找到真正簡單的證明。Pósa 在那裡一面喝湯一面想，經過半分鐘，他開口說：「如果你有 $n+1$ 個自然數小於或等於 $2n$，那麼必有兩個數是接續的，因此它們互質。」這讓艾迪胥留下深刻的印象，他將這件事媲美於高斯 7 歲時就會巧算出 $1+2+\cdots+100$ 之和。從此，艾迪胥與 Pósa 結下不解之緣，艾迪胥常寫信拋問題給 Pósa，兩人有系統地共同工作。

由於艾迪胥跟許多數學家合寫過論文，於是數學家 Casper Goffman 幽默地提出：每個數學家都有一個艾迪胥數 (Erdös number) 的概念。假設 A, B 為兩個數學家，令 A_i, $i=0, 1, 2, \cdots, n$，為 $n+1$ 個數學家，使得 $A_0=A, \cdots, A_n=B$，並且 A_k 與 A_{k+1} 至少合寫過一篇論文，$k=0, 1, 2, \cdots, n-1$，記成

$$A_0=A \to A_1 \to A_2 \to \cdots \to A_n=B$$

這是連結 A 與 B 的一條鏈，我們稱此鏈的長度為 n。在連結 A 與 B 的所有鏈中，最短的長度叫做 B 的 A 數，記為 $\nu(A; B)$。若 A 與 B 之間不存在鏈，則定義 $\nu(A; B)=+\infty$。顯然 $\nu(A; A)=0$, $\nu(A; B)=\nu(B; A)$，並且有三角不等式

$$\nu(A;\ C) \leq \nu(A;\ B) + \nu(B;\ C)$$

特別地，取 $A = \text{Erdös}$，則我們就得到艾迪胥數的函數概念：

$$\nu(\text{Erdös};\ \bullet) : \{\text{所有數學家}\} \to \{0\} \cup \mathbb{N} \cup \{+\infty\}$$

例如，Goffman 算得 $\nu(\text{Erdös; Goffman}) = 7$，後來又發現 7 可降為 3。愛因斯坦的艾迪胥數為 2。在數學界流傳有這樣一句話：「如果你不知道艾迪胥的話，你就不是一位真正的數學家。」

有人稱讚艾迪胥為「數學家的莫札特」或「西方的拉馬努金」，也有人拿他跟歐拉 (Euler, 1707～1783) 相比。歐拉是有史以來最令人驚異且最多產的瑞士數學家。我們很難描述艾迪胥對數學的熱情，我們只能說，他在數學中一天工作 19 小時，一星期工作 7 天。要找 20 世紀專注於抽象思維而又視「富貴如浮雲」的人，我們會發現奧地利哲學家維根斯坦 (Ludwig Wittgenstein, 1889～1951) 與法國數學家格羅滕迪克 (Alexandre Grothendieck, 1928～2014) 兩個人。前者為了哲學剝光他的生命，捨棄他的財產，全力以赴；後者拒絕接受瑞典科學院頒給他的大獎，理由是「一個人的超額享受必以其它人的需要為犧牲，這難道不是很明顯嗎？」艾迪胥散盡他賺來的錢，只不過是因為他不需要它們。他會說「私有財產是擾人的」。當維根斯坦被內在的狂亂驅迫到接近自殺邊緣時，艾迪胥只是單純地建構他的人生，從他偉大而莊嚴的思想中，摘取最大量的幸福。

07 薛西弗斯的巨石

—談費瑪最後定理—

1. 萬有皆整數
2. 畢氏三元數
3. 費瑪最後定理的誕生
4. 大師中的大師
5. 費瑪最後定理的圖形表現
6. 1990 年之前的進展
7. 十萬馬克的懸賞
8. 庫麥爾之後的主要進展

費瑪 (Pierre de Fermat, 1601～1665)

費瑪最後定理，彷彿是希臘神話中薛西弗斯推動的大石頭，三百多年來，點燃了許多數學家的雄心壯志去證明它，結果都發現有漏洞，甚至證明是錯誤的，於是大石頭又滾回原點。費瑪最後定理是何方神聖？為何這麼吸引人？

偉大數學家高斯說：「數學是科學的皇后，數論是數學的皇后。」

在數論中，有些猜測並不涉及高深概念，敘述起來簡單易懂，但是卻難於證明。例如，費瑪最後定理 (Fermat's Last Theorem) 與哥德巴赫猜測 (Goldbach conjecture) 就是最著名的兩個例子。

費瑪最後定理（1631 年）是說：對於 $n = 3, 4, 5, \cdots$，方程式

$$x^n + y^n = z^n \tag{1}$$

沒有正整數解。

三百多年來，有許多數學家懷著無比的毅力與熱情，嘗試去證明這個定理。但是，這個定理有如銅牆鐵壁之難於攀登。在歷史上，有好幾次宣布已經得到證明了，可惜很快又發現該證明錯誤，有漏洞的或不全的。最後在 1995 年終於由美國普林斯頓大學的懷爾斯 (Andrew John Wiles, 1953～) 提出了正確的證明。

本章我們要對這個定理的起源與發展，作一個簡要的歷史回顧。首先是逐本探源。

1. 萬有皆整數

畢氏定理是歐氏幾何學的一個核心精華結果：

在直角三角形中，斜邊的平方等於兩股平方之和。如下面圖 7–1 所示，若 $\angle C = 90°$，則 $x^2 + y^2 = z^2$。

反過來也成立：若 $x^2 + y^2 = z^2$，則 $\angle C = 90°$。這叫做畢氏逆定理。

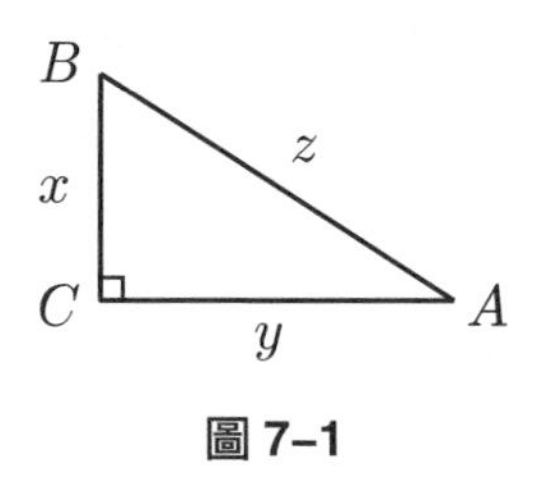

圖 7–1

畢氏定理有許多方向的推廣，內容既豐富又美麗，它甚至是費瑪最後定理的發源地。

問題 1

求方程式 $x^2 + y^2 = z^2$ 的所有正整數解答，即求正整數邊的直角三角形。

這就是所謂**畢氏問題** (Pythagorean problem)。為什麼會產生這個問題呢？它除了本身有趣之外，還存在著更深刻的理由，且涉及到畢氏學派的哲學觀點。

畢氏學派採用原子論的觀點來研究幾何學。先分析幾何圖形的結構，得到體、面、線、點；反過來是綜合，動點成線，動線成面，動面成體。點是幾何圖形的原子，最基本的組成要素。

問題 2

點有多大？

假設點的長度為 ℓ，則 ℓ 可能有三種情形：

(i) $\ell=0$　(ii) $\ell>0$　(iii) ℓ 為無窮小

如果 $\ell=0$，即點沒有長度，那麼就會產生由沒有長度的點累積成有長度的線段，導致「無中生有」(something out of nothing) 的不可思議，局部 (local) 與大域 (global) 之間存在著不可逾越的鴻溝。對畢氏學派而言，這是一個解不開的困局。

如果 ℓ 為無窮小 (infinitesimal)，那麼什麼是無窮小？這更詭譎而令人困惑。

因此，畢氏學派選擇了 $\ell>0$，即點雖然很小很小，但是具有一定的長度，像小珠子一樣。線是由許多小珠子串連而成的。換言之，從畢氏學派的眼光來看，世界是離散的 (discrete)。從而，任何兩線段 a 和 b 都是「可共度的」(commensurable)，即存在共度單位 d，使得 $a=m\cdot d$, $b=n\cdot d$，其中 m 與 n 皆為自然數。因為至少一個點的長度 d，就是一個共度單位。最大共度單位可以對 a 與 b 施行輾轉互度法而求得。於是線段的度量只會出現兩個整數之比，即有理數。據此，畢氏學派進一步飛躍到「萬有皆整數」的數學世界觀。

在「任何兩線段皆可共度」的觀點下，畢氏學派證明了長方形的面積公式、畢氏定理以及相似三角形基本定理，為幾何學奠下算術化的基礎。另一方面，畢氏定理所涉及的直角三角形，三邊長都是有理數，只要乘以分母的公倍數就變成整數邊，因此，畢氏學派想要追尋所有整數邊的直角三角形，乃是順理成章的事情。

但是好景不常，畢氏學派發現了正方形與正五邊形的邊與對角線，是不可共度的 (incommensurable)，分別等價於 $\sqrt{2}$ 以及 $\frac{1+\sqrt{5}}{2}$ 為無理數，這震垮了畢氏學派的幾何奠基工作。

一直等到西元前 300 年，歐幾里德將畢氏學派的「幾何算術化」取向，改為公理化的手法並且以幾何來治幾何，完成了歐氏幾何學，成為數學史上第一個數學公理演繹系統。

2. 畢氏三元數

方程式 $x^2+y^2=z^2$ 的任何一組正整數解答 (x, y, z) 就叫做一組**畢氏三元數** (Pythagorean triple)，例如 (3, 4, 5)、(5, 12, 13)、(119, 120, 169) 都是畢氏三元數。畢氏三元數不但存在，而且有無窮多組。更神奇的是，它們可以用公式表達出來。

我們將問題 1 的答案列於下：

1. **畢氏公式**

$$x=2n+1,\ y=2n^2+2n,\ z=2n^2+2n+1 \tag{2}$$

2. **柏拉圖公式**

$$x=2n,\ y=n^2-1,\ z=n^2+1 \tag{3}$$

在(2)與(3)兩式中，n 皆為自然數。不過，兩式都沒有窮盡所有的解答。

3. **歐氏的完全解答公式**

$$x=l(m^2-n^2),\ y=2lmn,\ z=l(m^2+n^2) \tag{4}$$

其中 l, m, n 皆為自然數且 $m>n$。(4)式窮盡了 $x^2+y^2=z^2$ 的所有正整數解。

3. 費瑪最後定理的誕生

代數學之父丟番圖（Diophantus，約 250）寫了《算術》一書，討論許多代數方程式的正整數（或有理數）解之問題。巴切 (Bachet, 1581～1638) 在 1621 年將它譯成拉丁文，費瑪在 1630 年代對這個譯本勤加研讀，其中第二冊的第 8 個問題跟畢氏三元數關係密切：

給定一個平方數，將它分成兩個平方數之和。

接著費瑪很自然就會考慮：

$$x^n + y^n = z^n,\ n = 3, 4, 5, \cdots \tag{5}$$

的正整數解問題。這叫做類推 (analogy)，是數學發展與思考的重要方法之一。費瑪在書頁的空白處寫道：

> 然而，我們不可能將一個立方數表成兩個立方數之和，也不可能將一個四次方數表成兩個四次方數之和。更一般地，除了平方數之外，任何次方數都不能表成兩個同次方數之和。我發現了一個美妙的證明，但由於空白處太小，所以沒有寫下來。

這就是鼎鼎著名的費瑪最後定理的由來，它誕生於 1637 年。

為何要叫做「最後定理」？這已不可考。有一種猜測是說，費瑪本來有許多猜測，但後來都陸續被證明或否證 (proof or refutation)，只剩下這個「最後定理」是最後還未解決的。

數論跟經驗科學一樣，有許多結果是先經過觀察與擬似實驗發現的，得到猜測，然後再小心地求證，即作證明或否證。有了證明，「猜測」才變成「定理」。如果一個猜測既沒有證明也沒有否證，那就只能保留為「猜測」的身分。因此，費瑪最後定理是數學中唯一以「定理」之名而行的一個「猜測」，希望不久的將來能夠變成一個真正的定理。

有些數學家懷疑，費瑪說他已發現一個美妙的證明，實情可能是：

(i) 他的證明必含有錯誤；

(ii) 他只證明了 $n=3$, $n=4$ 的特例，就大膽地宣稱對於所有的 $n=3, 4, 5, \cdots$ 都成立了。這叫做（枚舉）歸納法。例如費瑪觀察數列 $2^{2^n}+1$, $n \in \mathbb{N}$，首四項 5, 17, 257, 65537 都是質數，於是他就猜測：對所有自然數 n，$2^{2^n}+1$ 都是質數。他拿這個問題去向 Wallis 及其它英國數學家挑戰。後來歐拉否證了費瑪的猜測，因為當 $n=5$ 時，$2^{32}+1$ 可被 641 整除。

4. 大師中的大師

費瑪的職業是律師與宮廷顧問，然而他對數學充滿著熱情。在數論、機率論、解析幾何、微積分，乃至物理學等領域都有劃時代的不朽貢獻；因此，他被譽為「業餘數學家之王」(the prince of Amateurs)。事實上，他比職業數學家還要數學家，數學史家貝爾 (E. T. Bell, 1883～1960) 稱讚費瑪是「大師中的大師」(A master of Masters)。Toulouse 的市政廳還立有費瑪與謬思女神並坐在一起的雕像。

費瑪出生於一個皮革商的家庭，位在法國的 Toulouse 附近。他在 Toulouse 大學讀法律，畢業後的正業是律師、宮廷顧問，並且在 1631 年成為 Toulouse 地區的議員。

在忙碌的正業之外，數學是他的業餘嗜好。他利用空閒的時間研究數學，並且將所得的結果寄給朋友，互相討論，或保留著沒有發表。

他的稿件，在他死後由其兒子在 1679 年出版，這就是我們所知道的費瑪的著作 *Varia Opera*。

西方世界經歷 15、16 世紀文藝復興的蘊釀，在 17 世紀初，正是各門學問突破之際。尤其是處在微積分要誕生，科學革命要發生的前夕，費瑪在許多學問分支都扮演著開路先鋒的關鍵性角色，他的主要貢獻領域有：解析幾何、微積分、機率論、光學以及數論。

【解析幾何】

費瑪與笛卡兒 (Descartes, 1596～1650) 兩個人獨立地發明解析幾何，但是方向正好相反。基本上說來，笛卡兒由幾何圖形出發，求得其方程式，然後利用方程式的演算來研究幾何圖形；費瑪反其道而行，由方程式出發，求得其圖形，然後利用圖形來研究方程式。

費瑪說：「當我們發現兩個未知量的一個方程式，就可以探求它的圖形，這不外是一條直線或曲線。」解析幾何為往後微積分的誕生奠下良好的基礎。

【微積分】

他利用「微分法」求極值，「動態窮盡法」求面積，使他不知不覺地來到微積分的大門口，可惜就差那「臨門一腳」的功夫。後來，牛頓讀到他的作品，如觸電一般，從中提煉出真正的微分法。

費瑪也得到許多積分公式，例如：

$$\int_a^b x^n dx = \frac{1}{n+1}(b^{n+1} - a^{n+1})$$

【機率論】

有兩個賭徒賭博，但賭到半途，有事必須終止賭局，但不知要如何公平地瓜分賭金。於是有人就去請教費瑪，在 1654 年費瑪和巴斯卡 (Pascal, 1623～1662) 通信討論，解決了這個問題，這就是著名的「瓜分賭金問題」(problem of points)，於是機率論誕生。有些數學史家就把 1654 這一年與這件事，當作是機率論的起源。當然，這只是一個很簡化的說法。

【光　學】

費瑪研究光學的折射現象，提出最短時間原理 (principle of least time)，由此推導出光的反射與折射定律。這可以看作是變分學之始。

比起海龍（Heron，約 75）的最短路徑原理 (principle of least path) 只能解釋光的反射定律，是一大進步，後來一路發展成為古典力學的 Hamilton 最小作用量原理 (principle of least action)。將力學統合在單一原理之下，美麗至極！

【數　論】

費瑪最輝煌的成就在於數論，他是現代數論的創始者。費瑪個人覺得最滿意的是，發明「無窮遞降法」(method of infinite descent)，配合歸謬法，就可以用來證明一些艱深的定理。例如，他就利用它來證明：當 $n=4$ 時，費瑪最後定理成立。

費瑪最重要的就是下面三個定理：

費瑪的兩平方和定理：任何形如 $4n+1$ 的質數都可以唯一表成兩個平方數之和。

費瑪小定理：設 p 為一個質數且 a 為一個整數。若 p 不可整除 a，則

$$a^{p-1} \equiv 1 \pmod{p}$$

費瑪最後定理：設 n 為大於 2 之整數，則方程式 $x^n+y^n=z^n$ 沒有正整數解。

對於這個最後定理，費瑪在他的書頁中寫道（約 1637 年）：「我發現了一個美妙的證明，但由於空白處太小，所以沒有寫下來。」就這樣一句話，讓後來的數學家忙碌了 357 年，也犯過許多錯誤，終於在 1994 年由懷爾斯提出正確的證明，終結了「這隻會生金蛋的天鵝」（希爾伯特之語）。

希爾伯特的意思是說，費瑪最後定理就像一隻會生金蛋的天鵝，證明了它就等於是殺死它。在還證不出之前，數學家費盡所有的心思，創造出許多美妙的概念與理論，這等於是這隻天鵝生出的金蛋。

5. 費瑪最後定理的圖形表現

透過解析幾何，我們可以將方程式

$$x^n + y^n = z^n,\ n = 2, 3, 4, \cdots \tag{6}$$

加以圖解。

首先作化約工作。將(6)式兩邊同除以 z^n，可得到 $(\frac{x}{z})^n + (\frac{y}{z})^n = 1$。再變形為

$$X^n + Y^n = 1 \tag{7}$$

顯然，(6)式的一組正整數解 (x, y, z) 就對應(7)式的一組正有理數解答 $(\frac{x}{z}, \frac{y}{z})$，反之亦然。

對於 $n = 2, 3, 4, \cdots$，我們作出(7)式在第一象限的圖形，參見圖 7–2。當 $n = 2$ 時，圖形是四分之一的單位圓弧。當 n 越來越大時，圖形越來越接近於單位正方形的邊。我們稱 $n = 2, 3, 4, \cdots$ 所對應的圖形為費瑪曲線。

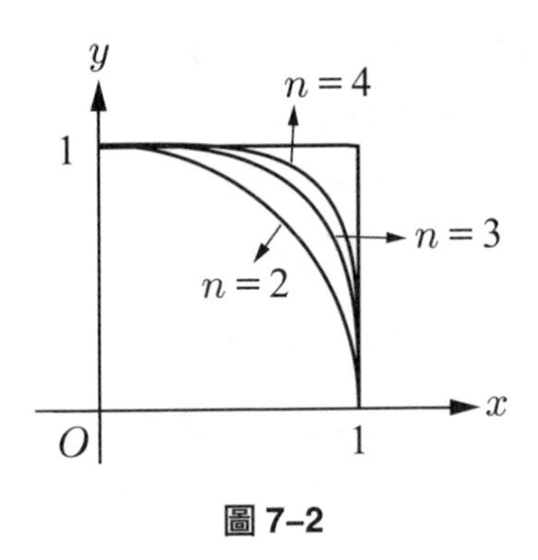

圖 7–2

因為畢氏三元數有無窮多組 ($n=2$)，所以單位圓弧含有無窮多點，其坐標是有理數。另一方面，費瑪最後定理是說 ($n\geq 3$)，費瑪曲線全都不通過坐標是有理數的點！

我們知道，在單位正方形內，坐標是有理數的點分布得密密麻麻，即稠密 (dense)，而 $n\geq 3$ 時費瑪曲線都不通過這些點，這種事情居然發生，真是不可思議。

6. 1990 年之前的進展

費瑪最後定理的嘗試證明，是逐步漸進的。最早費瑪證明 $n=4$ 的情形，從而對於任何 $n=4m$，其中 $m\in\mathbb{N}$ 的情形也都證明了。其次，對於 $n\geq 3$ 且不為 4 的倍數者，必可分解成 $n=p\cdot k$，其中 p 為奇質數。如果

$$u^p+v^p=w^p$$

無正整數解，則特別地，不存在形如

$$u=x^k,\ v=y^k,\ w=z^k$$

之正整數解，從而 $x^n+y^n=z^n$ 不存在正整數解。

因此，只需證明 n 為奇質數情形的費瑪最後定理就夠了。

以下我們用 FLT 表示費瑪最後定理，並且列出一些重要進展：

1770 年，歐拉證明 $n=3$ 的 FLT。

1816 年，法國科學院懸賞證明 FLT。

1820 年代，女數學家潔兒曼 (Sophie Germain, 1776～1831) 證明：

若 n 為奇質數，且 $2n+1$ 為質數，則 $x^n+y^n=z^n$ 不存在正整數 (x, y, z) 使得 xyz 不可能被 n 整除。這叫做第一種情形的 FLT。第二種 FLT 是 xyz 可被 n 整除的情形，這比較深奧困難。

1825 年，狄里克列特 (Dirichlet, 1805～1859) 與勒詹德瑞 (Legendre, 1752～1833) 證明 $n=5$ 的 FLT。

1832 年，狄里克列特證明 $n=14$ 的 FLT。

1839 年，拉梅 (Lame, 1795～1870) 證明 $n=7$ 的 FLT。

1847 年，拉梅與柯西對一般 n 提出 FLT 的一個錯誤證明。

1847 年，庫麥爾 (Kummer, 1810～1893) 證明：

若 p 為正則質數 (regular primes)，則 FLT 成立。

所謂 p 為正則質數是指 p 不可整除 Bernoulli 數 $B_2, B_4, \cdots, B_{p-3}$ 的分子，其中 Bernoulli 數由下列冪級數所定義：

$$\frac{x}{e^x-1}=\sum_{n=0}^{\infty}\frac{B_n}{n!}x^n$$

利用這個結果，庫麥爾證明：對於 $p<100$，FLT 成立，只有 $p=37, 59, 67$ 三數是不正則質數，是例外。

1850 年，法國科學院第二度懸賞證明 FLT。

1856 年，在柯西的建議下，法國科學院撤消懸賞，但頒給庫麥爾一個獎章。

1857 年，庫麥爾發展複雜的判別準則，以證明不正則質數的 FLT，從而證明了 $p<100$ 的 FLT。不過，他的證明含有一些漏洞，後來在 1920 年代才由范迪佛 (Vandiver) 補足。

7. 十萬馬克的懸賞

1908 年，德國數學家 Wolfskehl 捐贈十萬馬克給哥廷根 (Gottingen) 的科學院，作為頒給在西元 2007 年之前第一位證明 FLT 的人之獎金。十萬馬克在當時是很大的一筆錢，激起許多業餘人士對 FLT 的興趣，使得 FLT 成為發表過最多錯誤證明的一個數學問題，遠超過幾何三大難題（三等分角問題、方圓問題、倍立方問題)。

偉大數學家希爾伯特擔任獎金評審的主任委員。他每年判決由一些業餘人士或職業數學家所提出的證明不當的時候，常幽默地說：「真幸運，好像我是唯一能解答這個難題的人。」接著他又說：「但是，請放心，我不會去殺死這隻每年會生出許多金蛋的天鵝。」

FLT 也好像是一隻牛虻（gadfly，蘇格拉底曾自比為雅典人民的牛虻)，刺激著數學的發展。由於欲證明 FLT，而發展出豐富的數學理論，例如無窮遞降法、庫麥爾的理想數、環論、代數數論 (algebraic number theory)、代數幾何等等，這些更重要且更有趣。

8. 庫麥爾之後的主要進展

1909 年，Wieferich 證明：

若 $x^p+y^p=z^p$ 且 p 不能整除 xyz（即第一種 FLT)，則

$$2^{p-1}\equiv 1 \pmod{p^2}$$

1953 年，Inkeri 證明：

若 $x^p + y^p = z^p$ 且 $x<y<z$，則對於第一種 FLT 有

$$x > [\frac{2p^3+p}{\log(3p)}]^p$$

對於第二種 FLT 有 $x > p^{3p-4}$。

1955 年，Taniyama 猜測：有理數體上的橢圓曲線，都是模曲線。後來由 Shimura 與 Weil 加以補足，故今日叫做 Taniyama-Shimura-Weil 猜測。

1971 年，Brillhart、Tonascia 與 Weinberger 三個人證明：對於所有質數 $p < 3\times 10^9$，第一種 FLT 成立。

1976 年，Wagstaff 證明：對於所有質數 $p < 125000$，FLT 成立。

1985 年，Frey 嘗試由 Taniyama-Shimura-Weil 猜測推導出 FLT，但是他的證明含有一些嚴重的漏洞，1987 年由 Jean-Pierre Serre 加以補足。

1993 年，懷爾斯提出兩百多頁的論文證明：對於半穩定的橢圓曲線，Taniyama-Shimura-Weil 猜測成立，從而 FLT 得證。但是，很快又被人發現證明中含有漏洞。

因此，FLT 仍未完成證明，尚待繼續努力。希爾伯特曾說：

> 當我們獻身於一個數學問題時，最迷人的事情就是在我們內心的深處響起一個聲音：這裡有個問題，去尋求它的解答吧，只要純用思考就可以找到答案。

1994 年，懷爾斯修正錯誤成功，1995 年發表，FLT 終於得到證明。

在希臘神話裡，有一則「薛西弗斯推石上山」(Sisyphus rolled a rock up hill) 的故事。每當薛西弗斯把巨石推到山頂上時，石頭馬上又滾落到山腳下。三百多年來，對於 FLT 的嘗試證明，雖然有點像是「薛西弗斯的石頭」，但是數學家的心志就是要將 FLT 這塊巨石推上山頂，使它永不再滾落下來。懷爾斯辦到了！

參考文獻

1. David A. Cox, Introduction to Fermat's Last Theorem. *American Math. Monthly*, 3–14, 1994.
2. B. Mazur, Number Theory as Gadfly. *American Math. Monthly*, 593–610, 1991.
3. H. M. Edwards, *Fermat's Last Theorem: A Genetic Introduction to Algebraic Number Theory*. Springer-Verlag, 1977.
4. K. A. Ribet, Wiles Proves Taniyama's conjecture; Fermat's Last Theorem Follows. *Notices of the American Mathematical Society*, 575–576, 1993.
5. R. Jungk, *Brighter than a thousand suns*, 1956. 這有翁武忠的中譯本，叫做《光芒萬丈》，徐氏基金會出版，1968。
6. E. T. Bell, *The Last Problem*. Revised Edition, Mathematical Association of America, 1990.
7. 余文卿〈費瑪最後定理〉《數學傳播》第 18 卷第 2 期，1994。
8. 李文卿、余文卿〈費瑪最後定理：A. Wiles 的解決方法〉《數學傳播》第 18 卷第 2 期，1994。

08 蓋爾芳德論數學

什麼是數學？

(What is mathematics?)

數學的統合性

(The Unity of Mathematics)

蓋爾芳德 (Israel Moiseevich Gelfand, 1913～2009)

蓋爾芳德是莫斯科數學學派一位偉大的數學家。在 2003 年，他 90 歲生日時，數學界為他舉辦一場數學研討會，給他慶生。

他的許多門生與世界級的數學家都發表論文，最後集結成 630 頁的書（2006 年出版）。其中蓋爾芳德也發表一篇文章：Mathematics as an Adequate Language（數學是一種超ㄅㄧㄤˋ的語言）。在書的開頭還有他的一篇講話。

蓋爾芳德的文章重點是：數學跟音樂、詩與哲學一樣，它們都具有四個共通的特色，那就是：

美 (beauty)、簡潔 (simplicity)、精確 (exactness)、瘋狂的念頭 (crazy ideas)

這四個要素結合起來，正好就構成了「數學之心」(the heart of mathematics)，以及「古典音樂之心」(the heart of classical music)。

蓋爾芳德的講話

我很高興跟大家見面。我被問到了許多問題。我嘗試來回答一些。

第一個問題是：在我這把年紀為什麼還能做數學？

第二個問題是：我們要如何做數學？

第三個問題是：數學的未來前途如何？

我覺得這些問題都太制式。我要嘗試來回答我自己提出的問題：

什麼是數學？(眾笑)

讓我們由最後一個問題開始：什麼是數學？

我認為數學是我們文化的一部分，就像音樂、詩與哲學。按風格與味道來看，我很高興找到了數學、古典音樂與詩所具有的四個共通的特色：

第一是「美」，第二是「簡潔」，

第三是「精確」，第四是「瘋狂的念頭」。

這四個要素結合起來，正好就形成了數學之心，古典音樂之心。古典音樂不只是莫札特、巴哈或者貝多芬的音樂，它還包括 Shostakovich, Schnittke, Schoenberg (最後一位我了解得比較少)。所有這些都是古典音樂。我認為所有的四個要素都呈現在音樂中。基於這個理由，我得到一個結論：數學家愛好古典音樂並不是偶然的。他們愛好它，是因為它具有跟數學相同的心理結構，展現出相同的風味。

數學、古典音樂、詩、…等還有類似的一個面向：它們都是一種語言，用來了解許多事物。例如，在我的演講中，討論到一個我沒有回答的問題，現在回答如下：**為什麼偉大的希臘哲學家要研究幾何？他們是哲學家，把幾何當作哲學來研究。**偉大的幾何學家追隨這個傳統，努力縮小願景與推理的距離。例如，歐幾里德的工作就是總結當時的研究成果。不過這是另一個論題。

譯者註：數學作為一種語言是第一外國語！數學語言有四個組成要素：

1. **自然語言** (natural language)：我們日常生活所使用的語言。
2. **專技語言** (technical language)：數學的專門術語，例如函數、無理數、質數、方程式、行列式、…。
3. **符號語言** (symbolic language)：用特有的符號來表達式子、公式。適當創造記號與使用記號，是掌握數學的祕訣。這跟音樂使用音符一樣。法國偉大數學家拉普拉斯 (Laplace, 1749～1827) 說：數學有一半是記號的戰爭。
4. **圖形語言** (graphic language)：數學研究幾何圖形與空間，並且用它們來表達大自然的祕密。

另外還有一個重要的面向，對於各種不同的研究領域，例如物理學、工程、生物學，數學都是一種足夠好用的語言。此地，「足夠的語言」是最重要的字眼。我們有「足夠的語言」與「非足夠的語言」的區分。例如，將量子力學應用到生物學，就是一種「非足夠的語言」；

但是利用數學來研究基因序列卻是一種「足夠的語言」。數學語言幫忙我們組織許多東西。這是一個嚴肅的問題，我不預備詳論。

目前這個問題為什麼重要？因為我們的時代擁有「神奇的寶貝」，即電腦，它可以幫忙我們做所有的事情。我們不必侷限於只會做加法與乘法。我們還有其它好用的工具。**我確信 10 到 15 年之後，數學將會完全改觀，變成跟以往完全不一樣。**

譯者註：音樂呢？音樂應該也會完全改觀吧？整個人類社會呢？一切都正在產生巨大的變動，現在我們就要想像那可能會是什麼?

第二個問題是：我這麼老了怎麼還能工作（做數學）？我的答案很簡單，因為我不是偉大的數學家。我是很嚴肅地說這句話。我這輩子都只是一個學生。從早年開始，我就努力學習。我舉當下為例，在本研討會中我聽演講，讀論文，我發現我不知道的東西太多了，都有待去學習。因此，我永遠都在學習。在這個意味之下，我是一位學生，永遠不是一位「領袖」。

我必須提及我的老師。我無法說清楚誰是我的所有老師，因為太多了。當我年輕約 15～16 歲時，我開始學習數學。我沒有受過正式的學校教育，我也從未完成任何的大學教育。這些我都跳過去。在 19 歲時，我變成研究所的學生，我跟隨年長的師長學習。

註：蓋爾芳德從小就是跳級的數學天才，沒有受過正式的學校教育。

在那段期間，最重要的一位老師是 Schnirelmann，他是一位天才數學家，可惜早逝。另外還有 Kolmogorov, Lavrentiev, Plesner,

Petrovsky, Pontriagin, Vinogradov, Lusternik 等幾位老師。他們的境界與風格都不相同，有些我喜歡，但是有些我則不同意他們的觀點，儘管他們是多麼傑出與優秀 (眾笑)。然而，他們都是偉大數學家。我從他們那裡學到太多東西了，我很感謝他們。

最後，我要給你們一個例子，一句非數學的陳述，結合著：美、簡潔 、 精確 、 以及瘋狂的念頭 。 這是諾貝爾獎得主 Isaac Bashevis Singer 的一句話：「只要一個人拿著刀或槍，摧毀比他弱勢的人，世界就不可能有正義」。

Mathematics as an Adequate Language

數學是一種超ㄅㄧㄤˋ的語言

註：「語言」 是 “logos” 的一種含意。

導　論

這個研討會的主題是「數學的統合性」。我很高興能夠為這個美妙的主題作一些註解，講幾句話。

我不是先知，我只是一個學生。我的一生都在向偉大的數學家學習，例如歐拉與高斯、我的年長與年輕同事、我的朋友與合作者，更重要的是我的學生，他們都是我學習的對象。這就是我能夠持續工作的理由。

許多人認為數學無趣且形式化。然而，真正好的數學作品總是含有四個要素：美、簡潔、精確、瘋狂的念頭。這是一種很奇妙的組合。

我在早年就知道這個組合，譬如說，它們是古典音樂與詩的基本要素，在數學中也是典型的要素。許多數學家愛好嚴肅的古典音樂，這並不是偶然的。

我認為美、簡潔、精確、瘋狂的念頭的結合，是數學與音樂共通之處。然而，當我們想到音樂時，我們並不會像數學那樣，把它分成各種領域。如果我們問一位作曲家從事什麼職業時，他會說：我是一位作曲家。他不太可能會說：我是一位四重奏的作曲家。也許這就是為什麼每當我被問及我做何種數學時，我只是說：我是一位數學家。

我很幸運能夠遇到偉大的物理學家 Paul Dirac，我跟他在匈牙利共度了幾天的時間。我從他那裡學到許多東西。

在 1930 年代，一位年輕物理學家 Pauli，寫了一本量子力學（是這方面最佳書之一）。在這本書的最後一章，Pauli 討論到了 Dirac 方程。他說 Dirac 方程含有弱點，因為它會產生出不可能的、甚至瘋狂的結論：

1. 這些方程除了述說著電子（陰電子）之外，還宣稱存在著從未觀察過的帶正電的粒子，叫做正子（陽電子）。
2. 復次，電子遇到正子時，行為非常怪異，兩者會互相毀滅，並且產生兩個光子。

更進而得到完全瘋狂的結論：

3. 兩個光子可以轉變成為一對的電子與正子。

Pauli 寫道，儘管如此，Dirac 方程十分有趣，特別地 Dirac 矩陣值得留意。

我問 Dirac：「Paul，在這些批評之下，你為什麼不放棄你的方程式，而仍然繼續追求你的結果？」

「因為它們都很美麗。」

現在需要一種激進的基本數學語言，以後我會說明。值此數學發展的緊要關頭，記住下列的事情特別重要：數學的統合性；數學的美，簡潔，精確，以及瘋狂的念頭。

我要提醒我自己：當 20 世紀的音樂風格已經改變時，有許多人抱怨說，現代音樂缺少和諧，不遵守標準的規律，不好聽，等等。然而，Schoenberg, Stravinsky, Shostakovich 以及 Schnittke 的音樂都跟巴哈、莫札特與貝多芬一樣精準。

註解與補充

1. 里爾克（Rilke, 1875～1926，詩人，曾當過羅丹的祕書）：
   Music is the language that begins where languages end.
   （音樂是一種語言，開始於語言終止的地方。）
2. 日本詩人荻原朔太郎 (1886～1942)：
   詩是靈智一瞬間的結晶 。詩是抓住感情的神經 ，躍動多彩的心理學。
3. 英國物理學家 Paul Dirac（1902～1984，在 1933 年得到諾貝爾物理獎）的物理名言有一籮筐，我只選出下面他說的七則名言：
   (1) A theory with mathematical beauty is more likely to be correct than an ugly one that fits some experimental data.
   （一個具有數學美的理論，以及一個醜的理論但符合一些實驗數據，兩者比較起來，前者比較有可能是對的。）
   (2) It is more important to have beauty in one's equations than to have them fit experience... It seems that if one is working from the point

of view of getting beauty in one's equations, and if one has really a sound insight, one is on a sure line of progress.

（方程式的美比符合一些實驗數據更重要…，如果一個人的工作重點在於求得方程式的美，並且他具有健全的直覺，那麼我們可以肯定他已走上進步的道路。）

(3) A physical law must possess mathematical beauty.

（一條物理定律必須具有數學的美。）

(4) The deeper we see into Nature, the more beauty we find.

（我們對大自然鑽研得越深，我們會發現越多的美。）

(5) You just have to try and imagine what the universe is like.

（我們只要嘗試且想像宇宙到底會是怎麼樣。）

(6) We are going ahead into an unknown region and we don't know what it will lead to. That makes physics so exciting.

（我們走進未知的領域，我們不知道會到達哪裡。這讓物理學變成驚心動魄。）

(7) God is a mathematician of a very high order, and He used very advanced mathematics in constructing the universe.

（上帝是一位非常高明的數學家，他利用非常高超的數學來建造這個宇宙。）

音樂與數學

—從弦內之音到弦外之音—

音樂的悅耳是人人喜愛的，數學的抽象使許多人望而怯步。但是對於音樂與數學都喜愛的人，卻能深深體會到兩者具有密切的關連。

數學家 Sylvester (1814～1897) 說：「音樂是聽覺的數學，數學是理性發出的音樂，兩者皆源於相同的靈魂。」萊布尼茲也說：「音樂是一種隱藏的算術練習，透過潛意識的心靈跟數目字在打交道。」他又說：「世界上所有的事情都是按數學的規律來發生。」他們兩人都可以從音樂中看到數學，並且從數學中聽到音樂，媲美於詩人兼畫家王維的「詩中有畫，畫中有詩」。

近代作曲家 Stravinsky (1882～1971) 說：「音樂的形式較近於數學而不是文學，音樂確實很像數學思想與數學關係。」他特意將「像數學思想的東西」融入他的音樂作品之中。

音樂為何悅耳、調和、美呢？可否說出一些道理？

這涉及到許多因素，但主要的有主觀與客觀兩方面，音樂是用耳朵聽的感受，是一種聽覺的藝術，而聽覺是主觀的價值判斷，純由經驗決定，因此很難爭辯；另一方面，利用數學可對音樂（包括波動方程、頻率、波形、頻率比）作分析，求得科學的解釋，從而了解音樂現象背後的道理，這是客觀的所謂音響學 (acoustics) 或樂理。本章僅限於討論客觀的物理現象這一面，即探索音樂與數學的互動發展，作一些歷史考察。把能夠用數學講明白的部分說清楚，其餘的最好就是閉嘴，改用耳朵欣賞。

1. 問題與基本術語

彈弄一根琴弦，弦因作週期性的振動而發出一個音 (a tone)，它有四個基本要素：

音高 (pitch)：一個音的高低由弦振動的頻率 (frequency) 決定，頻率越大，音越高。頻率定義為每秒振動的週期數，其單位叫做赫茲（Hertz，簡記為 Hz），每秒振動一個週期數就叫 1Hz。

音長：一個音持續時間的長短。

音強 (intensity)：一個音的強弱，由振幅 (amplitude) 的大小決定，振幅越大，音越強。

音色 (quality or color)：由音波的形狀決定，例如小提琴與鋼琴的聲音不同就是波形不同所致。

其次，我們要介紹音程 (interval) 這個重要概念。衡量兩個音的音高所形成的距離就叫做音程。因此，任何兩個音都有音程。設兩個音的頻率分別為 f_1 與 f_2（不妨設 $f_1 < f_2$），如何定量地描述它們之間的音程呢？最常見的有下列三種（相通的）定法：

(i) 採用頻率比 $f_1 : f_2$

(ii) 採用頻率的比值 $\frac{f_2}{f_1}$

(iii) 採用頻率比值的對數 $\log(\frac{f_2}{f_1})$，叫做對數音程

總之，頻率比（而非頻率差）才是核心概念。這建立在下面的實驗基礎上面：四個音 f_1、f_2、f_3、f_4，如果具有 $\frac{f_2}{f_1} = \frac{f_4}{f_3}$ 的關係，那

麼彈奏 f_1 與 f_2 跟彈奏 f_3 與 f_4 聽起來感覺相同。因此，用頻率比來定義音程是方便且適切的。例如頻率比為 1:2，2:3，3:4 時，分別稱為八度、五度及四度音程。

本文我們關切的是，音樂對數學所引發出的四個基本的「弦內之音」問題：

(i) **畢氏琴弦調和律**：當兩個音的頻率成為簡單整數比時，同時或接續彈奏，所發出的聲音是調和的。為何會如此呢？

(ii) 如何定出音律，即定出音階：

C	, D	, E	, F	, G	, A	, B	, C′
do	re	mi	fa	so	la	si	do

的頻率比？

(iii) **泛音之謎**：彈弄一根琴弦，耳朵靈敏的人同時可以聽出一個基音 (the fundamental tone) 與一組泛音 (the overtones)。如何解釋呢？

(iv) **梅仙** (Mersenne, 1588～1648) **的經驗律**（1625 年）：

$$f \propto \frac{1}{\ell}\sqrt{\frac{T}{\rho}}$$

如何從理論上加以解釋？其中 f 表弦振動的頻率，ℓ 表弦長，T 表張力，ρ 表密度。

兩音的頻率成簡單整數比（例如 1:2，2:3，3:4，3:5，4:5，5:6，5:8）是調和的，這很容易用經驗加以驗證。不過，在理論上一直沒有圓滿的解釋。例如，伽利略 (Galileo, 1564～1642) 就說過：「我一直無法完全明白，為什麼有些音合奏會是悅耳的，但是有些音合奏不但不悅耳，反而是冒犯。」這個問題要等到 Helmholtz (1821～1894) 提出拍音理論 (the beat theory) 才獲得部分解決。

關於度量問題，在古代就有所謂的度、量、衡、律四種，其中的律就是指音律。世界上各民族對音律都有或多或少的研究，而且提出各式各樣的音律。我們僅介紹較著名的畢氏音階 (the Pythagorean scale)、純律音階 (the just scale) 以及十二平均律音階 (the tempered scale)。

至於泛音之謎與梅仙經驗律的解釋，經過泰勒、柏努利 (Daniel Bernoulli, 1700～1782)、達朗貝爾 (D'Alembert, 1717～1783)、歐拉及傅立葉等人對於弦振動 (vibrating string) 的研究，終於發展出傅立葉分析或叫調和分析 (harmonic analysis)。除了解決掉上述問題(iii)與(iv)之外，還從「弦內之音」延伸到熱傳導、位勢論等「弦外之音」的收獲。傅立葉分析法變成研究大自然的「照妖鏡」，剖析「任意函數」的利器，因此被譽為一首美麗的科學詩 (a scientific poem)。

2. 畢氏音階

如何定出音階的頻率比？這是音樂的根本問題。相信音樂的背後有數學規律可循，並且努力去追尋出音律，這在歷史上最早且最著名的要推畢氏學派。

畢達哥拉斯發現音律有一段很美麗的故事。有一天畢氏偶然經過一家打鐵店門口，被鐵鎚打鐵的有節奏的悅耳聲音所吸引（從前筆者在鄉下小城鎮曾見識過打鐵店，現代人已不易有這種經驗了)。他感到很驚奇，於是走入店中觀察研究，參見圖 9–1。他發現到有四個鐵鎚的重量比恰為 12 : 9 : 8 : 6，其中 9 是 6 與 12 的算術平均，8 是 6 與 12 的調和平均，9、8 與 6、12 的幾何平均相等。將兩個兩個一組來敲打皆發出和諧的聲音，並且

12 : 6 = 2 : 1 的一組，音程是八度 (an octave)，

12 : 8 = 9 : 6 = 3 : 2 的一組，音程是五度 (a fifth)，

12 : 9 = 8 : 6 = 4 : 3 的一組，音程是四度 (a fourth)。

圖 9–1

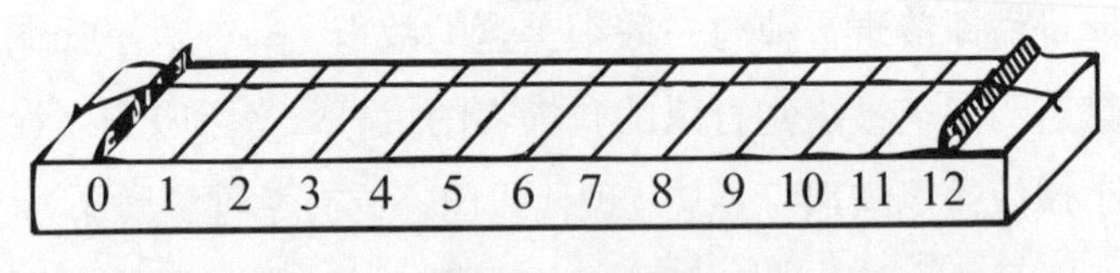

圖 9–2　單弦琴

畢氏進一步用單弦琴 (monochord) 作實驗加以驗證，參見圖 9–2。對於固定張力的弦，利用可自由滑動的琴馬 (bridge) 來調節弦的長度，一面彈，一面聽。在畢氏時代，弦長容易控制，而頻率還無法掌握，故一切以弦長為依據。畢氏經過反覆的試驗，終於初步發現了樂音的奧祕，歸結出

畢氏的琴弦律：

(i) 兩音之和諧悅耳跟其兩弦長之成簡單整數比有關。

(ii) 兩音弦長之比為 4:3，3:2 及 2:1 時，是和諧的，並且音程分別為四度、五度及八度。

數學史家貝爾認為這是科學史上第一個有記錄的物理實驗（見參考文獻 2.）。畢氏非常幸運，他碰到了一個好問題，單純而容易實驗，並且結果只跟簡單整數比有關，因此他成功了。

貝爾說：

> 環繞在畢氏身邊有數不清的神奇現象，引動著他的好奇心，激發出無窮的想像力，但是他卻選擇了對於思辯數學家很理想的一個科學問題：音樂的調和悅耳跟數有關係嗎？如果有關係，是什麼關係？他的老師 Thales 研究摩擦琥珀生電的現象，這對他也是無比的神奇，但是他直覺地避開了這個難纏的問題。如果當初他選擇數學與電的關係來研究，他會陷於其中而得不到結果。

更進一步，畢氏學派所推展的四藝學問：算術（數論）、音樂、幾何學與天文學，也整個結合在整數與調和 (harmony) 之中。畢氏音律是弦長的簡單整數比（算術的比例論）；天文學的星球距離地球也成簡單整數比，因此它們繞地球運行時會發出美妙的星球音樂 (the harmony of spheres)；幾何圖形是由點組成的，點是幾何學的原子，點雖然很小，但具有一定的大小，所以任何兩線段皆可共度，一切度量只會出現整數比，而整數比就是調和，就是悅耳的音樂。畢氏甚至說：「哲學是最上乘的音樂」（在古時候，哲學是愛智與一切學問的總稱）。他大膽地總結出「萬有皆整數與調和」的偉大夢想。這種對任何事物都相信有秩序與規律可尋，並且努力去追求單純、和諧與美的精神，千古以降，隨著畢氏思想的弦音而共鳴，代代都可以聽見迴聲。

貝爾說得好：

> 誰會責怪熱情的畢氏從可驗證的事實，飛躍到不可驗證的狂想呢？音律的發現令人震驚，也使人飛揚。誰還會懷疑空間、數與聲音合一於調和之中呢？

但是好景不常，畢氏學派很快就發現到單位正方形的邊長與對角線是不可共度的，這等價於 $\sqrt{2}$ 不是整數比，因而畢氏的天空出現了破洞。這是數學史上的第一次危機，後來才由 Eudoxus（西元前 408～前 355） 作了煉石補天的工作。留下的石頭，兩千多年後被戴德金 (Dedekind, 1831～1916) 拿來建構出實數系 。這段歷史美妙的有點像神話故事「女媧煉石補天」的情節。

回到定音階的頻率比問題。我們要採用較近代的術語來敘述。伽利略發現到弦振動的頻率 f 跟弦長 ℓ 成反比，即

$$f \propto \frac{1}{\ell}$$

因此，我們可以將畢氏所採用的「弦長」改為「頻率」來定一個音的高低。從而畢氏的發現就是：兩音的頻率比為 2 : 1，3 : 2 及 4 : 3 時，分別相差八度，五度及四度音。例如，頻率為 300 與 200 之兩音恰好相差五度音。

定音階的問題就是要在 1 與 2 之間插入六個簡單整數比之分數：

$$r_1 = 1 < r_2 < r_3 < r_4 < r_5 < r_6 < r_7 < r_8 = 2$$

使其中含有四度音 $\frac{4}{3}$ 及五度音 $\frac{3}{2}$。

畢氏採用「五度音循環法」來定出音階：由 1 出發，不斷升高五度音，即接續乘以 $\frac{3}{2}$，再降八度音（即除以 2）或升八度音（即乘以 2），拉回到 1 與 2 之間。詳細情形如下列三個步驟：

(I) 任取一個基準音，不妨取為 1，逐次升高五度得到：

$$1, \frac{3}{2}, (\frac{3}{2})^2, (\frac{3}{2})^3, (\frac{3}{2})^4, (\frac{3}{2})^5$$

或

$$1, \frac{3}{2}, \frac{9}{4}, \frac{27}{8}, \frac{81}{16}, \frac{243}{32}$$

(II) 將(I)中的結果拉回到一個單純八度音，即 1 與 2 之間，再由小排到大：

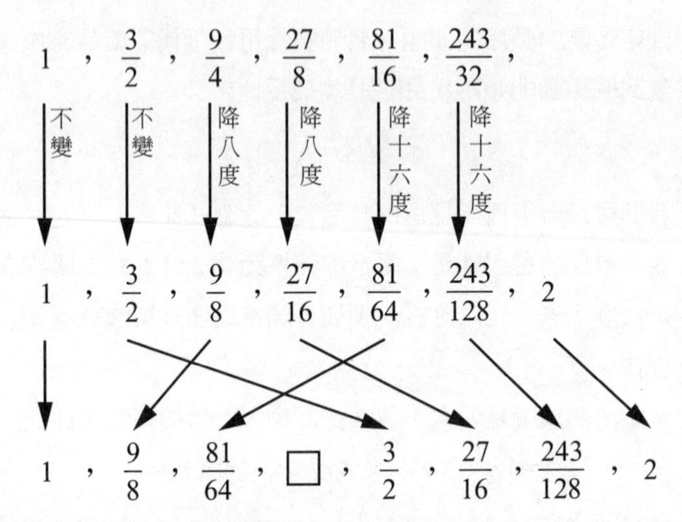

(III) 在(II)中還缺少一個很重要的第四音，這可以由 1 出發，往下降五度音，即乘以 $\frac{2}{3}$：

$$\frac{2}{3} \leftarrow 1$$

再升八度音，乘以 2 得到第四音：

$$\frac{2}{3} \rightarrow \frac{4}{3}$$

補到(II)中，就得到畢氏音階：

$$\begin{matrix} C, & D, & E, & F, & G, & A, & B, & C' \\ 1, & \frac{9}{8}, & \frac{81}{64}, & \frac{4}{3}, & \frac{3}{2}, & \frac{27}{16}, & \frac{243}{128}, & 2 \end{matrix}$$

畢氏透過單弦琴的實驗，做出畢氏音階的頻率比。對於畢氏學派而言，音樂就是整數比。不僅止於此，這還貫穿於整個大自然、藝術與人生之中。據說畢氏臨終之言是：「勿忘勤弄單弦琴。」(Remember to work with the monochord.)

中世紀的 Boethius (475～524) 將調和理論分成三個等級，拾級而上，達於完美：最初級的是樂器的音樂 (musica instrumentalis)，包括歌唱及樂器演奏出來的音樂；其次是人類的音樂 (musica humana)，講究身體與靈魂的調和、平衡與適當的比例；最完美的調和是世界的音樂 (musica mundana)，包括行星的井然有序之運行、元素的適當比例混合、四季的循環以及大自然、宇宙的和諧。Boethius 坐過牢，在監牢中寫出著名的《哲學的慰藉》一書。

事實上，畢氏音階律也可以採用「三分損益法」(又叫做「管子法」)。在西元前 4 世紀，《管子》〈地圓篇〉記載有此法。九寸長的竹管，圓周長九分，所謂「三分損益法」就是交互使用「三分損一法」(即去掉三分之一的長) 以及「三分益一法」(即將所剩再增加三分之一的長)。改用頻率的說法即為：由一個音出發，不妨取其為 1，「三分損一法」就是乘以 $\frac{3}{2}$ (即升高五度音程)，「三分益一法」就是乘以 $\frac{3}{4}$ (即降四度音程)，如此交互相生，得到

$$1, \frac{3}{2}, \frac{9}{8}, \frac{27}{16}, \frac{81}{64}, 2$$

由小排到大就得到所謂的「五聲音階」(the pentatonic scale)：

$$1 \ , \ \frac{9}{8} \ , \ \frac{81}{64} \ , \ \frac{3}{2} \ , \ \frac{27}{16} \ , \ 2$$

宮　商　角　徵　羽　宮

孫子說：「聲不過五，五聲之變，不可勝聽也。」 這五聲指的就是「宮、商、角、徵、羽」。

再補上

$$\frac{81}{64} \times \frac{3}{2} = \frac{243}{128}$$

及第四音 $\frac{3}{4}$ 就得到畢氏音階（或叫七音音階）：

1	$\frac{9}{8}$	$\frac{81}{64}$	$\frac{4}{3}$	$\frac{3}{2}$	$\frac{27}{16}$	$\frac{243}{128}$	2
宮	商	角	變徵	徵	羽	變宮	宮
C	D	E	F	G	A	B	C′
do	re	mi	fa	so	la	si	do

如果說「音樂是聽覺的數學」，那麼其數學就是音律；反過來，如果說「數學是理性發出的音樂」，那麼其音律就是邏輯。畢氏研究音律，並且把從古埃及與巴比倫接收過來的經驗式的數學知識，嘗試組織成邏輯演繹系統，這在精神上可以說是相通的、一貫的。雖然由於 $\sqrt{2}$ 的出現而沒有完全成功，但是畢氏卻為後人（如歐幾里德）作了重要的鋪路工作。成功是踏在前人的失敗上走出來的。

畢氏音階好不好呢？要衡量一種音階的好壞，通常都將它跟「自然音程」作比較。什麼是自然音程呢？

根據畢氏的琴弦律，兩音的頻率愈成簡單整數比愈調和，其音程就叫做自然音程。下面我們列出調和的自然音程：

兩音頻率比	**音　程**
1:1	完全一度
1:2	完全八度
2:3	完全五度

3 : 4	完全四度
4 : 5	大三度
5 : 6	小三度
3 : 5	大六度
5 : 8	小六度

注意到，有的書將上表中的「完全」說成「純」，例如完全八度就是純八度等等。

現在考慮畢氏音階相鄰兩音之間的音程：

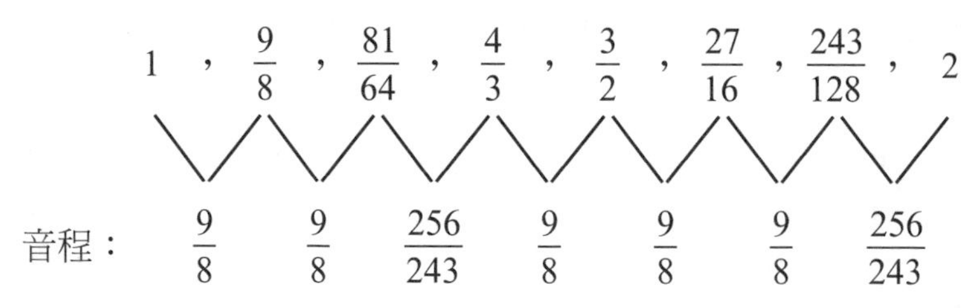

其中 $\frac{9}{8}$ 是全音程 (whole tone)，$\frac{256}{243}$ 是半音程 (semi tone)。所謂大三度是指含有兩個全音，小三度是指含有一個全音與一個半音。

五度音程 $\frac{3}{2}$ 與四度音程 $\frac{4}{3}$ 都很好。但是大三度音程就有點兒走音：$\frac{\text{mi}}{\text{do}}$ 應該是 $\frac{5}{4}=1.250$，而在畢氏音階中，此比值為 $\frac{81}{64}=1.265$，

稍嫌尖銳。復次，小三度音程 $\frac{\text{fa}}{\text{re}}$ 應該是 $\frac{6}{5}=1.200$，但在畢氏音階中，此比值為

$$\frac{4}{3}\div\frac{9}{8}=\frac{32}{27}=1.185$$

又嫌稍低。

進一步，考慮半音音階 (the chromatic scale)，也會出現問題。半音音階的造法如下：

(I) 由任意點出發，不妨取為 1，上升與下降五度音程：

$$\begin{array}{ccccccccccccc}
(\frac{2}{3})^6 & (\frac{2}{3})^5 & (\frac{2}{3})^4 & (\frac{2}{3})^3 & (\frac{2}{3})^2 & \frac{2}{3} & 1 & \frac{3}{2} & (\frac{3}{2})^2 & (\frac{3}{2})^3 & (\frac{3}{2})^4 & (\frac{3}{2})^5 & (\frac{3}{2})^6 \\
\downarrow & \downarrow & \downarrow & \downarrow & \downarrow & & & & \downarrow & \downarrow & \downarrow & \downarrow & \downarrow \\
\frac{64}{729} & \frac{32}{243} & \frac{16}{81} & \frac{8}{27} & \frac{4}{9} & \frac{2}{3} & 1 & \frac{3}{2} & \frac{9}{4} & \frac{27}{8} & \frac{81}{16} & \frac{243}{32} & \frac{729}{64}
\end{array}$$

(II) 將(I)中的結果拉回到一個單純八度音程之間：

$\frac{64}{729}$	$\frac{32}{243}$	$\frac{16}{81}$	$\frac{8}{27}$	$\frac{4}{9}$	$\frac{2}{3}$	1	$\frac{3}{2}$	$\frac{9}{4}$	$\frac{27}{8}$	$\frac{81}{16}$	$\frac{243}{32}$	$\frac{729}{64}$
↓ 升四個八度	↓ 升三個八度	↓ 升二個八度	↓ 升二個八度	↓ 升二個八度	↓ 升八度	↓ 不變	↓ 不變	↓ 降八度	↓ 降八度	↓ 降十六度	↓ 降十六度	↓ 降二十四度
$\frac{1024}{729}$	$\frac{256}{243}$	$\frac{128}{81}$	$\frac{32}{27}$	$\frac{16}{9}$	$\frac{4}{3}$	1	$\frac{3}{2}$	$\frac{9}{8}$	$\frac{27}{16}$	$\frac{81}{64}$	$\frac{243}{128}$	$\frac{729}{512}$

(III) 再將(II)由小排到大：

1	$\frac{256}{243}$	$\frac{9}{8}$	$\frac{32}{27}$	$\frac{81}{64}$	$\frac{4}{3}$	$\frac{729}{512}$ / $\frac{1024}{729}$	$\frac{3}{2}$	$\frac{128}{81}$	$\frac{27}{16}$	$\frac{16}{9}$	$\frac{243}{128}$	2
	do♯		re♯			fa♯		so♯		la♯		
do		re		mi	fa		so		la		si	do
	re♭		mi♭			so♭		la♭		si♭		

在(III)中，我們看出了兩個困難：首先半音的音程有兩種，其一是 do-do♯, re-re♯, mi-fa, so-so♯, la-la♯ 與 si-do 之間的音程為 $\frac{256}{243}=1.053$；另一方面，do♯-re, re♯-mi, so♯-la 與 la♯-si 之間的音程為 $\frac{2187}{2048}=1.068$。其次，同一個音符 fa♯ 與 *so*♭ 取兩個不同的值 $\frac{729}{512}$ 與 $\frac{1024}{729}$。

3. 純律音階

由於畢氏音階有許多缺點，為了實現「調和就是簡單整數比」這個理想，偉大的天文學家托勒密（C. Ptolemy，約 85～165）將畢氏音階中的 $\frac{81}{64}, \frac{27}{16}$ 與 $\frac{243}{128}$ 分別修改為 $\frac{5}{4}, \frac{5}{3}$ 與 $\frac{15}{8}$，這樣就得到了較理想的純律音階。

詳言之，純律音階的造法如下：

(I) 以大三和弦 (a major triad) 為出發點：

do	mi	so
4	5	6
1	$\frac{5}{4}$	$\frac{3}{2}$

(II) 由 so 上升大三和弦並且由 do 下降大三和弦：

do	mi	so
1	$\frac{5}{4}$	$\frac{3}{2}$

fa′	la′	do		so	si	re′
$\frac{2}{3}$	$\frac{5}{6}$	1	$\frac{5}{4}$	$\frac{3}{2}$	$\frac{15}{8}$	$\frac{9}{4}$
4	5	6		4	5	6

(III) 將(II)之結果拉回到單純的一個八度音程之中：

$\frac{2}{3}$	$\frac{5}{6}$	1	$\frac{5}{4}$	$\frac{3}{2}$	$\frac{15}{8}$	$\frac{9}{4}$
↓ 升八度	↓ 升八度	↓ 不變	↓ 不變	↓ 不變	↓ 不變	↓ 降八度
$\frac{4}{3}$	$\frac{5}{3}$	1	$\frac{5}{4}$	$\frac{3}{2}$	$\frac{15}{8}$	$\frac{9}{8}$

(IV) 將(III)之結果由小排列到大：

do	re	mi	fa	so	la	si	do
1	$\frac{9}{8}$	$\frac{5}{4}$	$\frac{4}{3}$	$\frac{3}{2}$	$\frac{5}{3}$	$\frac{15}{8}$	2

這就是純律音階。

根據 Helmholtz 與 Delezenne 的研究證實：世界上第一流的小提琴家與歌唱家都按純律來演奏或演唱。

首先我們注意到，在純律音階中，大三和弦 (do, mi, so)，屬三和弦(dominant triad : so, si, re) 及下屬三和弦(subdominant triad : fa, la, do) 皆呈 4 : 5 : 6 之比。

其次，考察兩音之間的音程：

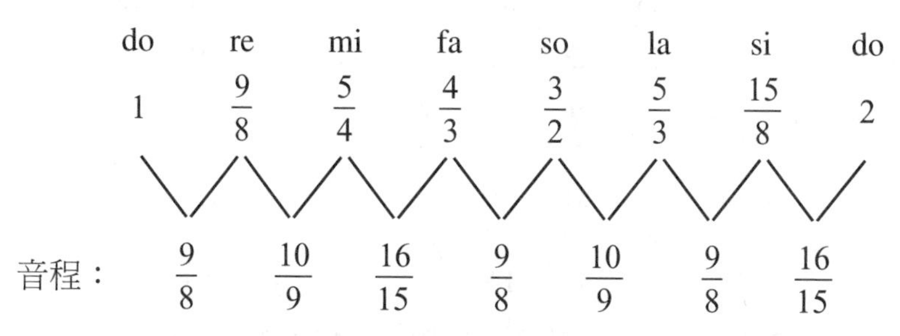

我們發現第一個困難是有兩個全音音程：一個是 $\frac{9}{8}=1.125$，另一個是 $\frac{10}{9}=1.111$；而半音音程 $\frac{16}{15}=1.067$。第二個困難是不調和：小三度音程

$$\frac{\text{fa}}{\text{re}}=\frac{4}{3}\div\frac{9}{8}=\frac{32}{27}$$

並不是理想中的 $\frac{6}{5}$；五度音程

$$\frac{\text{la}}{\text{re}}=\frac{5}{3}\div\frac{9}{8}=\frac{40}{27}$$

也不是理想中的 $\frac{3}{2}$。

我們可以仿照畢氏音階的辦法造出純律的半音音程，此時會出現比畢氏音階更多的混淆不明，例如相同的音符 la$^{\flat}$ 與 so$^{\sharp}$， re$^{\flat}$ 與 do$^{\sharp}$ 取值不同等等。

當然，純律比畢氏音律具有更多的調和性。但是純律還會有另一個困難：假設有一架鋼琴，按純律來調音，並且假設上述的純律音階就是 C 大調音階。如果我們要彈奏 D 大調，即由 D 出發，將每一音提高一音（皆乘以 $\frac{9}{8}$），如下表所示，那麼兩調的 E 與 A 就不相同，這表示我們無法平順地移調 (transposition) 或轉調 (modulation)。

	do	re	mi	fa	so	la	si	do
	C	D	E	F	G	A	B	C
C 大調：	1	$\frac{9}{8}$	$\frac{5}{4}$	$\frac{4}{3}$	$\frac{3}{2}$	$\frac{5}{3}$	$\frac{15}{8}$	2
D 大調：	$\frac{9}{8}$	$\frac{81}{64}$	$\frac{45}{32}$	$\frac{3}{2}$	$\frac{27}{16}$	$\frac{15}{8}$	$\frac{135}{64}$	$\frac{9}{4}$
	D	E	F♯	G	A	B	C♯	D

所有這些困難在 17 世紀時，人們已清楚認識到。解決之道就是創立平均律音階。

4. 十二平均律音階

畢氏音階與純律音階都建立在三度或五度音程上面，但是由任何一個音出發，升高或降低五度或三度都無法達到其出發音的八度之整數倍（即不封閉)。這是這兩種音階出現困難的部分原因。

理想的音階應該滿足下列三個條件：

(i) 跟自然音程三度、四度、五度等一致

(ii) 可以自由無礙地移調與轉調

(iii) 適用於鍵盤樂器（如鋼琴），使得對於調音不同的鍵盤樂器都可以和諧地一齊演奏

顯然這三個條件是不相容的。妥協的辦法是，將條件(i)稍作犧牲，

以保全條件(ii)與(iii)。這就產生出十二平均律，即將八度音程平均分成十二個半音。換言之，平均律稍偏離了所有協和的自然音程，但是偏離的程度非常小，以致於對耳朵不構成冒犯。

十二平均律音階的作法如下：

(I) 所有的半音音程皆相等，即 $\frac{\text{do}\sharp}{\text{do}} = \frac{\text{re}}{\text{do}\sharp} = \frac{\text{re}\sharp}{\text{re}} = \cdots = \frac{\text{do}'}{\text{si}}$。

(II) 八度音程仍保持為 1 : 2，亦即 $\frac{\text{do}'}{\text{do}} = 2$。

因此，如果我們取 do 為 1，並且令(I)中的比例常數為 α，則易知 $\alpha = \sqrt[12]{2}$，從而得到下表之十二平均律音階：

音名		十二平均律
C	do	1.0000
	do♯	$\sqrt[12]{2} = 1.0595$
D	re	$(\sqrt[12]{2})^2 = 1.1225$
	re♯	$(\sqrt[12]{2})^3 = 1.1892$
E	mi	$(\sqrt[12]{2})^4 = 1.2599$
F	fa	$(\sqrt[12]{2})^5 = 1.3348$
	fa♯	$(\sqrt[12]{2})^6 = 1.4142$
G	so	$(\sqrt[12]{2})^7 = 1.4983$
	so♯	$(\sqrt[12]{2})^8 = 1.5874$
A	la	$(\sqrt[12]{2})^9 = 1.6818$
	la♯	$(\sqrt[12]{2})^{10} = 1.7818$
B	si	$(\sqrt[12]{2})^{11} = 1.8877$
C′	do′	$(\sqrt[12]{2})^{12} = 2.0000$

根據 1939 年在英國倫敦所舉行的國際會議，決定以 A 的頻率為 440Hz，叫做第一國際音標，從而所有的音之頻率就跟著確定，如下表：

音名		音律		頻率 (A = 440Hz)	
		純律	平均律	純律	十二平均律
C	do	1	1	264	261.6
C♯		$\frac{16}{15}$	$\sqrt[12]{2}$	281.6	277.2
D	re	$\frac{9}{8}$	$(\sqrt[12]{2})^2$	297	293.7
D♯		$\frac{6}{5}$	$(\sqrt[12]{2})^3$	316.8	311.1
E	mi	$\frac{5}{4}$	$(\sqrt[12]{2})^4$	330	329.6
F	fa	$\frac{4}{3}$	$(\sqrt[12]{2})^5$	352	349.2
F♯		$\frac{64}{45}$	$(\sqrt[12]{2})^6$	375.5	370.0
G	so	$\frac{3}{2}$	$(\sqrt[12]{2})^7$	396	392.0
G♯		$\frac{8}{5}$	$(\sqrt[12]{2})^8$	422.4	415.3
A	la	$\frac{5}{3}$	$(\sqrt[12]{2})^9$	440	440
A♯		$\frac{16}{9}$	$(\sqrt[12]{2})^{10}$	469.3	466.2
B	si	$\frac{15}{8}$	$(\sqrt[12]{2})^{11}$	495	493.9
C′	do′	2	2	528	523.3

十二平均律是由德國風琴師 Werckmeister 在 1691 年發表一篇文章「將鍵盤樂器調成平均律的數學」所引出來的。它的優點是轉調無礙，缺點是音不純，其和弦效果不夠完美。下面我們列出它跟自然音程的比較：

音　程	自然音程	平均律音程	誤差 (%)
八度	2.0000	2.0000	0
五度	1.5000	1.4983	0.113（低）
四度	1.3333	1.3348	0.113（高）
大三度	1.2500	1.2599	0.794（高）
小三度	1.2000	1.1892	0.899（低）
大六度	1.6667	1.6818	0.908（高）
小六度	1.6000	1.5874	0.787（低）

現代的鋼琴通常有 88 個鍵，其中含有 7 個完整的八度（共 84 個鍵）以及在最低與最高之兩側所加的 4 個鍵。在每個八度有 7 個白鍵與 5 個黑鍵。各鍵頻率就按上述的十二平均律來調音，見圖 9–3。

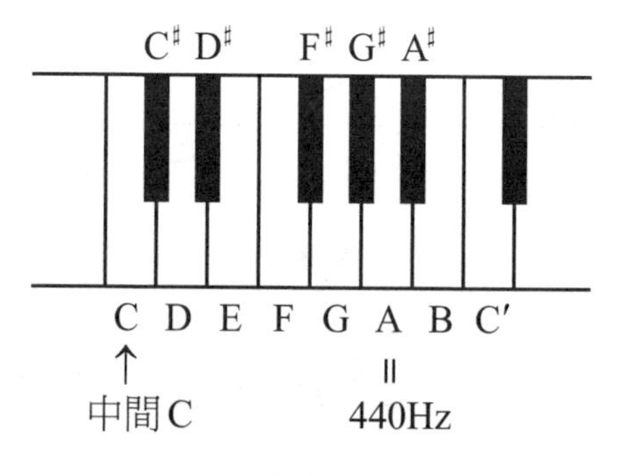

圖 9–3

5. 弦內之音：弦振動的數學

在第一節中我們說過，自古以來音樂對數學提出了四個基本的挑戰問題。其中的第二個問題，有關於定音律，是屬於算術問題，容易解決；其餘三個問題，涉及的數學較深，數學家一直無法回答，因為對於琴弦振動現象之研究，沒有微積分是無能為力的。正如古人已深切體會到了「對運動現象無知就是對大自然無知」(To be ignorant of motion is to be ignorant of nature)，但是古希臘人就是辦不到，理由是數學能力不足也。一直要等到 17 世紀後半葉牛頓與萊布尼茲創立微積分，首次成功地突破了運動現象之研究。很自然地，18 世紀初「琴弦振動問題」立即成為當時數學界的一個研究主題，也正好試驗新創立的微積分工具之威力，兼揭開音樂之謎。

彈奏一根長度為 ℓ 的琴弦，令 $y(t, x)$ 表示弦在 x 點、t 時刻在 y 方向的位移距離，見圖 9–4：

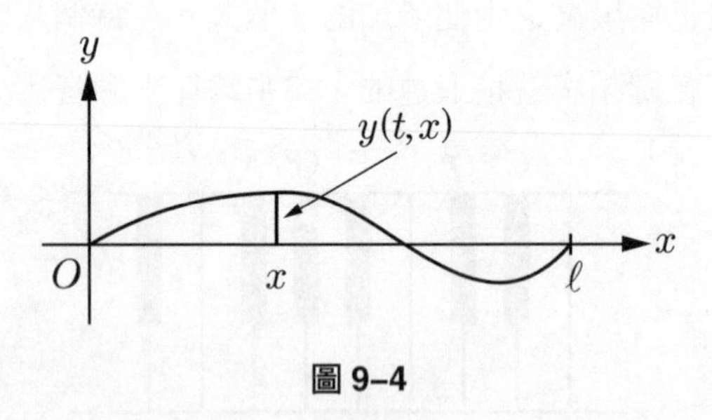

圖 9–4

從物理的觀點來看，整個樂音之謎應該都含在這個兩變數函數 $y=y(t, x)$ 之中。

如何掌握這個函數？這個函數的結構是什麼？

我們可以根據「物之理」用一個偏微分方程捕捉住它，先保住現象 (save phenomena)。為此，我們要作幾個基本假設：

(i) 弦只在 xy 平面上的 y 方向振動，平衡位置是 x 軸

(ii) 弦很細，密度均勻，張力足夠大，使得弦具有完全彈性，並且重力與空氣阻力皆可忽略不計

(iii) 弦只作微小振動，故 $\frac{\partial y}{\partial x}$ 很小，並且張力在弦上任何一點的水平分量左右平衡，即沒有 x 方向的運動

對於任何琴弦而言，這些假設都是適切而合理的。

在這些假設下，我們容易可以推導出函數 $y=y(t, x)$ 滿足如下的偏微分方程式 (P.D.E.)：

$$\frac{\partial^2 y}{\partial t^2}=a^2\frac{\partial^2 y}{\partial x^2},\ t\geq 0,\ 0\leq x\leq \ell$$

叫做一維的波動方程式，其中 $a^2=\frac{T}{\rho}$，並且 T 表示弦的張力，ρ 表示弦的密度。再配合上琴弦的邊界條件（兩端固定在 x 軸上）及初期條件（初位置為已知函數 $f(x)$，初速度為 0），就得到下面的數學問題：

$$(\mathrm{I})\begin{cases}\frac{\partial^2 y}{\partial t^2}=a^2\frac{\partial^2 y}{\partial x^2} & \text{(波動方程)} \quad (1)\\ y(t,0)=0,\ y(t,\ell)=0 & \text{(邊界條件)} \quad (2)\\ y(0,x)=f(x) & \text{(初期位置)} \quad (3)\\ \frac{\partial y}{\partial t}(0,x)=0 & \text{(初期速度)} \quad (4)\end{cases}$$

我們要求解出未知函數 $y=y(t, x)$。

將音樂現象定式化 (formulates) 為具體的數學問題之後，思考就有了著力點。按事物發展的常理（或原子論的以簡馭繁），我們由簡單的兩變數函數試起：

$$y=(t,\,x)=T(t) \tag{5}$$

$$y(t,\,x)=X(x) \tag{6}$$

$$y(t,\,x)=T(t)X(x) \tag{7}$$

容易驗知，(5)與(6)兩式皆不可能是解答。柏努利在 1755 年首次嘗試(7)式之形的解答，很幸運地成功了。顯示這是一個偉大的妙招，叫做分離變數法。

今將(7)式代入(1)式中得

$$\frac{1}{a^2}\frac{T''(t)}{T(t)}=\frac{X''(x)}{X(x)}$$

此式左右兩邊分別純是 t 的函數與純是 x 的函數，而兩邊相等，故只好等於一個常數，令其為 $-\lambda$（取負號較方便)，於是得到兩個常微分方程式

$$X''(x)+\lambda X(x)=0 \tag{8}$$

$$T''(t)+\lambda a^2T(t)=0 \tag{9}$$

這是簡諧運動（或單頻運動）的方程式。

其次，對 $y(t,\,x)=T(t)X(x)$ 考慮邊界條件(2)得到

$$T(t)X(0)=0,\ T(t)X(\ell)=0,\ \forall t\geq 0$$

為了得到有聊的解答 (nontrivial solution)，只好

$$X(0)=0=X(\ell) \tag{10}$$

再考慮初期速度條件(4)得知

$$T'(0)=0 \tag{11}$$

因此，我們的問題化約成求解下面兩個常微分方程：

$$\text{(II)} \begin{cases} X''(x)+\lambda X(x)=0 \\ X(0)=0=X(\ell) \end{cases} \tag{12}$$

$$\text{(III)} \begin{cases} T''(t)+\lambda a^2 T(t)=0 \\ T'(0)=0 \end{cases} \tag{13}$$

先求解(12)式，我們分成 $\lambda<0,\ \lambda=0$ 與 $\lambda>0$ 三種情況來討論。

(i) 當 $\lambda<0$ 時，(II)的解為

$$X(x)=Ae^{\sqrt{-\lambda}x}+Be^{-\sqrt{-\lambda}x}$$

其中 A, B 為待定兩實數。考慮邊界條件(10)，立得 $A=B=0$。從而我們只得到無聊的零解

$$X(x)=0,\ y(t,\ x)=T(t)\cdot 0=0$$

這並不是我們所期望的解答。

(ii) 當 $\lambda=0$ 時，(II)的解為

$$X(x)=Ax+B$$

再考慮邊界條件(10)，得到 $A=B=0$，仍然只得到無聊解答。

(iii) 當 $\lambda>0$ 時，(II)的解為

$$X(x)=A\cos\sqrt{\lambda}x+B\sin\sqrt{\lambda}x$$

由邊界條件(10)可得 $A=B=0$ 或

$$\begin{cases} A=0 \\ \sin\sqrt{\lambda}\ell=0 \end{cases}$$

前者只得無聊解答，故棄之。由 $\sin\sqrt{\lambda}\ell=0$ 解得 λ 滿足

$$\sqrt{\lambda}\ell=n\pi,\ n=1,\ 2,\ 3,\ \cdots$$

令 $\lambda_n=\dfrac{n^2\pi^2}{\ell^2},\ n=1,\ 2,\ 3,\ \cdots$，我們稱諸 λ_n 為(II)之固有值 (eigenvalues)。對應於每一個固有值 λ_n，(II)就有一個解答

$$X_n(x) = \sin \frac{n\pi}{\ell} x,\ n = 1,\ 2,\ 3,\ \cdots$$

叫做(II)的固有函數 (eigenfunctions)。事實上，這就是對二階微分算子 D^2 作值譜分解。

對於每個固有值 $\lambda_n = \frac{n^2\pi^2}{\ell^2}$，(III)就變成

$$\begin{cases} T''(t) + (\frac{n\pi a}{\ell})^2 T(t) = 0 \\ T'(0) = 0 \end{cases}$$

其通解為

$$T(t) = A_n \cos(\frac{n\pi a}{\ell} t)$$

其中 A_n 為待定常數。令

$$T_n(t) = \cos(\frac{n\pi a}{\ell} t)$$

於是

$$y_n(t,\ x) = T_n(t) X_n(x) = \cos(\frac{n\pi a}{\ell} t) \sin(\frac{n\pi}{\ell} x),\ n = 1,\ 2,\ 3,\ \cdots$$

滿足波動方程、邊界條件及初期速度條件

$$\begin{cases} \frac{\partial^2 y}{\partial t^2} = a^2 \frac{\partial^2 y}{\partial x^2} \\ y(t,\ 0) = 0 = y(t,\ \ell) \\ \frac{\partial y}{\partial t}(0,\ x) = 0 \end{cases} \tag{14}$$

由線性疊合原理知，任何有限多項之線性組合

$$\sum_{n=1}^{N} C_n \cos(\frac{n\pi a}{\ell} t) \sin(\frac{n\pi}{\ell} x) \tag{15}$$

仍然滿足(14)式。不過，要(15)式也滿足初期位置，即(3)式，似乎是異想天開。改採訴諸無窮多項之線性組合也許是個好主意：

$$y(t, x) = \sum_{n=1}^{\infty} C_n \cos(\frac{n\pi a}{\ell} t) \sin(\frac{n\pi}{\ell} x) \tag{16}$$

現在考慮初期位置條件，即(3)式，得到

$$y(0, x) = f(x) = \sum_{n=1}^{\infty} C_n \sin(\frac{n\pi}{\ell} x) \tag{17}$$

其中係數 C_n 可以如下述求得：將(17)式之兩邊同乘以 $\sin(\frac{n\pi}{\ell} x)$，再從 0 到 ℓ 逐項積分之，於是

$$C_n = \frac{2}{\ell} \int_0^{\ell} f(x) \sin(\frac{n\pi}{\ell} x) dx \tag{18}$$

總結上述，由已給的弦之初期位置函數 $f(x)$，按(18)式算出係數 C_n，叫做傅立葉係數，利用 C_n 就同時得到兩個收獲：由(17)式得到「任意」函數 $f(x)$ 的三角級數展開，由(16)式得到弦振動問題(I)之解答。

這真是一個美妙而偉大的結論。在適當條件下，其中的每一步驟皆可加以證明，不過這並非本文的旨趣所在。

在此我們已經很清楚，琴弦振動函數 $y = y(t, x)$ 是由許多單頻振動

$$y_n(t, x) = C_n \cos(\frac{n\pi a}{\ell} t) \sin(\frac{n\pi}{\ell} x),\ n \in \mathbb{N}$$

組合而成的。我們稱 $y_n(t, x)$ 為具有頻率

$$f_n = \frac{na}{2\ell} = \frac{n}{2\ell} \sqrt{\frac{T}{\rho}},\ n \in \mathbb{N}$$

的一個駐波 (a standing wave)。

最低的單音叫做基音，其頻率

$$f_1 = \frac{1}{2\ell} \sqrt{\frac{T}{\rho}}$$

叫做基音頻率；

其它較高的單音叫做泛音或倍音，它們的頻率都是基音的整數倍：

$$f_2 = 2f_1,\ f_3 = 3f_1,\ f_4 = 4f_1, \cdots \text{ 等等}$$

基音又叫做第一調和音 (the first harmonic)，f_2 之音叫做第二調和音 (the second harmonic) 或第一泛音 (the first overtone)，f_3 之音叫做第三調和音 (the third harmonic) 或第二泛音 (the second overtone)，其它按此類推。

換言之，彈弄一根琴弦，發出一個音，這個音是由一個基音與泛音組合而成的，泛音的頻率是基音的整數倍。泛音形成一個音的音色。

這完全解開第一節中所提出的第三個問題：泛音之謎，以及第四個問題：梅仙的經驗律。進一步，我們也明白為什麼 $1+\frac{1}{2}+\frac{1}{3}+\cdots$ 叫做調和級數 (harmonic series) 的理由：古時候是用弦的長度來定音的高低，如果基音的弦長為 1，那麼各階泛音的弦長就是 $\frac{1}{2}, \frac{1}{3}, \cdots$ 等；將 $1, \frac{1}{2}, \frac{1}{3}, \cdots$ 相加就相當於將基音與泛音合成一個音，反過來一個音可以分解成基音 1 與各泛音 $\frac{1}{2}, \frac{1}{3}, \cdots$ 之組合。傅立葉分析又叫調和分析也是基於同樣的理由。

更有趣的是，我們可以一窺著名的「聽鼓問題」(見參考文獻 5.)，Kac 的文章標題是「我們可以聽出鼓的形狀嗎？」此地我們遇到的是更簡單的一維特例：「聽弦問題」，我們居然可以聽出弦的長度！

令 $N(\lambda)$ 表示固有值小於 λ 的個數。今已知固有值

$$\lambda_n = \frac{n^2\pi^2}{\ell^2},\ n \in \mathbb{N}$$

於是

$$N(\lambda) = \sharp\{n : \lambda_n < \lambda\}$$
$$= \sharp\{n : n < \frac{\ell\sqrt{\lambda}}{\pi}\}$$

其中 $\sharp\{\}$ 表示集合的元素個數（即基數）。因此我們得到

定理

(i) $0 < \lambda_1 < \lambda_2 < \cdots$

(ii) $\lim_{n\to\infty} \lambda_n = \infty$

(iii) $\lim_{\lambda\to\infty} \frac{N(\lambda)}{\sqrt{\lambda}} = \frac{\ell}{\pi}$

上述(iii)就是著名的 Weyl 公式之特例。這跟「聽弦問題」有什麼關係呢？讓我們說明於下：

因為頻率 f_n 跟固有值 λ_n 的關係為

$$f_n^2 = \frac{a^2}{4\pi^2}\lambda_n$$

而聽琴音可聽出頻率 $f_1, f_2, \cdots$（假設你是金耳朵），所以可以聽出固有值 $\lambda_1, \lambda_2, \cdots$，再透過上述定理的(iii)就可「聽出琴弦的長度 ℓ」，這真神奇。

推廣到高維空間或 Riemann 流形時，問題變得深奧且有趣多了。這裡是分析學與微分幾何學的交會地帶，至今乃是一個熱門的研究論題。基本上這是研究 Laplace 算子的值譜以及值譜決定幾何性質到什麼程度的問題。

6. 弦外之音：傅立葉分析

由於弦振動產生共鳴，出現了弦外之音——傅立葉分析。這是一個驚心動魄而美麗的發現故事，本章只能簡述而無法詳述。

在 19 世紀初（1807 年），傅立葉將分離變數法（今日又叫傅立葉方法）應用到求解熱傳導問題，也成功了。更重要的額外收獲是，他發現了一個「石破天驚」的結論：「任何」函數都可以展開成三角級數（今日叫做傅立葉級數）。一舉廓清了函數的結構，比泰勒展開更廣泛且更具威力。

如果我們將函數的展開比喻成函數的開花，那麼傅立葉分析與泰勒分析是分析學所開出的兩朵最美麗的花，而且按一定的機理，開出具有無窮多個花瓣的花。

傅立葉將每一個函數都看作是連結數與數之間的一條定律，其中有的居然就真的代表著自然界的定律。因此對一個函數的結構作剖析，就表示對一條定律的分析與掌握，這是多麼令人興奮的事。

彈奏琴弦，發出美妙的音樂，也產生許多困惑的問題，最後歸結為數學的弦振動問題。再類推到熱傳導問題，引出傅立葉分析、P.D.E.、集合論、聽鼓問題、近代分析學，乃至機率論，內容實在太豐富了。另外，化學的元素週期律也是受音樂八音律的啟發而發現的。

傅立葉說：「對自然的深刻研究是數學發現的最豐富泉源。」(The profound study of nature is the most fruitful source of mathematical discovery.) 這是最好的證言。

後 記

筆者對音樂是個門外漢，只是懷著一顆好奇心想弄個水落石出。文章寫成後，筆者特別請精通樂理的楊維哲教授過目一遍，這樣才放心。楊教授還給了下面「緊緻的」(compact) 補充：

「八度」 的意思當然大家都清楚：如果用簡譜的 1, 2, 3, 4, 5, 6, 7 來代表音階，那麼比中央 C 頻率增倍的音就是 $8=1'$ 了。

這裡的麻煩在於「植樹問題」：8 棵樹只有 7 個間隔！

我們也可以換用一種說法：序數 (ordinal number) 與基數 (cardinal number) 之對比。如果有許多樹排成一列，依序編號為 1, 2, 3, ⋯，這是序數；「間隔數」則是基數。(附帶一句話：「零」是高級的概念！念數學的人有辦法去接受「第 0 個」，俗人當然不接受。) 所謂音程本來就是指兩音的距離，所以三度音程是 3 棵樹之首尾間距（從第 n，第 $n+1$，到第 $n+2$，間隔數為 2)。

註：「降兩個八度」是「降 15 度」！小心！

再來的問題是：這些樹的間距並不等！所謂二度音程，在純律音階中，有三種：即 mi 到 fa 的半音，頻率比為 $\frac{16}{15}$；re 到 mi 的全音，頻率比為 $\frac{10}{9}$；以及 do 到 re 的全音，頻率比為 $\frac{9}{8}$。

「別人沒看到，而他看到了」，這就是天才！畢達哥拉斯所看到的，用現代話來說就是：樂音的音程，其頻率比總是簡單（正）整數比！

既然所講的是正實數之間的比，所以在坐標化的時候，應該採取對數尺度，(我想，這個「乘性比較的原理」，在高中課程中未被強調，乃是一大罪過！）而且以「高八度為自然的音程」，當然是用 2 做底數（$\lg=\log_2$）。

在對數尺度下，畢氏音階就是：$C=\lg 1$,

$$D=\lg\frac{9}{8}=2\lg(\frac{3}{2})-1,\ E=4\lg(\frac{3}{2})-2,$$

$$F=(-1)\lg(\frac{3}{2})-2\quad,\ G=\lg(\frac{3}{2}),$$

$$A=3\lg(\frac{3}{2})-1\quad,\ B=5\lg(\frac{3}{2})-2$$

至於十二平均律，更容易解釋：硬性規定「半音」為 $\frac{1}{12}\lg(2)=\frac{1}{12}$，用 $\frac{2}{12}$ 做為 $\lg(\frac{9}{8})$ 與 $\lg(\frac{10}{9})$ 之近似值，用 $\frac{1}{12}$ 做 $\lg(\frac{16}{15})$ 之近似值，把樹的間距調整為：在每個八度間距（即對數尺度之單位長）之中，等分（「按對數尺度」！）為 12，即 $C=0$（原點），$D=\frac{2}{12}$, $E=\frac{4}{12}$, $F=\frac{5}{12}$, $G=\frac{7}{12}$, $A=\frac{9}{12}$, $B=\frac{11}{12}$ 等等。這些樹，在對數尺度上排列整齊，但在人耳中並不齊整！人耳寧可聽 $D=\lg(\frac{9}{8})\doteqdot 0.1699$（而不是 $\frac{2}{12}\doteqdot 0.1667$），$E=\lg(\frac{5}{4})\doteqdot 0.3219$（而不是 $\frac{4}{12}\doteqdot 0.3333$）。

參考文獻

1. 孫清吉《樂學原論》全音樂譜出版社，1989。
2. E. T. Bell: *The Magic of Number*, Dover, 1991.
3. J. S. Rigden: *Physics and the Sound of Music*, John Wiley and sons, 1977.
4. R. T. Seeley: *An Introduction to Fouries Series and Integrals*, W. A. Benjamin, 1966.
5. M. Kac: Can one hear the shape of a drum? *A.M.M.*, 1–23, 1996.
6. J. Dodziuk: Eigenvalues of the Laplacian and the heat equation, *A.M.M.*, 686–695, 1981.
7. S. Dostrovsky: Early Vibration theory: Physics and music in the seventeenth century, *Arch. Hist. Ex. Sci.* 14, 169–218, 1975.
8. E. Blackwood: The structure of recognizable Diatonic Tunings, Princeton Univ. Press, 1985.

10 數學嘉言錄

下面的名言是筆者長期收集的一部分，有些是忠實的引述或翻譯。無論如何，這些是我讀出的意思。這些名言大大地幫助我，澄清我對數學的看法與理解，也許它們可能還會找到共鳴的知音。

1. Dantzig Tobias (1884～1956)：

   把無窮步驟驅逐出數學，不論是純粹數學或應用數學，都是回到畢達哥拉斯之前的狀態。

2. 達文西 (Leonardo da Vinci, 1452～1519)：

   在我們的內在可以發現的偉大事物中，實存的空無是最偉大的。

3. 笛卡兒：

   我思故我在。

   由例子的考察，我就可以形成一個方法。

   我每解決一個問題，就形成一個規則，以備將來可以解決其它的問題。

   對於每個困難的問題，盡可能分解成許多可解的部分，然後各個擊破。

   直覺是敏銳心靈所產生的觀念圖像，它是如此的清晰，如此的明確，並且自然天成，以致於無法懷疑我們的所見。

邏輯家所想像的可以用來控制人類心靈的邏輯鏈條，在我看來並沒有什麼價值。

（不合時宜地引入邏輯，即使是好的邏輯，也可能是好的教學的最壞敵人。）

4. 法拉第 (Faraday, 1791～1867)：

讓想像力奔馳，用判斷與原理來引導它，再用實驗來掌握與導正它。

5. 格羅滕迪克 (Alexandre Grothendieck)：

有兩樣東西是不顯然的：零的概念和從未知的黑暗中帶出新觀念。

6. 蘇格拉底：

觀念必須產自學生的心中，教師必須只扮演接生婆的角色。

7. 阿基米德：

（關於圓錐的體積）…我們必須歸功於 Democritus，是他首先得到結果，雖然他沒有給出證明（只是猜測到結果）…。我所用的方法也沒有提供真正的證明（只是一種提示，一個猜測，…然而），我預見到目前活著的或未出生的數學家，只要能夠了解這個方法，就可以用來發現其它我所未知的定理。

（先有猜測，然後才有證明——這是做數學之道。）

8. 康托爾：

在數學中，提出正確問題的藝術比解決問題的藝術更重要。

數學的本質在於它的自由。

9. 萊布尼茲：

沒有什麼東西比看出發明的根源更重要，我認為它甚至比發明本身更有趣。

10. Condorcet（對歐拉工作的評述）：

數學是一種科學，它具有最佳的機會觀察人類心靈的運作…（並且）具有這樣的好處：它可以培養我們推理的習慣，這不但可應用於往後研究任何領域，而且在追求生活目標時，可給予我們指導。

11. 康德 (Kant, 1724～1804)：

所有人類知識都起源於直觀，然後進到概念，最後止於理念。

（學習是由行動與知覺開始，再進展到文字與概念，最後止於良好心智習慣的養成。）

12. 日本數學家岡潔 (1901～1978)：

人必須經常看清什麼是根本，什麼是枝葉。數學就是培養這種眼光的學問。

13. 史賓賽 (Herbert Spencer, 1820～1903)：

什麼是良好的教育？提供給學生自己發現事物的機會。

14. J. Hadamard (1865～1963)：

數學的嚴密性要求，其目的只是用來清理與合理化人們用直觀征服得來的知識，除此之外再沒有別的目的。

15. 愛因斯坦：

如果歐幾里德無法點燃你年輕人的求知熱情，那麼你生來就不是一位科學的思想家。

西方科學的發展奠基在兩個偉大的成就上面：古希臘哲學家發明的邏輯演繹系統（結晶於歐氏幾何），以及文藝復興期間發展出來的透過有系統的實驗以發現因果關係的可能性。

教師的主要任務是，喚醒學生對創造與發現的樂趣。

學習事實並不是最重要的事情；訓練心靈去思考教科書中得不到的東西，才是最重要的。

在 4 或 5 歲時，父親送他羅盤當生日禮物。羅盤針恆指南北向，這跟世事的無常與說不準，構成鮮明的對比。讓他強烈感覺，空間必有 something 才造成羅盤針的明確行為。這就是空間的神祕性，讓他追尋一輩子，得到相對論，這是時空的物理學。

在 12 歲遇到歐氏幾何，例如三角形三個高相交於一點，雖不直觀顯明，但可以證明，如此的真確而不可懷疑。這種清晰與明確給他留下無法描述的鮮明印象。至於必須接受無證明的公理，對他並沒有構成困擾。利用相似三角形定理，他自證了畢氏定理。做了這個問題之後，讓他清楚認識到，一個直角三角形的邊之關係完全由一個銳角決定。這是三角學的出發點。

16. 法國數學家龐加萊 (H. Poincaré, 1854～1912)：

我們用邏輯來證明，但是用直覺來發明。邏輯是不孕的，除非它跟直覺授精。

創造性思想是漫漫長夜中的靈光一閃，但這便是一切！

17. 希爾伯特：

做數學的要訣在於找到那個特例，它含有生成普遍結果的所有胚芽。

在求解數學問題時，我相信特殊化要比一般化扮演更重要的角色。

He who seeks for the methods without having a definite problem in mind seeks for the most part in vain.

（沒有具體問題放在心中的追尋方法，多數情況是徒勞無功的。）

18. R. V. Andree：

在數學中，我們由某些顯明的事實出發，然後推導出不太顯明的結果，由此再推導出更不顯明的結果，如此這般一直進行下去。

19. E. Mach：

你無法了解一個理論，除非你知道它是如何發現的。

（所以教學要展現探索的發現過程。）

20. 懷海德：

從特殊中看出普遍，從短暫看出恆久，這是科學思想的目標。

活生生的科學是不可能產生的，除非人們具有廣泛的直覺，深信事物存在有秩序，特別地，大自然存在有秩序。

21. 劍橋大學 Cavendish Lab 的入門標語：

The works of the Lord are great, sought out of all them that have pleasure therein.

（造物者的傑作鬼斧神工，把它們追尋出來，樂在其中。）

22. 巴斯卡：

人不過是蘆葦，在自然界中最脆弱，但他是會思考的蘆葦。人因思想而偉大，因思想而獲得尊嚴。

23. Novalis：

理論如網子：只有拋撒網子的人才能捕捉到東西。

There is only one temple in the universe that is the body of man.

（人的身體是宇宙中唯一的神廟。）

24. 登山專家 George Mallory：

當他被問及為何要登聖母峰 (Everest) 時，他給出一個經典的答案：因為山就在那兒。(Because it is there.)

第 3 篇

歐氏幾何學

從畢氏學派的夢想到歐氏幾何的誕生

1. 經驗與邏輯
2. 希臘奇蹟
3. 直觀經驗幾何
4. 泰利斯：幾何證明的初試
5. 泰利斯的生平點滴
6. 畢氏學派的幾何研究綱領
7. 不可共度線段的發現
8. 畢氏學派對數學的貢獻
9. 餘波盪漾：季諾、柏拉圖與亞里斯多德
10. 「不可共度」引出的兩個難題
11. Eudoxus 的比例論
12. 窮盡法
13. 歐氏的分析與發現過程
14. 歐氏幾何的誕生
15. 歐氏建立幾何的動機

歐氏幾何學的創立是數學史也是人類文明史上破天荒的大事。古埃及與巴比倫的直觀、個案的經驗幾何知識，傳到古希臘，泰利斯首先嘗試用「邏輯」來組織幾何知識。接著是畢氏學派，採用幾何原子論 (Geometric Atomism) 的觀點，將幾何學建立在算術基礎上面。

畢達哥拉斯主張：點是幾何的「原子」，其長度 $\ell>0$，因此任何兩線段皆可共度。至少點的長度是一個共度單位。由此證明了長方形的面積公式、畢氏定理與相似三角形基本定理、…等等，看似相當成功，我們稱為畢氏幾何學。

不幸的是，畢氏的門徒 Hippasus（約西元前 500）發現了不可共度線段，震垮了畢氏學派的幾何學。後來雖有 Eudoxus（約西元前 400～前 347）的比例論來補救，但後來的歐氏已不走畢氏的舊路，改採公理化的手法，以幾何公理來演繹出幾何學。

公理化方法變成往後數學理論的典範。一門數學發展到成熟後必以公理化的方式來呈現。這一段的歷史發展非常珍貴，不論是在知識論、科學哲學或教育上，都深具啟發意義。

當代著名的科學哲學家拉卡托斯 (I. Lakatos, 1922～1974)，在〈論分析與綜合方法〉一文中說得好（見參考文獻 1.）：

> 我認為對於古希臘幾何學所能做的最精采工作，是分析歐氏之前的幾何 (pre-Euclidean geometry) 及其在產生歐氏演繹系統的過程中所扮演的角色。大部分的歐氏幾何，在歐幾里德給出公理與定義（約西元前 300）之前已經存在，正如數論在皮亞諾 (Peano, 1858～1932) 給自然數作出公理化(1889年）之前、微積分在實數系建構（1870 年左右，數學家

Dedekind、Cantor、Meray、Heine、Weierstrass 等人的工作)之前、機率論在柯莫哥洛夫公理化(1933 年)之前,都已經存在。問題在於為何需要公理化?公理化對於數學的進一步發展有什麼幫助?

在數學史上,歐氏幾何是第一個公理化的知識系統,由定義與公理出發,推導出一系列的定理。我們讀歐氏幾何都接受這樣的推展程序。

然而,公理是怎麼得來的呢?為什麼要選取這樣的公理?公理並不是天經地義的。顯然,它們都是經過長期的試誤 (trial and error) 才演化出來的。公理有如憲法,都是人們制訂出來的,可以挑戰,更可以修訂或重訂。這是歐氏幾何學產生非歐幾何學 (non-Euclidean geometry),牛頓力學被修正成為相對論與量子力學,導致科學進展的理由。

本章我們嘗試對歐氏之前的幾何學,作合理的重建工作 (rational reconstruction),最主要是重建畢氏學派的幾何研究綱領 (the research program of geometry),以及歐氏做出歐氏幾何的分析與綜合過程。畢氏這一工作雖然沒有完全成功,但是卻可媲美於他為了追尋音律而用單弦琴所作的第一個物理實驗(見參考文獻 23.,即本書的第 9 章),並且也為歐氏幾何的誕生鋪路。成功是踏著前人的失敗走過來的。

1. 經驗與邏輯

物理學家愛因斯坦認為,西方文明對人類的兩大貢獻是:

(1) 古希臘哲學家發明的演繹系統,即採用邏輯推理來組織知識的方法:先追尋出基本原理,再論證並推導出各種結論,總結為歐氏幾何學。

⑵ 文藝復興時代（15、16 世紀）發展出來的實證傳統 (positivistic tradition)，即透過有目的與有系統的實驗與觀察，以找尋真理與檢驗真理的態度。

愛因斯坦「直指本心」地點明出：經驗與邏輯是西方文明的骨幹，它們是建立科學與數學的兩塊基石，缺一不可。知識在「眼見」（經驗）加上「論證」（邏輯）的雙重錘煉下，才變成真確可信。這是其它民族所欠缺或沒有奠下的基礎。

經驗與邏輯是科學的兩隻眼睛，它們在 17 世紀緊密結合起來，透過克卜勒 (Kepler, 1571～1630)、伽利略與牛頓等人的偉大工作，終於產生了近代的科學文明。

2. 希臘奇蹟

一般而言，一門學問的發展都是先從累積直觀的、實用的、經驗的知識開始，儲存豐富了之後，才進一步組織成比較嚴謹的知識系統。這是因為經驗知識難免會有錯誤、含混、甚至矛盾，所以需要加以整理，去蕪存菁。德國哲學家康德說得好：

> 所有的人類知識起源於直觀經驗 (intuitions)，再發展出概念 (concepts)，最後止於理念 (ideas)。

最令人驚奇的是，古希臘人將古埃及與巴比倫長期累積下來的經驗幾何知識，用邏輯錘煉成演繹系統，由一些基本原理（公理）推導出所有的結論（定理）。從「實用」，轉變成「論理」之完全「質變」，這就是歷史上所稱的「希臘奇蹟」(the Greek miracle) 之一。

古希臘人將數學提升到可以「證明」並且必須講究「證明」的境界，使得數學變成最嚴密可靠的知識，而有別於其它學問。這是數學的魅力之一。英國邏輯家羅素 (B. Russell, 1872～1970) 說：

數學最讓我欣喜的是，事物可以被證明。

(What delighted me most about mathematics was that things could be proved.)

古希臘人從編造神話故事來解釋世事（神話觀），進展到亞里斯多德（Aristotle，西元前 384～前 322）的有機目的觀：一切事物都趨向其目的地而運動。在數學中，更進步到歐氏幾何的公理化體系，利用直觀自明的公理來解釋所有觀測到的經驗幾何知識。這是知識的鞏固，也是進一步發展的堅實基礎。

3. 直觀經驗幾何

幾何學起源於測量土地、航海、天文學，以及日常生活的測積（長度、面積、容積）與鋪地板等等。換言之，大自然與生活是幾何學乃至數學的發源地。

甲、幾何概念的來源

根據希臘歷史學家希羅多德（Herodotus，約西元前 485～前 425）的說法，幾何學開始於「測地」。古埃及的尼羅河每年氾濫，湮沒田地，因此需要重新測量土地。幾何學 “Geometry” 一詞就是由 “Geometrein” 演變而來的，其中 “geo” 是指土地，“metrein” 是指測量。測量土地的

技術員叫做操繩師 (rope-stretchers)，因為繩子是用來幫忙測量的工具。原子論大師 Democritus（西元前 460～前 370）曾經提到，當時的操繩師具有精湛的測量技術與豐富的幾何知識，幾乎快要跟他一樣好。Democritus 自誇道：

> 在建構平面圖形與證明方面，沒有人能超過我，即使埃及的操繩師也不例外。

幾何學的第二個來源是航海與天文學。哲學家康德說：

> 有兩樣事物充滿著我的心，並且產生永不止息的敬畏。
> 那就是：在頭上燦爛的星空，以及心中的道德法則。

人類長久以來對星空的觀察，除了敬畏與訂曆法之外，還從中抽取出點、線、三角形、多邊形、圓、方向、角度、距離…等幾何概念，以及三角形的測量。更重要的是，從行星井然有序與周而復始的運行中，產生了規律感與美感 (the sense of orders and beauty)，這是科學發展的必要條件。數學家兼哲學家懷海德說得好：

> 活生生的科學是不可能產生的。除非人們具有普遍而本能地深信：事物存在有規律；或特別地，大自然存在有規律。

科學追尋大自然的內在秩序與規律。同理，幾何追求幾何圖形的內在秩序與規律。它們最早都是從天文學得到啟示。天文學是數學的故鄉與發源地。畢氏學派將幾何學、天文學、算術與音樂並列為四藝，是有遠見的（中世紀時，再加上文法、修辭與辯證 (Dialectic)，合稱七藝)。

幾何學的第三個來源是日常生活的測積。由此引出了長度、面積、容積、體積、表面積、重心等概念，也歸結出一些計算公式。

這些直觀的、實驗的、經驗的幾何概念與知識，世界上各古老民族都出現過，並不限於古埃及與巴比倫。除了實用之外，更要緊的是，人們從中看出（或發現）了幾何圖形的一些規律。我們僅擇幾個重要的來介紹，分別於各小段說明。

乙、鋪地板只有三種樣式

根據普羅克拉斯的說法，畢氏學派已經知道，用同樣大小且同一種的正多邊形鋪地板時，只能用正三角形、正方形與正六邊形，得到三種圖案（圖 11–1～圖 11–3)。讀者可以用勞作剪紙片或積木遊戲加以證實。然而，數學史家 Allman 卻認為，古埃及人習慣用這三種正多邊形來鋪地板，並且從長期的生活經驗中，觀察而發現「畢氏定理」與「三角形三內角和定理」(見參考文獻 15.)。

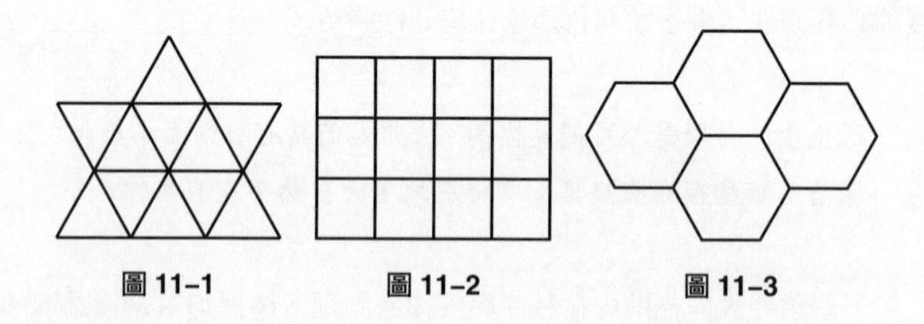

圖 11–1　圖 11–2　圖 11–3

如果各種不同的正多邊形（邊長都相等）可以混合使用，並且要鋪成對稱的圖案，則可得到 13 種樣式，這是一個很好的思考論題。

丙、三角形三內角和定理

古埃及人從鋪地板中，發現三角形三內角和為一平角 (即 180 度)。在圖 11–1 中，繞一頂點的六個角，合起來一共是一周角 (即 360 度)，因此正三角形三內角和為一平角。這雖只是特例，但卻是進一步發現真理的契機。在圖 11–2 中，繞一頂點的四個直角，合起來是一周角，因此正方形四個內角和為一周角。作正方形的對角線，得到兩個相同的等腰直角三角形，從而得知等腰直角三角形三內角和為一平角。將正方形改為長方形，前述論證也成立，因此任何三角形都可以分割成兩個直角三角形 (作一邊的高)，所以任意三角形三內角和為一平角。

這個結果美得像物理學的一條守恆定律 (conservation law)，令人激賞。奇妙的是，它也可以用剪刀勞作看出來：將三角形的三個角剪開來 (圖 11–4)，再將三個角排在一起，就得到一個平角 (圖 11–5)，著名的偉大數學家巴斯卡小時候就是如此這般重新發現這個定理。

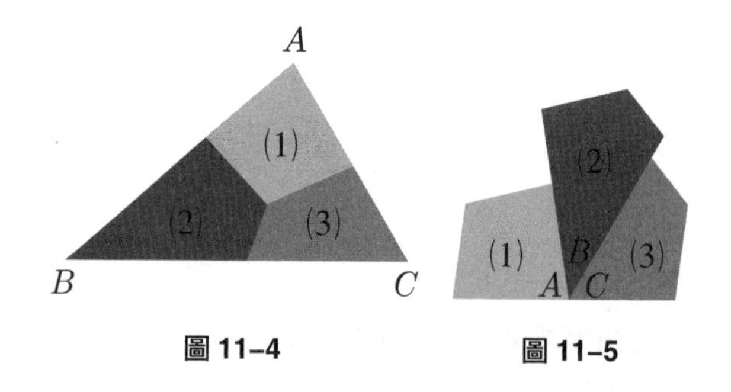

圖 11–4　　圖 11–5

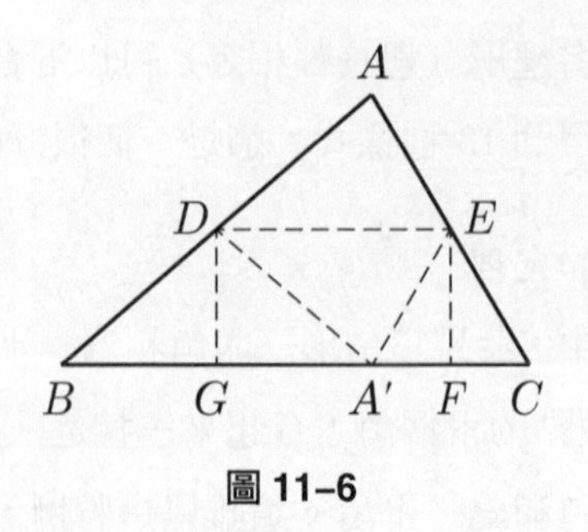

圖 11–6

我們也可以利用摺紙的實驗，發現這個定理（圖 11–6）。即沿著 $\overline{DE}$、$\overline{DG}$、$\overline{EF}$ 把三角形摺成長方形 $DEFG$，那麼 $\angle A, \angle B, \angle C$ 疊合於 A' 點，成為一平角。

利用旋轉鉛筆的實驗，也可看出這個定理（圖 11–7）。

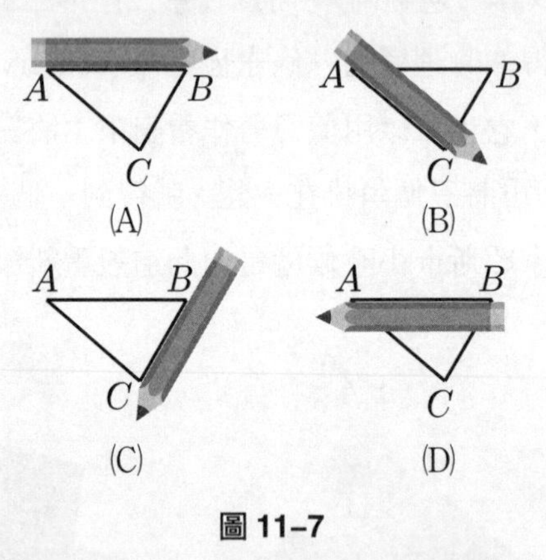

圖 11–7

丁、畢氏定理

這是關於直角三角形三邊規律的定理：對於「任意」的直角三角形都有 $c^2 = a^2 + b^2$（圖 11–8）。

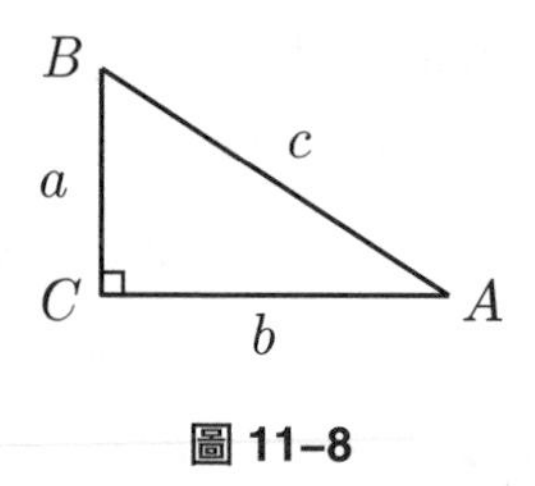

圖 11–8

古埃及人仍然是從鋪地板中看出其端倪。在圖 11–9 中，直角三角形 ABC 斜邊 $\overline{AB}$ 上的正方形面積，等於兩股上正方形面積之和。這是畢氏定理的一個特例。

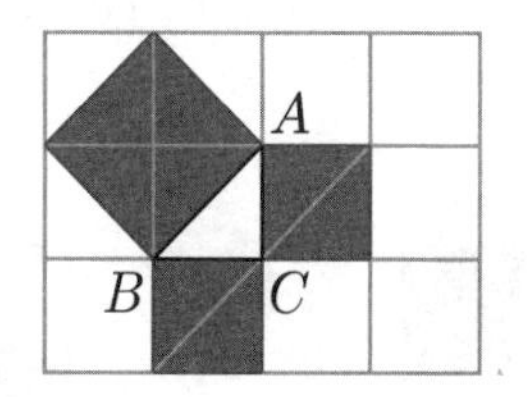

圖 11–9

我們可以利用幾何板 (geoboard)，玩出更多畢氏定理的特例。圖 11–10 與圖 11–11 就是兩個例子。

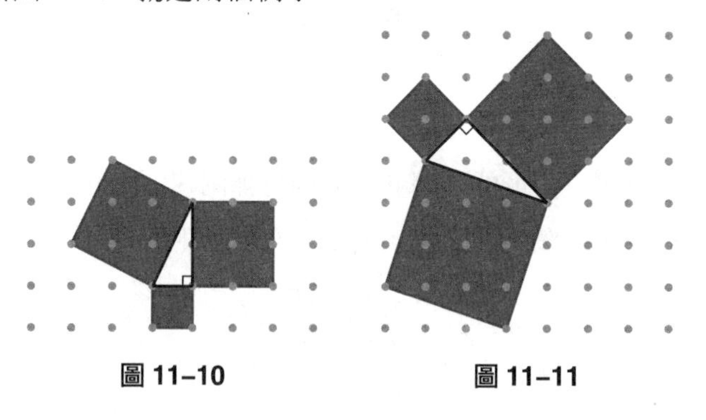

圖 11–10 圖 11–11

另一方面，巴比倫人與中國人都觀察到一個木匠法則。即木匠在決定垂直、直角及邊長時，發現邊長為 3, 4, 5 的三角形，三邊具有 $3^2+4^2=5^2$ 的關係並且為直角三角形（畢氏逆定理之特例）。

這些線索好像是礦苗，人們很快就發現了畢氏定理之「金礦」。這只需用剪刀勞作（夠直觀經驗吧！）就可以看出來。在圖 11–12 中，以邊長 $a+b$ 作兩個正方形；左圖剪掉四個直角三角形，剩下兩個小正方形，面積之和為 a^2+b^2；右圖從四個角剪掉四個直角三角形，剩下一個小正方形之面積為 c^2；等量減去等量，其差相等。因此 $a^2+b^2=c^2$。這裡用到了三角形內角和為一平角定理。

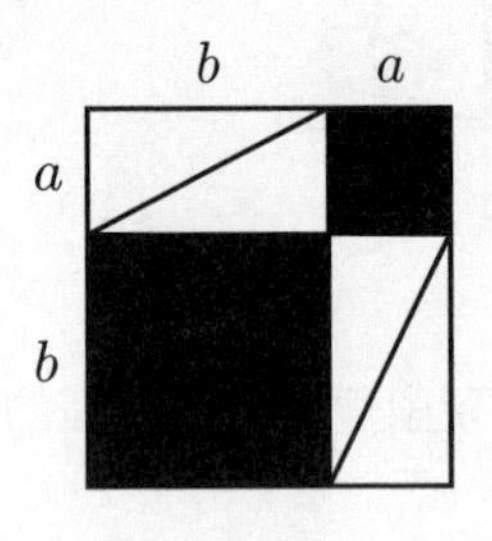

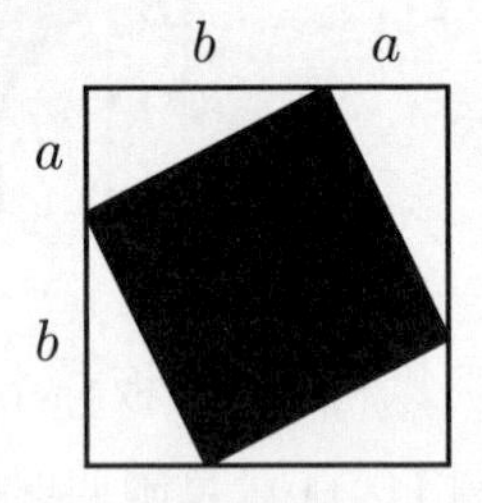

圖 11–12

戊、三角形截線定理 (the intercept theorem)

若一直線平行於三角形的一邊並且截到另外兩邊，則它所截另外兩邊成比例。亦即，在圖 11–13 中，若 $\overline{DE}/\!/\overline{BC}$，則

$$\frac{\overline{AD}}{\overline{DB}}=\frac{\overline{AE}}{\overline{EC}} \tag{*}$$

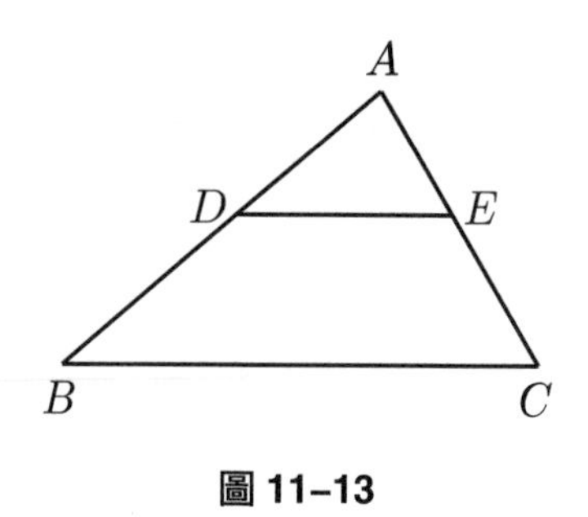

圖 11–13

這個結果是直觀顯明的。因為 $\triangle ADE$ 放大就成為 $\triangle ABC$，表示它們**相似**。從而對應邊成比例，比值就是放大率或縮小率。因此

$$\frac{\overline{AD}}{\overline{AB}}=\frac{\overline{AE}}{\overline{AC}} \quad \text{或} \quad \frac{\overline{AB}}{\overline{AD}}=\frac{\overline{AC}}{\overline{AE}}$$

兩邊同減去 1 就得證 (*)。

根據歷史記載，**泰利斯**當年遊學古埃及時，就曾利用這個定理推算出金字塔的高度。另外，他也推算出海面上的船隻到岸邊的距離。

己、柏拉圖五種正多面體

正多邊形有無窮多種，但是正多面體不多也不少恰好有五種。這是很美妙的結果。小孩子玩「積木片」(例如市面上流行的百力智慧片) 拼湊立體圖的遊戲就可以做出來，是真正可以看得見、摸得到的。在圖 11–14 中，總共有正四面體 (tetrahedron)、正六面體 (cube)、正八面體 (octahedron)、正十二面體 (dodecahedron) 以及正二十面體 (icosahedron)。

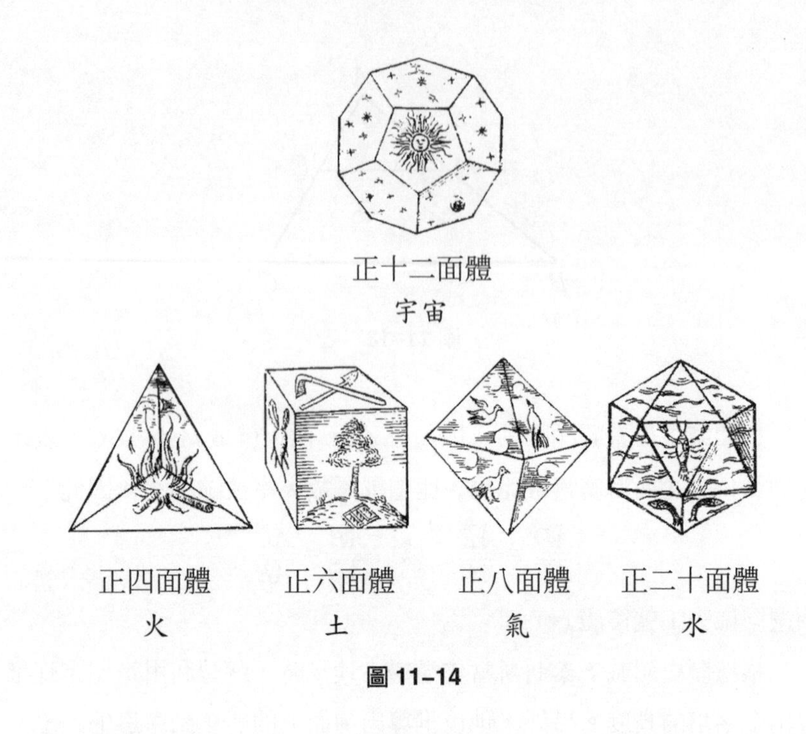

圖 11–14

根據數學史家 Heath (1861～1940) 的看法，畢氏學派可能已知這五種正多面體。數學家魏爾 (H. Weyl, 1885～1955) 認為正多面體的發現，在數學史上是獨一無二的精品，是最令人驚奇的事物之一。柏拉圖拿它們來建構他的宇宙論，從正四面體到正二十面體分別代表火 (fire)、土 (earth)、氣 (air)、宇宙 (universe) 與水 (water)。

4. 泰利斯：幾何證明的初試

古埃及與巴比倫人，由於長期（約三千年）的生活實踐，累積了大量直觀的、經驗的、實驗的幾何知識——可能對也可能錯。然後傳到了古希臘（泰利斯、畢達哥拉斯、Democritus、…這些希臘先哲都曾到過埃及與巴比倫旅行、遊學，帶回了許多幾何知識)，加上希臘人自己所創造的幾何遺產，經過一群愛智、求完美、講究論證、追根究柢、為真理奮鬥的哲學家們之增益與整理，開始發酵而產生質變。

在古希臘文明的早期，希臘人編造許多神話來解釋周遭的各種現象。但是當他們面對幾何時，毅然決定給經驗注入論證與證明，迫使神話與獨斷讓位給理性 (myth and dogma gave way to reason)， 這是數學史也是文明史上了不起的創舉，更是最重大的轉捩點。

古希臘人花了約 300 年的時間 (從西元前 600～前 300 年)，才將經驗式的幾何精煉成演繹式的幾何。首先由**泰利斯**（**被尊稱為演繹式幾何學之父**）發端，他試圖將幾何結果排成邏輯鏈條 (logical chain)；排在前面的可以推導出排在後面的，因而有了「**數學要有證明**」的念頭。從此數學變成最堅實的知識，鶴立雞群。

根據亞里斯多德的學生 Eudemus（of Rhodes，約西元前 330）的說法，泰利斯曾遊學埃及，他是第一位將古埃及的幾何知識引進希臘的人。他自己也發現了許多命題，並且勤勉教導後進，展示其背後的原理。他有時採用一般方法，有時則採取較為經驗的手法來論證。

古埃及、巴比倫人面對的是個別的、具體的這個或那個幾何圖形。泰利斯開始加以抽象化與概念化，研究圖形本身並且給出普遍敘述的幾何命題。這是幾何學要成為演繹系統的必要準備工作。

舉例來說明：在日常生活中，我們看見車輪子是圓的、中秋節的月亮也是圓的、…於是逐漸有了「圓形」的概念。「圓形」絕不會跟「方形」混淆。最後抽象出「圓」的理念：在平面上，跟一定點等距離的所有點所成的圖形叫做圓；定點叫做圓心，定距離叫做半徑，通過圓心且兩端在圓上的線段叫做直徑。另一方面，如圖 11–15，我們觀察到車輪子由直徑裂成相等的兩半，化成「理念」得到：直徑將圓等分成兩半。這是一個普遍的幾何命題，生存在柏拉圖的「理念與形式的世界」(the world of ideas and forms)。古埃及與巴比倫人只見到這個或那個具體的圓形，而希臘人思考的是抽象理念的「圓形」本身。

圖 11–15

一般而言，數學史家公認下面七個幾何命題應歸功於泰利斯，見圖 11–16：

命題 1. 一個圓被其直徑等分成兩半。

命題 2. 兩直線相交，則對頂角相等。

命題 3. 等腰三角形的兩個底角相等。

命題 4. 半圓的內接角為一個直角。

命題 5. 兩個三角形若有兩個角及其夾邊對應相等，則兩個三角形全等。

命題 6. 任意三角形的三內角和為一平角（即 180 度）。

命題 7. 一直線平行於三角形的一邊且截到另外兩邊，則它所截另外兩邊成比例。

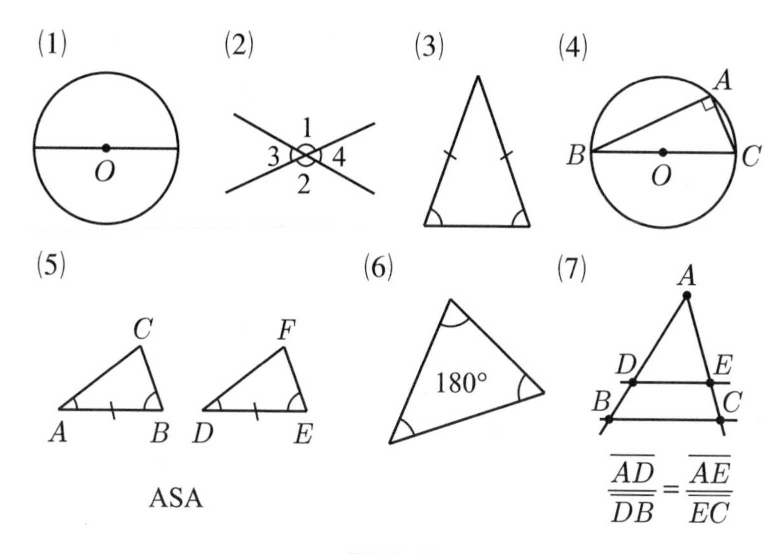

圖 11–16

這些命題都相當「直觀而顯明」。據猜測，古埃及與巴比倫人可能也都知道這些結果，不過是以孤立的經驗幾何知識來存在。

為何需要證明？最主要的理由是經驗知識可能錯誤，即「眼見不完全足以為憑」。例如，關於半徑為 r 的圓面積，泰利斯從巴比倫人得到的是 $3r^2$，即 $\pi \doteq 3$，又從埃及人學到 $(\frac{8}{9}\cdot 2r)^2$ 的答案，即 $\pi \doteq 3.16$，兩個答案不同，因此至少必有一個是錯誤的。又如，在《萊因紙草算經》 (*Rhind Papyrus*) 中說，四邊為 a, b, c, d 之四邊形，其面積為 $\frac{1}{4}(a+c)(b+d)$，這只有在長方形的情形才成立。人類常會「看走了眼」，明明眼見「地靜」與「地平」，怎麼又有「地動」與「地圓」的爭論呢？色盲者所見的世界跟一般人不盡相同。對於同一個歷史事件或物理事實，立場不同的人可以「英雄所見完全不同」。「鳥看的世界」

與「人看的世界」當然不同。人是詮釋者，也是權衡者。證明就是要以理說服自己，然後再說服他人。在下面的圖中，我們再舉幾個常見的、易起不同看法或錯覺的圖形，見圖 11–17～圖 11–19。

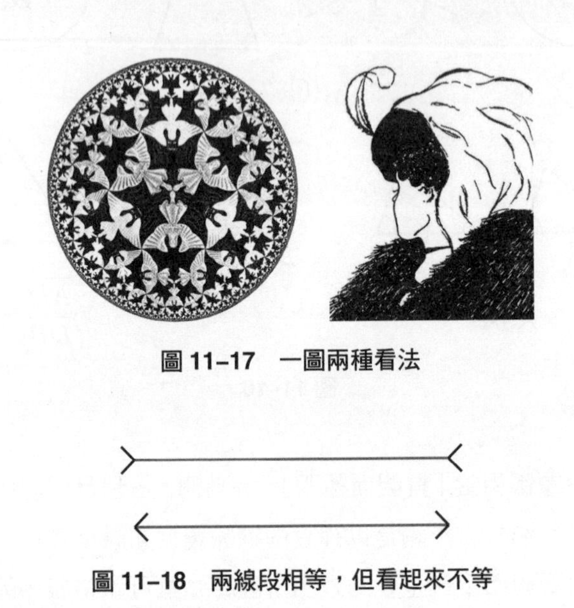

圖 11–17　一圖兩種看法

圖 11–18　兩線段相等，但看起來不等

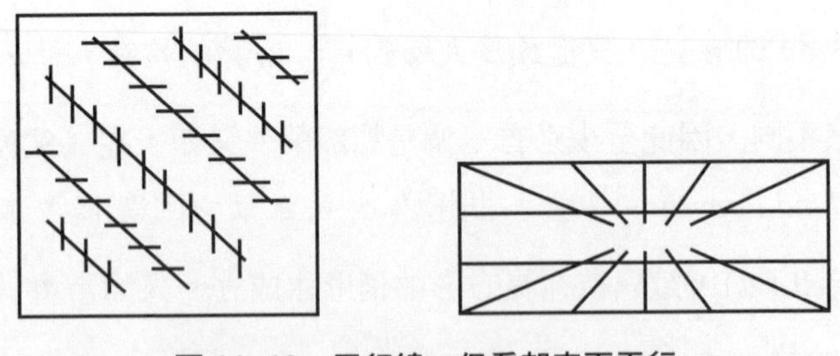

圖 11–19　平行線，但看起來不平行

因此，感官經驗雖是知識的根源，但是若要得到正確的知識，必須再經過論證與證明，才能分辨對錯。這是泰利斯深切體會到的。因此，亞里斯多德說：對於泰利斯而言⋯，他的主要問題並不在於「我們知道什麼」，而是在於「我們是怎麼知道的」。

進一步，泰利斯要追問：「為何」(why) 知道？這裡涉及到知識論的兩個基本問題：

(i) **如何看出或發現猜測 (conjectures)？**

(ii) **如何證明或否證一個猜測？**

有了猜測才談得上證明或否證，否則要證明什麼呢？能夠通過證明的猜測，才成為定理。不能證明或否證，則仍保留為猜測。

對於命題 1. 至 7.，泰利斯如何給予「證明」呢？根據數學史家的看法，當時的「證明」包括兩種：直觀的示明 (visually showing the truth of a theorem) 與演繹的示明 (deductive argument)。前者如蘇格拉底教男童倍平方問題就是一個例子 (見本叢書《數學拾貝》第 17 章)。我們不要忘了，泰利斯是為演繹數學立下「哥倫布的蛋」的第一人，因此瑕疵在所難免。

命題 1. 之證明：

沿著直徑將圓折疊起來，兩半恰好重合。這只是實驗與直觀的驗證而已。後來歐幾里德將這個命題當作一個定義，他說：「一個圓的直徑是指通過圓心而止於圓周上的任何線段，並且此線段等分此圓。」

命題 2. 之證明：

如圖 11–20 所示，$\angle 1 + \angle 3 =$ 平角 $= \angle 2 + \angle 3$，兩邊同減去 $\angle 3$ 得

$\angle 1 = \angle 2$。同理可證 $\angle 3 = \angle 4$，證畢。

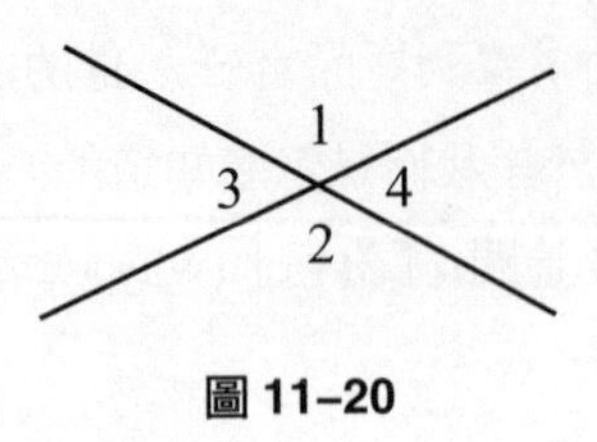

圖 11–20

命題 3. 之證明：

如圖 11–21 所示，沿著中線 $\overline{AD}$ 將三角形折疊起來，兩半恰好重合，因此 $\angle B = \angle C$，證畢。

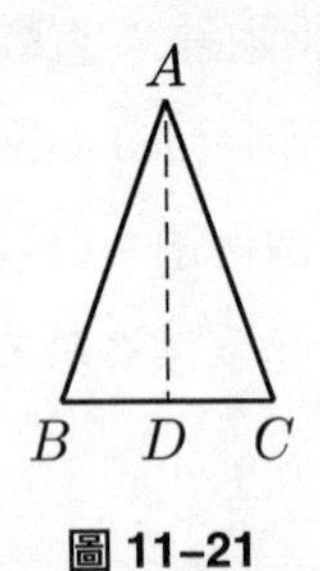

圖 11–21

這個結果出現在歐氏的《原本》第一冊第 5 個命題 (I.5)，證明有些繁瑣，後來被叫做驢橋 (asses' bridge) 定理，意指「笨蛋的難關」，對初學者已構成困難。

命題 4. 之證明：

如圖 11–22 所示，連結 A 點與圓心 O，則 $\triangle AOB$ 與 $\triangle AOC$ 都是

等腰三角形。由命題(3)知 $\angle 1 = \angle B$, $\angle 2 = \angle C$。又因為三角形的三內角和為一平角，所以 $\angle 1 + \angle 2 = \angle A =$ 一直角，證畢。

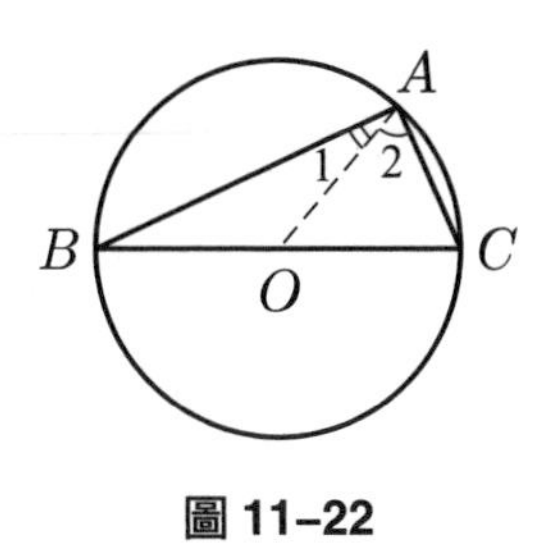

圖 11–22

泰利斯非常喜愛這個定理，據說他是觀察到長方形可內接於一個圓中且對角線互相平分而得到的。他為此而特別宰了頭牛慶祝一番。因此這個定理又叫做**泰利斯定理**，再推廣就是**圓周角定理**。

命題 5. 之證明：

在 ASA 的條件下，利用移形的方法，可以使兩三角形完全疊合在一起，所以它們是全等的，證畢。

命題 6. 與命題 7. 之證明：

見前節的丙段與戊段。

總結上述之證明，所用到的基本原理計有：等量代換法、等量減法、移形疊合法、尺規作中線、兩點決定一直線、直角三角形的三內角和為一平角等等。

5. 泰利斯的生平點滴

泰利斯是愛奧尼亞學派 (Ionian school) 之首，亦是希臘的七賢之一。他是探討宇宙結構與萬物組成的第一人，提出了「萬有皆水」(All is water) 的主張。他相信在大自然的「混沌」中，有「秩序」可尋；並且將希臘人面對大自然所採取的神話詩觀（mythopoetic view，超自然的)，轉變成以自然的原因來解釋自然現象的科學觀，這是了不起的進步。今日仍有許多人遇事就用神鬼靈異來解釋，比古希臘差遠！

由於熱衷於天文學，泰利斯曾經因為專心天文觀測，而掉進水溝裡，被女僕嘲笑說：「泰利斯的眼睛只注視著天上，而看不見身邊的美女。」

他預測了西元前 585 年會發生日蝕——對此，今日有歷史學家持懷疑的態度。泰利斯多才多藝，他也是一位商人，經常以一頭驢子運鹽，渡過一條河。有一次驢子不小心滑倒了，鹽在水中溶化掉一部分，當驢子重新站起來時，感覺輕了許多，很高興；後來驢子常如法泡製。泰利斯為了懲罰牠，改載海綿。這次驢子又故技重施，結果卻因海綿吸了很多水，驢子淹死了，見《伊索寓言》。

好朋友梭倫（Solon，西元前 640～前 558）問泰利斯：你為何不結婚？為了回答梭倫，他在第二天派專人傳話說：梭倫鍾愛的兒子意外地被殺死了。泰利斯隨後趕去安慰這位悲痛欲絕的父親，並道出真相說：「我只是想告訴你為什麼我不結婚的理由。」

科學哲學家波柏 (K. Popper, 1902～1994) 認為泰利斯更重要的貢獻是，為古希臘開創了一個自由討論與批判的傳統 (the tradition of critical discussion)，這是學術發展的先決條件。泰利斯意識到理論都不是最終的，必須開放批判，以求進步。我們的科學知識不過是一種猜測、一種假說而已，而不是確定不移的最後真理，只有批判的討論才是唯一使我們更接近真理的方法。這就是大膽猜測，然後小心求證，鼓勵後進批判與創新。這個傳統開啟了理性的或科學的態度。

兩、三個世紀之後，亞里斯多德的學說開始盛行，又跟宗教結合，「威權」性格日重，主導西方世界約兩千年之久。直到文藝復興時，才重新回復古希臘泰利斯的批判傳統，其中伽利略扮演了關鍵性的角色，因而被尊稱為「近代科學之父」。

從泰利斯開始，古希臘哲學家為人類放射出第一道理性文明的曙光，經過兩千多年的努力經營，終於照亮現代世界。

6. 畢氏學派的幾何研究綱領

在泰利斯的工作基礎上，畢氏學派提出了更深刻的幾何研究綱領。畢氏是泰利斯的學生，他採用幾何原子論的觀點來研究幾何學。

甲、點有多長？

如果採用連續派的觀點，主張線段可以經過無窮步驟的分割，最終得到一個點，令其長度為 ℓ，那麼對於 $\ell>0$ 是不可能的，剩下的只有兩種假說：

(i) $\ell=0$　　(ii) ℓ 為無窮小 (infinitesimal)

如果採用離散派的觀點，主張線段只能作有限步驟的分割，線段經過（很大的）有窮步驟分割後，得到一個點，其長度 ℓ 雖然很小很小，但是不等於 0，那麼自然就有第三種假說：

(iii) $\ell>0$

畢氏分析(i)與(ii)兩個假說：如果 $\ell=0$，由於線段是由點組成的，那麼就會產生由沒有長度的點累積成有長度的線段；這種「無中生有」(something out of nothing) 是不可思議之事。畢氏無法打開這個困局。如果說 ℓ 是無窮小，那麼什麼是無窮小？顯然它不能等於 0，否則又會落入「無中生有」的陷阱。(不過，老子卻認為「天下萬物生於有，有生於無」。) 它可以是某個很小很小而大於 0 的數嗎？這也不行，因為這會變成線段是由無窮多個正數加起來的，其長度是無窮大！這也是一個矛盾，換句話說，無窮小不能等於 0，並且要多小就有多小。這簡直就是老子所說的「搏之不得名曰微」。因此，無窮小更詭譎深奧，難以捉摸。

然而，在實數系中，「不等於 0」與「要多小就有多小」，這兩個概念是不相容的。因為一個正數，若是要多小就有多小，那麼它必為 0。另一方面，一個不為 0 的正數，根本不可能要多小就有多小。因此，無窮小不能生存在實數系之中，它像個活生生的小精靈 (demon)，雲遊於「無何有之鄉」，令人困惑。

經過上面的分析，畢氏採用(iii)的假說。

畢氏假說：點有一定的大小，其長度 $\ell>0$。

換言之，在畢氏學派的眼光裡，世界萬物是離散的。線段是由具有一定大小的點排列而成的，像一條珍珠項鍊。

乙、任何兩線段皆可共度

在畢氏假說之下，可以推導出：

定理 1

任何兩線段 a 與 b 都是可共度的，即存在共度單位 $u>0$，使得 $a=mu$ 且 $b=nu$，其中 m 與 n 為兩個自然數。因此

$$\frac{a}{b}=\frac{m}{n}$$

定理 2

任何兩線段 a 與 b 可共度 $\Leftrightarrow \frac{a}{b}$ 為一個有理數（即分數）。

上述定理 1 是顯然的，因為至少一個點的長度 ℓ 就是一個共度單位。通常共度單位取其盡可能大，最大共度單位可以用輾轉互度法求得。類推到求兩個自然數的最大公因數就是輾轉相除法。

要言之，畢氏學派大膽地（直觀地）假設點的長度 $\ell>0$，於是自然得到任何兩線段皆可共度。兩線段輾轉互度時，只需有窮步驟就可以度量得乾淨，不會沒完沒了。

在實際任何兩線段作輾轉互度時，由於人類眼睛的精確度有限且誤差不可避免，因此原則上有限步驟就會停止，而得到最大共度單位。讀者可做一下實驗。

我們也可以採用度量的觀點來看。什麼是度量？我們人為地取一個單位長度，例如公尺，用它來度量一個線段。如果量三次恰好量盡，那麼我們就說線段長是 3 公尺。如果量不盡呢？把剩下的部分，用小一點的單位，例如公寸，再去量。如果量 7 次恰好量盡，那麼我們就說線段長是 3 公尺 7 公寸。如果還是量不盡呢？按上述要領，用公分再去量。這樣一直做下去，會不會永遠沒有量完的時候呢？畢氏學派回答說：不會，因為任何兩線段皆可共度！

因此，度量只會出現有理數（rational numbers，又叫做比數）。再加上畢氏的另一個神奇發現：樂音的弦長為簡單的整數比，例如兩弦長之比為 2 : 1 時，恰為八度音程；比例為 3 : 2 時，為五度音程；比例為 4 : 3 時，為四度音程（畢氏音律）。這使得畢氏欣喜而情不自禁地宣稱：

萬有皆整數與調和！

這意思是說，所有存在事物最終都可以用自然數及其比值來表達，世界的內在結構是數學與音樂，具有高度的單純性與規律性。整數是構成宇宙的最終之真實！畢氏不讓其師泰利斯的「萬有皆水」專美於前。畢氏的天空簡單明朗、晴空萬里、仙樂飄飄。

物質由原子構成，就像幾何圖形由點構成一樣。行星之間的距離成簡單整數比，因此運行時合奏出「星球的音樂」(the harmony of spheres)：「哲學是最上乘的音樂」，思想靈動所發出的音樂；以及勾 3 股 4 弦 5。這一切似乎在說著「萬有皆整數與調和」，且為其作見證。

進一步，畢氏學派用整數及其比值的算術，相當成功地建立了幾何學，我們不妨稱之為幾何學的算術化、有理化。我們稱這套幾何知識系統為畢氏幾何學 (Pythagorean Geometry)，其主要的內容是：

(i) 利用「任何兩線段皆可共度」，推導出長方形的面積公式，從而給出畢氏定理一個算術的證明。

(ii) 利用「任何兩線段皆可共度」，推導出相似三角形基本定理。

(iii) 提出平行的概念，證明三角形三內角和定理，從而推導出：用同樣的正多邊形鋪地板只有三種樣式，以及正多面體只有五種。

丙、長方形的面積公式

首先注意到，面積是長度的導出量。如果我們取 u 為長度單位，那麼以 u 為邊長的正方形就是面積的單位。於是一個長為 m 單位，寬為 n 單位的矩形 $(m, n \in \mathbb{N})$，其面積就是 $m \cdot n$ 平方單位。對於邊長為 a, b 之任意長方形，其面積又是如何呢？

定理 3

長方形的面積 = 長 × 寬 $= a \cdot b$。

證　明 因為 a 與 b 可共度，所以可取到共度單位 u，使得

$$a = m \cdot u \text{ 且 } b = n \cdot u$$

用 u 將長分割成 m 等分，寬分割成 n 等分，立即看出長方形的面積為 $m \cdot n$ 個 u^2 單位，恰好就是 $a \cdot b$。

如果我們用事先取定的面積單位 v^2 來度量長方形 (a, b)，不妨假設 $v > u$，那麼我們可以找到共度單位 u 使得

$$v = l \cdot u,\ a = m \cdot u,\ b = n \cdot u$$

於是

$$v^2 = l^2 \cdot u^2 \text{ 且 } a = \frac{m}{l} v,\ b = \frac{n}{l} v$$

已知長方形的面積為 $m \cdot n$ 個 u^2 單位，即 $\frac{m}{l} \cdot \frac{n}{l}$ 個 v^2 單位，而這恰好是 $a \cdot b$，證畢。

有了長方形的面積公式，於是平行四邊形、三角形、梯形、…等等的面積公式也都順理成章地推導出來了，就是小學數學所學到的那些公式，完全一樣。

丁、平行與三角形內角和定理

畢氏學派也發展出平行線的理論，並且證明了三角形三內角和的定理。在一平面上，永不相交的兩直線叫做平行線。

平行公設

過直線 L 外一點 P，可作唯一的一直線通過 P 點並且跟 L 平行。

補題

兩平行線被第三條直線所截，則內錯角相等，即 $\angle 1 = \angle 2$，見圖 11–23。

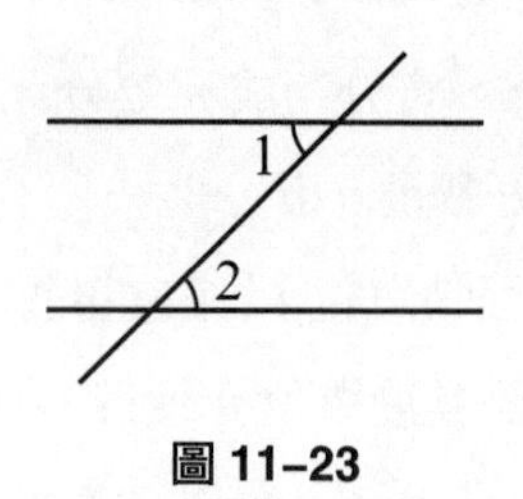

圖 11–23

定理 4

三角形三內角和為一平角。

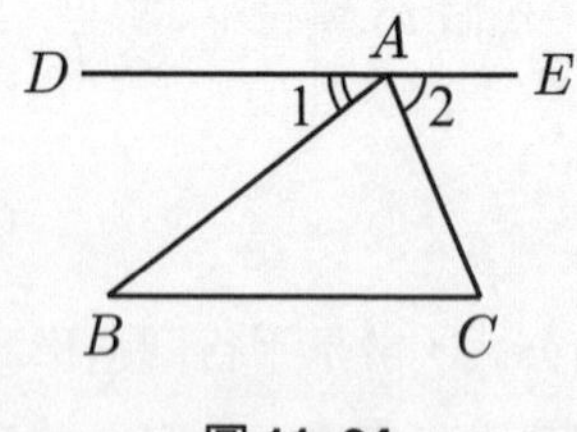

圖 11–24

證　明　如圖 11–24，過 A 點作一直線 $\overline{DE}$，使其平行於 $\overline{BC}$。因為平行線的內錯角相等，故 $\angle 1 = \angle B$ 且 $\angle 2 = \angle C$，從而 $\angle A + \angle B + \angle C = \angle 1 + \angle A + \angle 2 =$ 平角，證畢。

在圖 11–24 中，$\overline{DE}$ 堪稱是定乾坤的一根補助線（定海神針），這個定理告訴我們，三角形的六個要件（三個邊與三個內角）並不是獨立的。事實上，只要適當的三個條件，如 SAS、ASA、SSS、AAS 就可以唯一決定三角形。

推論

n 邊形 $(n \geq 3)$ 的內角和為 $n-2$ 個平角。

定理 5

用同樣的正多邊形瓷磚鋪地面，恰好可鋪成三種圖案。

證　明　假設用同樣的正 n 邊形瓷磚可以鋪成地面，並且在一個頂點的接連處用了 m 塊瓷磚，則

$$\frac{(n-2)\pi}{n} \cdot m = 2\pi \text{ 且 } n \geq 3$$

亦即 $(n-2)(m-2) = 4$ 且 $n \geq 3$ 這兩個式子的正整數解只有三組：

(i) $n=3,\ m=6$；

(ii) $n=4,\ m=4$；

(iii) $n=6,\ m=3$

分別代表三種圖案，證畢。

定理 6

（凸的）正多面體恰好有五種。

證　明　設正多面體繞著一個頂點共有 m 個正 n 邊形，則 m, n 必須滿足

$$\frac{(n-2)\pi}{n}\cdot m<2\pi \text{ 且 } n\geq 3$$

亦即 $(n-2)(m-2)<4$ 與 $n\geq 3$ 這兩個式子的正整數解恰好有五組：

(i) $n=3,\ m=3$；(ii) $n=3,\ m=4$；(iii) $n=3,\ m=5$；

(iv) $n=4,\ m=3$；(v) $n=5,\ m=3$

分別對應五種正多面體，證畢。

戊、可共度與相似三角形基本定理

定理 7（相似三角形基本定理）

兩個三角形若三個內角對應相等，則其對應邊成比例，假設 $\angle A=\angle D, \angle B=\angle E, \angle C=\angle F$，見圖 11–25，則

$$\frac{\overline{AB}}{\overline{DE}}=\frac{\overline{AC}}{\overline{DF}}=\frac{\overline{BC}}{\overline{EF}}$$

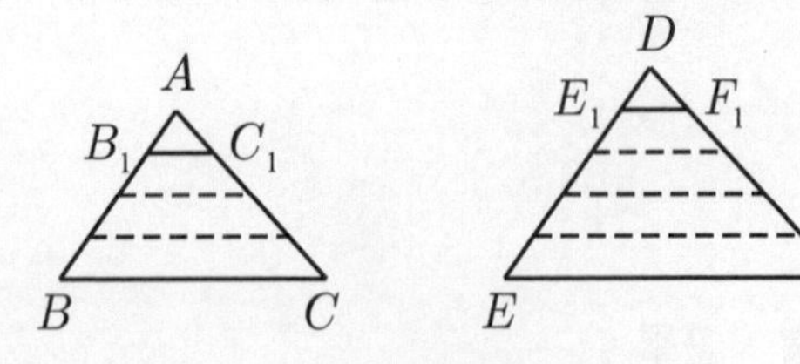

圖 11–25

證 明 因為 $\overline{AB}$ 與 $\overline{DE}$ 可共度，故存在共度單位 $u>0$ 及自然數 m, n 使得

$$\overline{AB}=m\cdot u,\ \overline{DE}=n\cdot u \text{ 且 } \frac{\overline{AB}}{\overline{DE}}=\frac{m}{n}$$

在 $\overline{AB}$ 與 $\overline{DE}$ 邊上取 $\overline{AB_1}=u$ 且 $\overline{DE_1}=u$，以 u 長將 $\overline{AB}$ 與 $\overline{DE}$ 分別分割成 m 與 n 等分。由分點作線段平行於底邊，則

$$\triangle AB_1C_1 \cong \triangle DE_1F_1 \text{ (ASA)}$$

且平行線也將 $\overline{AC}$ 與 $\overline{DF}$ 分割成 m 與 n 等分（參見下面補題），$\overline{AC_1}=\overline{DF_1}=v$ 為 $\overline{AC}$ 與 $\overline{DF}$ 的共度單位。

於是

$$\overline{AC}=m\cdot v \text{ 且 } \overline{DF}=n\cdot v$$

從而

$$\frac{\overline{AC}}{\overline{DF}}=\frac{m}{n}=\frac{\overline{AB}}{\overline{DE}}$$

同理可證 $\frac{\overline{BC}}{\overline{EF}}=\frac{\overline{AB}}{\overline{DE}}$，證畢。 

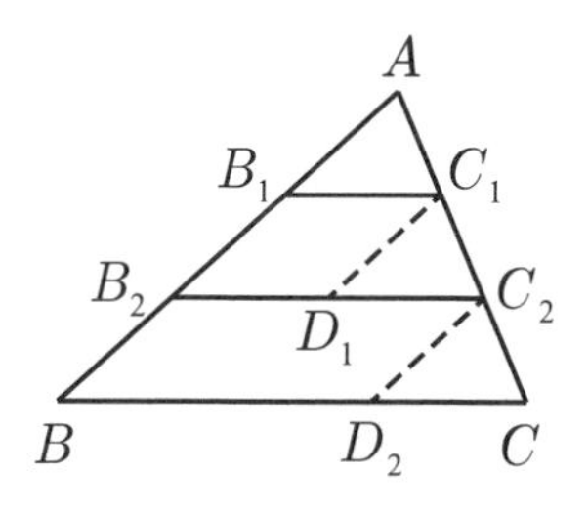

圖 11-26

補題

三角形 $\triangle ABC$ 中，設 B_1, B_2 為 $\overline{AB}$ 的三等分點，過 B_1 與 B_2 作 $\overline{B_1C_1}$ 與 $\overline{B_2C_2}$ 平行於 $\overline{BC}$，則 C_1, C_2 也是 $\overline{AC}$ 的三等分點。

證　明　在圖 11–26 中，過 C_1 與 C_2 作 $\overline{C_1D_1} /\!/ \overline{AB}$，且 $\overline{C_2D_2} /\!/ \overline{AB}$，則

$$\triangle AB_1C_1 \cong \triangle C_1D_1C_2 \cong \triangle C_2D_2C \text{ (ASA)}$$

從而 $\overline{AC_1} = \overline{C_1C_2} = \overline{C_2C}$，證畢。

定理 8（畢氏定理）

直角三角形斜邊的平方，等於兩股平方和，如圖 11–27 所示，即 $c^2 = a^2 + b^2$。

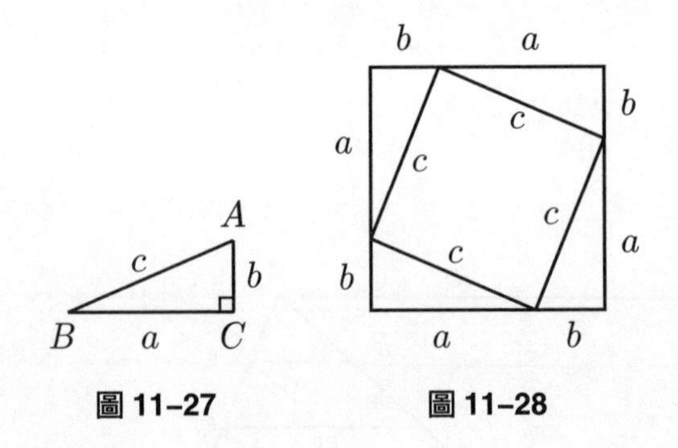

圖 11–27　　圖 11–28

證明1　根據三角形三內角可知，在圖 11–28 中較小四邊形是一個正方形，並且可以看出

大正方形面積 = 小正方形面積 + 四個全等直角三角形面積

亦即

$$(a+b)^2 = c^2 + 4 \cdot \frac{1}{2} \cdot ab$$

所以 $c^2 = (a+b)^2 - 2ab = a^2 + b^2$，證畢。

注意：這裡用到了長方形的面積公式。

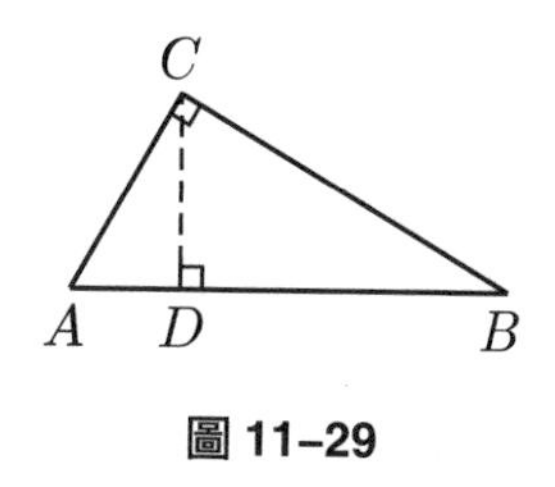

圖 11–29

證明2 因為 $\triangle ACD \sim \triangle CBD \sim \triangle ABC$，參見圖 11–29，所以

$$\overline{AC}^2 = \overline{AD} \cdot \overline{AB},\ \overline{BC}^2 = \overline{BD} \cdot \overline{AB}$$

兩式相加得 $\overline{AC}^2 + \overline{BC}^2 = \overline{AB}^2$，證畢。

註：Loomis 收集有畢氏定理的 370 種證法（見參考文獻 12.），簡直是天下奇觀！證法顯然繼續在增加之中。金氏記錄有 520 種證法。

愛因斯坦在 12 歲時，獨立地證明畢氏定理，就是採用上述的第二種證法。下面就是他在自傳中描述他第一次接觸到歐氏幾何的驚奇與感動：

在 12 歲時，我經驗了第二次完全不同的驚奇；第一次是四或五歲時，對羅盤針恆指著南北向感到驚奇。在新學期的開始，一本講述歐氏平面幾何的小書到達我的手上，裡面含有命題，例如三角形的三個高交於一點，這絕不顯明，但卻可以證明，而且是如此地明確以致於任何懷疑都不可能產生。這種清澈與確定帶給我不可名狀的感動。至於公理必須無證明地接受，這對我並不構成困擾。無論如何，如果我能夠將證明安置在似乎不可懷疑的命題上，我就很滿意了。例如，我記得在「神聖幾何小書」到達我的手上之前，有一位叔叔曾告訴我畢氏定理。經過了許多的努力，利用相似三角形的性質，我終於成功地證明了這個定理。在做這項證明工作時，我用到：直角三角形的邊之關係，必由其一銳角完全決定。我認為這是很「顯明的」(evident)。…如果據此就斷言：我們可以透過純粹思想而得到經驗世界的真確知識，那麼這個「驚奇」就放置在錯誤上面了，然而，古希臘人首次向我們顯示，至少在幾何學裡，只需透過純粹的思想，人們就能夠獲致如此這般真確與精粹的知識，這對於第一次經驗到它的人，簡直是既神奇又美妙。

己、整理摘要

我們將上述結果，整理成如下的邏輯網路。

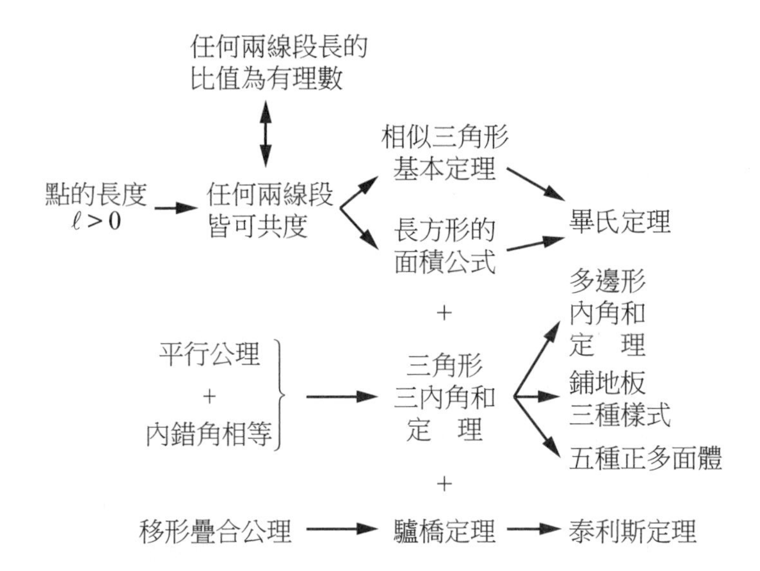

7. 不可共度線段的發現

畢氏學派為幾何學建立基礎的成果似乎是豐碩的。然而，好景不常，畢氏學派的天空飄來了烏雲，暴風雨就要發生。畢氏學派發現：正四邊形與正五邊形，其邊與對角線，亦即在圖 11–30 中的 $\overline{AB}$ 與 $\overline{AC}$ 都是不可共度的。

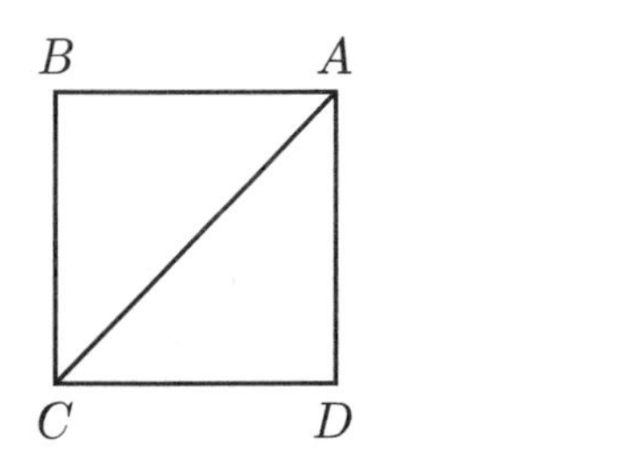

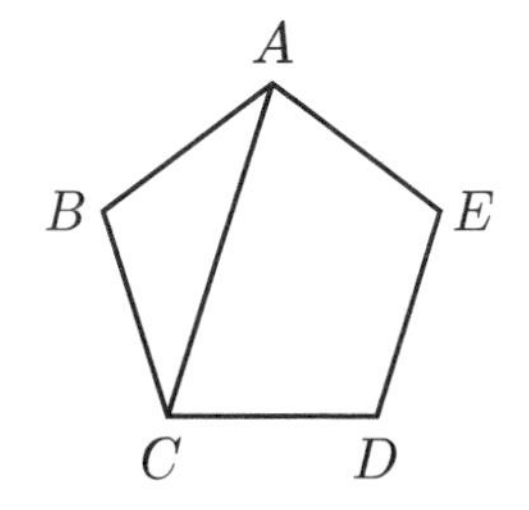

圖 11–30

如何證明呢？對於正四邊形的情形，由畢氏定理知

$$\frac{\overline{AC}}{\overline{AB}} = \sqrt{2}$$

對於正五邊形的情形，也不難推知

$$\frac{\overline{AC}}{\overline{AB}} = \frac{1+\sqrt{5}}{2} \text{（黃金分割比值）}$$

因此我們只需證明 $\sqrt{2}$ 與 $\frac{1+\sqrt{5}}{2}$ 都不是有理數，就可以否定掉 $\overline{AC}$ 與 $\overline{AB}$ 之可共度性。

下面我們僅做「$\sqrt{2}$ 不是有理數」之證明。據筆者所知，這至少有 28 種證法（見《數學拾貝》第 10 章），基本上是採用歸謬法（哈第稱為棄局戰術）的各種主題變奏，其中有費瑪的無窮遞降法 (method of infinite descent)、畢氏弄石法 (the pebble method)、良序原理 (the well-ordering principle)，以及兩種傳統教科書常見的證法等。每一種方法都各有千秋與巧妙。

讓我們來介紹有趣的畢氏弄石法。

定理 9

$\sqrt{2}$ 不是有理數，叫做無理數。

我們要證明：不存在自然數 m, n 滿足 $n^2 = 2m^2$，即對任意自然數 m, n，恆有 $n^2 \neq 2m^2$。這個算術的命題應該有算術的證明才對。

畢氏學派對於數有很奇特的看法，他們將數用小石子排列成各種形狀，例如 10 粒小石子可以排成三角形或矩形（見圖 11–31）：

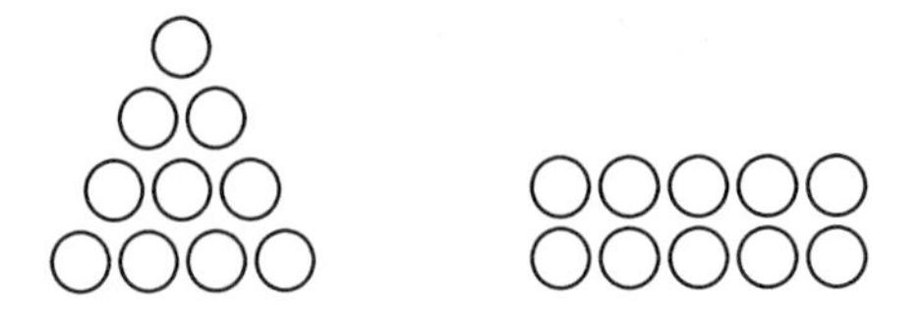

圖 11–31

叫做三角形數或矩形數，因此，數都賦有形狀，從而得到有形數 (figurate numbers) 之名。有些數可以排成正方形，並且有些正方形數又可重排成兩個小正方形數之和，例如圖 11–32。

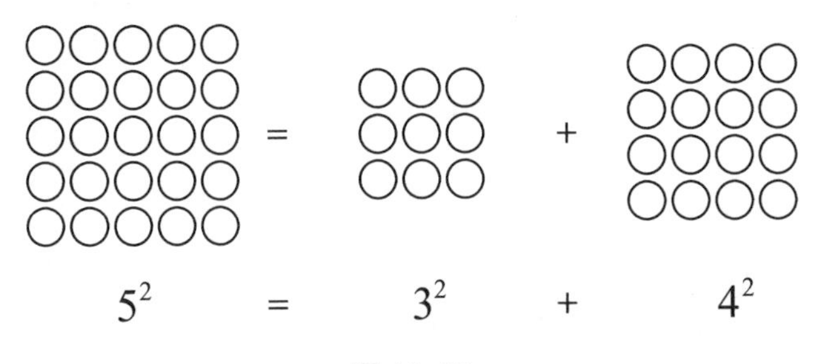

$$5^2 = 3^2 + 4^2$$

圖 11–32

對畢氏學派而言，數與形是一家的：萬有都是整數，每個整數都有「形」。「算」或 “calculus” 的古字，在西方相當於 Pebble，意指「弄石」（今日醫學上 calculus 是指「結石」，仍然保留古意）；在東方是筭，意指「弄竹」。對古人而言，算術就是擺弄小石子或竹籤（算籌）以作計算的技術。因此，用小石子或竹籤代表數是很自然的事。東方盛產竹子，就地取材，順應自然。

$n^2=2m^2$ 是說，一個正方形數可以重排成兩個相同的較小的正方形數。這可以辦得到嗎？我們要證明辦不到。

我們作幾個簡單的觀察與嘗試，考慮 $7^2=49$ 與 $5^2+5^2=50$ 的圖形（見圖 11–33）：

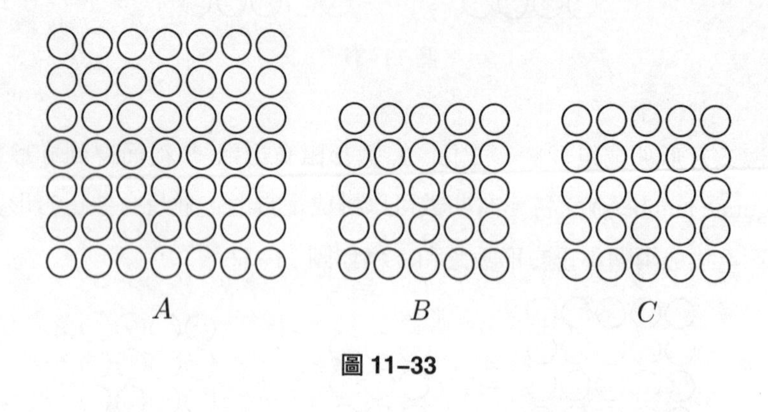

圖 11–33

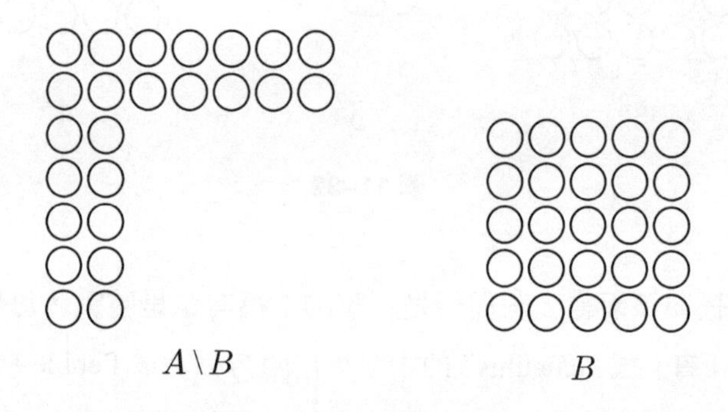

圖 11–34

顯然 $A\neq B+C$。如果 A 可以重排成兩個相同正方形 B 與 C 之和，那麼 A 扣掉 B，所剩的 $A\setminus B$，必可排成 C，如圖 11–35：

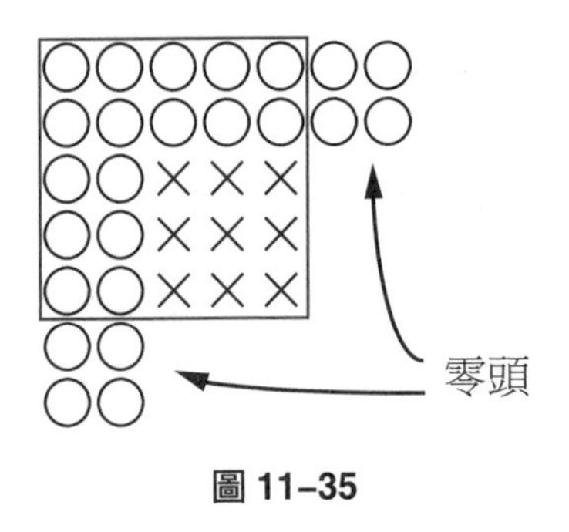

圖 11–35

亦即零頭的小石子恰可填滿×之正方形。記×之正方形為 A_1，兩個相同的零頭正方形為 B_1 與 C_1。注意到，B_1 與 C_1 必為正方形（見圖 11–36）。

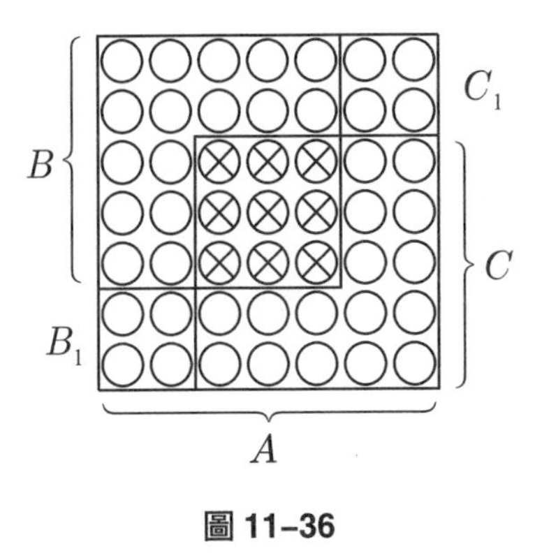

圖 11–36

定理 10（畢氏弄石定理）

若正方形數 A 可重排成兩個相同的小正方形 B 與 C，則必可將某個較小正方形數 A_1 重排成兩個相同的且更小的正方形 B_1 與 C_1。

按上述要領不斷做下去，終究出現矛盾。換個方式來說，若 $A_1 \neq B_1 + C_1$，則 $A \neq B + C$。

今因 $1^2 \neq 1^2 + 1^2$，$2^2 \neq 1^2 + 1^2$ 且 $3^2 \neq 2^2 + 2^2$，溯源而上，必可到達 $A \neq B + C$，乃至到達：任意正方形數不能表達成兩個相同較小正方形數之和。這就證明了 $\sqrt{2}$ 不是有理數。我們猜測，這才是喜好「弄石」的畢氏學派之「原版」證法。

兩千多年後，費瑪將此法精煉成「無窮遞降法」，變成一種證明的利器。

不可共度線段的發現，意義非凡，有危機也有轉機。

(i) 危機

無理數的發現震垮了畢氏學派的幾何學研究綱領。「無窮步驟」與「無理數」撲面而來，躲都躲不掉。他們恐懼，堅持天機不可洩漏。這就是數學史上所謂的「數學的第一次危機」或「希臘人對無窮的恐懼」(the Greek horror of the infinite) 或「希臘天空中的暴風雨」(the storms in Greek Heavens)。有一位門徒 Hippasus 因為洩漏天機而被謀殺於海上，這就是所謂的「邏輯醜聞」(the logical scandal) 事件。

(ii) 轉機

希臘人首次發現到幾何線段不是離散的，而是連續的，線段是由不具有長度的點所組成的。他們真實地面對「無窮」與「連續統」(continuum) 這兩個深奧無比的寶藏。一代一代的數學家都曾受到它們的困惑，但是又都從中挖掘到珍珠，開拓出數學的新天地。

畢氏學派建立在「可共度」上面的比例論、長方形面積公式、相似三角形基本定理、「萬有皆整數」都受到了空前的挑戰，也可以說是對整個希臘文明的挑戰。希臘人費了約 300 年的時間才成功地回應這個挑戰——Eudoxus 創立比例論（解決不可共度的情形）以及歐幾里德建立公理化的歐氏幾何學。前者是修補漏洞；後者是另起爐灶，採用公理化來重建幾何學。

8. 畢氏學派對數學的貢獻

算術、音樂、幾何學與天文學是畢氏學派所推行的四藝學問，變成古希臘博雅教育的內容。我們說明如下。

甲、算術（即數論）

(A) 數的分類

(i) 奇數與偶數

(ii) 有形數的概念

三角形數：由自然數之和所形成的數

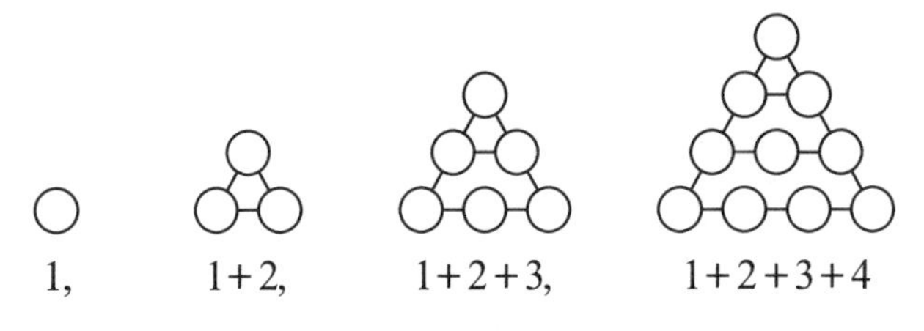

圖 11–37

正方形數：奇數之和的數，例如

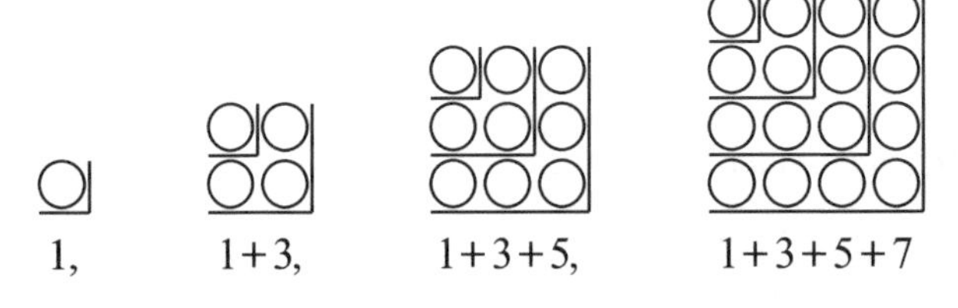

圖 11–38

五邊形數：如下圖之數

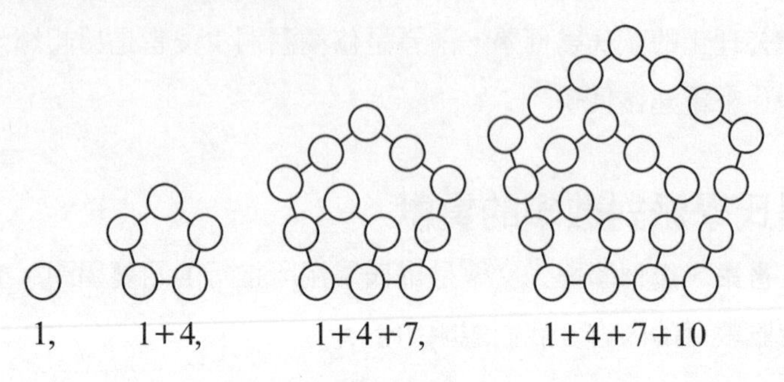

圖 11–39

用「小石子」將抽象的數加以圖解，得到「有形數」，這很方便於發現一些公式，例如：

$$T_n = 1+2+3+\cdots+n = \frac{n(n+1)}{2}$$

$$S_n = 1+3+5+\cdots+(2n-1) = n^2$$

$$= \frac{n(n+1)}{2} + \frac{n(n-1)}{2} = T_n + T_{n-1}$$

$$P_n = 1+4+7+\cdots+(3n-2)$$

$$= \frac{n(3n-1)}{2} = n + \frac{3n(n-1)}{2} = n + 3T_{n-1}$$

(iii) 完美數 (the perfect numbers)：一個數等於其全部的真因數之和，例如 $6=1+2+3$，$28=1+2+4+7+14$。

過剩數 (the abundant numbers)：一個數小於其全部的真因數之和。

不足數 (the deficient numbers)：一個數大於其全部的真因數之和。

(iv) 親和數 (the amicable numbers)，又叫友誼數：兩個數 a, b 為親和數，如果 a, b 分別等於 b 或 a 的所有真因數之和，例如

$$220 = 1+2+4+71+142$$

$$284 = 1+2+4+5+10+11+20+22+44+55+110$$

(B) 畢氏三元數 (Pythagorean triples)

三個整數，若構成直角三角形的三邊，就叫做「畢氏三元數」。換言之，$x^2+y^2=z^2$ 的正整數解就是畢氏三元數。畢氏給出如下的公式：

$$x=2n+1,\ y=2n^2+2n,\ z=2n^2+2n+1$$

其中 n 為自然數，但是這並沒有窮盡所有的解答。

(C) 平均的理論

設 a, b 為兩正數，則

$$A=\frac{a+b}{2},\ G=\sqrt{ab},\ H=\frac{ab}{a+b}$$

分別叫做算術平均、幾何平均與調和平均，它們具有 $H\leq G\leq A$ 的性質。等號成立 $\Leftrightarrow a=b$。

(D) 質數以及兩數互質的概念

設 p 為大於 1 的一個自然數，若除了 1 與 p 之外別無因數，則稱 p 為一個質數。例如：2, 3, 5, 7, 11, 13, 17, 19, 23, … 都是質數。

設 m 與 n 為兩個自然數，若除了 1 之外沒有公因數，則稱它們為互質 (relatively prime)。例如：5 與 11，7 與 18 都互質。

乙、音樂

畢氏用單弦琴作實驗，定出畢氏音律：

音階：C, D, E, F, G, A, B, C′

弦長：$1, \frac{8}{9}, \frac{64}{81}, \frac{3}{4}, \frac{2}{3}, \frac{16}{27}, \frac{128}{243}, \frac{1}{2}$

頻率：$1, \frac{9}{8}, \frac{81}{64}, \frac{4}{3}, \frac{3}{2}, \frac{27}{16}, \frac{243}{128}, 2$

這是歷史上有記載的第一次物理實驗。

注意：頻率與弦長成反比。

畢氏也是一位音樂家。他曾說過：「哲學是最上乘的音樂。」據說畢氏臨終之言是「勿忘勤弄單弦琴！」

丙、幾何學

(i) 畢氏定理。

(ii) 三角形三內角和等於一平角及其證明。

(iii) 黃金分割之作圖：將一直線段分割成 a, b 兩段，使得 $(a+b):a=a:b$，則稱為**黃金分割**。由此可以作出正五邊形。

注意：黃金分割之名是後人給的。

(iv) 用同樣大小的正多邊形鋪設地板，只能是正三角形、正方形以及正六邊形三種情形。

(v) 正多面體恰好只有五種。

(vi) 正方形或正五邊形的一邊及其對角線不可共度。

(vii) 給定甲、乙兩個多邊形，求作一個多邊形使其面積等於甲並且跟乙相似。

(viii) 長方形的面積公式與相似三角形基本定理的不完全證明(只證可共度的情形)。

丁、天文學

(i) 畢氏是最先知道行星與地球是「球」形的人，而且沿著圓形軌道運行，因為圓與球分別是平面與空間中最完美的圖形。他可能是觀測到月蝕時，地球投射在月球上的影子是圓形的，因而推斷地球是「球」形的。

(ii) 畢氏也是最先知道早晨的啟明星就是傍晚的太白金星的人之一。

(iii) 宇宙最外層是固定在球面上的星星，往內逐次是五個行星，太陽與月亮，然後才是地球，再加上「中心之火」(the central fire) 與「反地球」(the counter earth)，總共有 10 個星球，最後兩者是看不見的。

(iv) 星球在空中運行時，會發出聲音。距離地球越遠的星球運動得越快，聲音也越高，於是行星運動就合奏出「星球的音樂」。

總之，畢氏學派的數（算術、數論）與形（幾何學）是合成一家的，並且數學與科學（音樂與天文學）亦然，他們「為追究學問而學問」，絕不把實利放在眼裡。在幾何學中，畢氏引出了「公理」(axiom) 與「證明」(proof) 的概念。今日我們熟悉的術語，如「數學」、「理論」與「哲學」（愛智之學）也都是畢氏學派的貢獻。

9. 餘波盪漾：季諾、柏拉圖與亞里斯多德

畢氏學派嘗試為幾何建立邏輯基礎，但由於不可共度線段的出現而宣告失敗。這對於希臘文明來說，好像經歷了一場大地震，而且餘震一波接著一波。古希臘人如何回應這個挑戰呢？

本段我們先來簡述季諾（Zeno，約西元前 490～前 430，生平不詳）、柏拉圖（Plato，約西元前 428～前 347）與亞里斯多德（Aristotle，西元前 384～前 322）三個人的回應。

甲、季諾的詭論

由於「無窮可分」(infinitely divisible，連續派）存在有不易克服的難題，而畢氏學派較直觀經驗的「有窮可分」(finitely divisible，離散派）也導致矛盾。這真是一個進退維谷的困境。

在這種風雨飄搖的局面下，哲學家季諾進一步發明四個詭論 (paradox)，用來論證運動的不可能性。他巧妙地運用「無窮」（無窮

大、無窮小與連續性）來造詭論，以彰顯不論是連續派或離散派都具有矛盾性。這四個詭論如下：

(i) 二分法詭論 (The Dichotomy Paradox)

如果單位長的線段可作無窮步驟分割，那麼運動是不可能發生的，因為一個人要從右端點走到左端點，必須走過 $\frac{1}{2}$ 點，$\frac{1}{4}$ 點，$\frac{1}{8}$ 點，…沒完沒了，所以永遠都到達不了左端點。

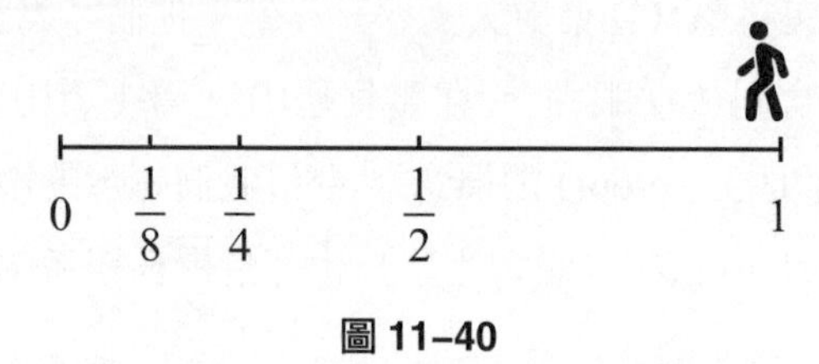

圖 11–40

(ii) 阿奇里斯與烏龜的詭論 (The Paradox of Achilles and Tortoise)

只要讓烏龜在飛毛腿阿奇里斯 （Achilles，荷馬史詩中之希臘英雄）之前一段距離，那麼阿奇里斯就永遠追不上烏龜。因為每當他追到烏龜原先的位置時，烏龜又向前走了某段距離，所以烏龜永遠在他的前面。

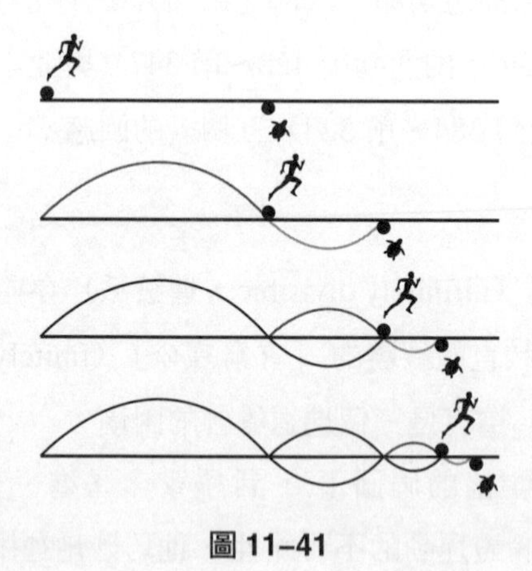

圖 11–41

(iii) 飛矢的詭論 (The Paradox of Arrow)

如果時間是由不可分割的「原子時刻」所組成的，那麼射出的箭是不動的。因為當一個物體在給定的時刻都占有自己的空間位置時，它是靜止不動的，而射出的箭正好如此，所以飛矢不動。

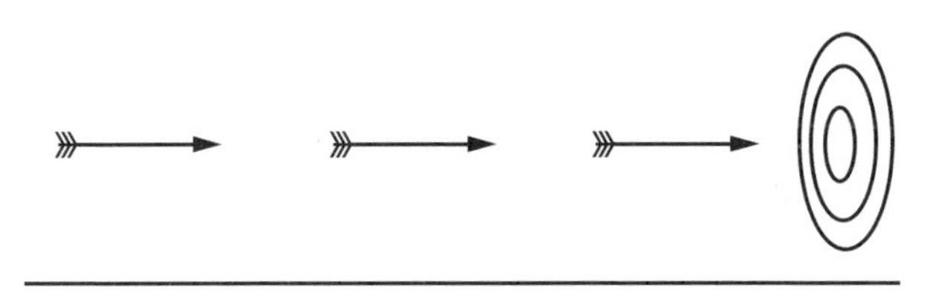

圖 11–42

(iv) 運動場的詭論 (The Paradox of the Stadium)

在運動場上有兩隊人，人數相同，並且等間距排列，如圖 11–43 中的 $B_6, \cdots, B_1$ 與 $C_1, \cdots, C_6$，兩隊人相向以等速率作運動。

$A \quad A \quad A \quad A \quad A \quad A$ 靜止不動

$B_6 \quad B_5 \quad B_4 \quad B_3 \quad B_2 \quad B_1 \longrightarrow$

$\longleftarrow C_1 \quad C_2 \quad C_3 \quad C_4 \quad C_5 \quad C_6$

圖 11–43

在某個時刻 B 與 C 兩隊人完全在 A 之下，見圖 11–44。因此，在相同時間內 B_1 通過三個 A，也通過六個 C。由於 A, B, C 的間距皆相等，六個 C 就是六個 A，故 B_1 通過六個 A 與三個 A 費去相同的時間，所以任何一段時間就等於其半，並且任何量也等於其兩倍。

$$
\begin{array}{cccccc}
A & A & A & A & A & A \\
B_6 & B_5 & B_4 & B_3 & B_2 & B_1 \\
C_1 & C_2 & C_3 & C_4 & C_5 & C_6
\end{array}
$$

圖 11-44

問題

請破解季諾第二個詭論的似是而非。

季諾造這些詭論的目的何在，歷來有許多爭論。有人認為是為了反對「多」與「變化」，以維護他的師父 Parmenides（約西元前 5 世紀）的萬有是「一」與「不變」之學說。從畢氏學派失敗的背景來觀察，季諾是對於離散性、連續性、無窮大、無窮小等詭譎概念作詰疑。千古以來可以說是切中數學的核心。羅素（見參考文獻 7.）稱讚道：

> 幾乎所有從季諾時代到今日所建構出的有關時間、空間與無窮的理論，都可以在季諾的論證裡找到背景基礎。

乙、柏拉圖的兩個世界：理念與形式的世界

柏拉圖深知畢氏學派發現不可共度線段的重要性，他說：

> 不知道正方形的邊與對角線是不可共度的人，實在枉費生而為人。(He is unworthy of the name of man who does not know that the diagonal of a square incommensurable with its side.)

他還將它改述成倍平方問題:「給一個正方形,求作另一個正方形使其面積為兩倍大。」這是其師蘇格拉底用來教導未受過教育的男童僕之範例,以展示蘇格拉底的啟發式教學法:教師應扮演接生婆 (midwife) 的角色,只提出各式各樣的問題,而不給答案,答案必須由學生自己生出來(參見柏拉圖《對話錄》〈Meno 篇〉,或見《數學拾貝》第 17 章)。

柏拉圖在雅典創辦世界上第一所學院 (Platonic Academy),以探究宇宙奧祕為宗旨,思辯萬有的全局為職志。他對數學在教育上的功能推崇備至,認為研究數學可以使人從變化不居的表象 (appearance) 提升到永恆的「理念與形式的世界」(the world of ideas and forms),抵達最後的真實。他說:

> 哲學家必須學習算術,因為他必須從變化之海上升起,以掌握真正的存有 (true being)。

他又說:

> 因為算術(意指數論)具有很偉大的飛躍效果,它使我們的心靈去作關於抽象數的推理,讓靈魂對真正的存有作沉思。

另外,他也很看重幾何學,他說:

> 幾何學很重要因為它研究的是永恆的、不變的對象,所以可以提升心靈到達真正存有的境界。

在柏拉圖學院的門口甚至還掛著一個牌子說：

不懂幾何學的人不得進入此門。

柏拉圖學院對數學與科學，提出了當時兩個迫切的問題：

(i) 如何修補畢氏學派的研究綱領或重建幾何學？

(ii) 如何利用等速率圓周運動來描述行星的運動軌道？

後者是天文學的問題。原先以為行星是按等速率圓周繞地球運動，後來仔細觀察才發現有的行星會忽前忽後地迴繞。但是古希臘人認為等速率圓周運動是最完美的，捨不得放棄，因此才提出第(ii)個問題。

這兩個問題由柏拉圖學院的兩位學生 Eudoxus 與歐幾里德解決。畢氏學派對幾何命題只證明了可共度的情形；對於不可共度的情形，Eudoxus 提出了巧妙的比例論，才加以克服（收集在歐氏《原本》的第五冊）。兩千年後戴德金建構實數系就是取自 Eudoxus 比例論的想法。

對於問題(ii)，Eudoxus 利用 26 個圓，作各種圓上滾圓的運動，得到周轉圓 (epicycles)，以保住行星的實際運動。其實，這就是作三角多項式的逼近，即作傅立葉分析。另外，歐氏新建的幾何學已不走畢氏「幾何原子論」之老路，改採公理演繹的新路。

「不以規矩不能成方圓」，柏拉圖提出了「尺規作圖問題」。規定只能用沒有刻度的直尺與圓規，並且在有窮步驟之內（生有涯，不能做無涯的事業），作出幾何圖形，這叫做「柏拉圖規矩」。在此規矩之下，兩等分一個角以及將一個正方形放大成兩倍（倍平方問題）都很容易作圖。但是古老的幾何三大難題，古希臘人卻一直都做不出來：

(i) **三等分角問題**：將任意一個角分成三等分

(ii) **倍立方問題**：將一個立方體放大成兩倍

(iii) **方圓問題**：作一正方形使其面積等於已知圓的面積

經過兩千多年的努力，數學家利用代數方法終於證明了三大難題都無解。否定地解決也是解決之道。

畢氏學派直觀而大膽地假設點的長度 $\ell>0$，遭致失敗。這意味著點只占有位置而沒有大小，即其長度 $\ell=0$。同理，直線只有長度而沒有寬度。這逼使得點並不生存於現實世界中，因為在現實世界中不論用多細的筆來畫點與線，點都有大小，線都有寬度。因此，**波里亞**說：

> 幾何學就是利用不正確的圖形，作正確推理的一種藝術。
>
> (Geometry is the art of correct reasoning on incorrect figures.)

那麼點、線生存在哪裡？柏拉圖創立了「理念與形式」的世界來安置它們，這是柏拉圖在哲學上的一大成就。柏拉圖說：

> 哲學家是所有時間與所有存在的宏觀者。
>
> (The philosopher is the spectator of all time and all existence.)

他認為數學是攀登哲學智慧階梯的最重要訓練，他的「真理之路」(the way of truth) 不能缺少數學。

在建立數學真理的過程中，通常是先有「發現」，接著才用「證明」加以鞏固（其它領域的學問，往往缺少「證明」，故無法達到像數學這麼嚴謹精確的境界）。作為一般的發現與證明方法，柏拉圖提出了

「分析與綜合法」(the method of Analysis and Synthesis)。有的數學史家主張，這是柏拉圖首創的方法。

「分析與綜合」方法在數學中有許多層意思，以各種面貌出現。另外，還有種種引申出來的「弦外之音」。

(i) 本義的分析與綜合法

將一個對象（事物或事理）分割（或分解）為組成部分，這是分析（或解析）；再將組成部分合併起來，就是綜合；這兩個程序是一體的兩面，必須配合著使用。例如，將一個線段分割到至微的點，再由點併成線段；將物質分割到原子，再由原子組成物質。這些都是本義的分析與綜合的展現。

(ii) 幾何的分析與綜合法

幾何學中的命題都是由前提 P 得到結論 Q 之形式：$P \Rightarrow Q$。從前提到結論之間的邏輯通路，如何看出來呢？

所謂分析法就是假設結論 Q 已得到，然後由 Q 出發作逆溯推演，直到抵達前提 P 為止。我們不妨稱之為「倒行逆施法」。這又可分成下面兩種形式：

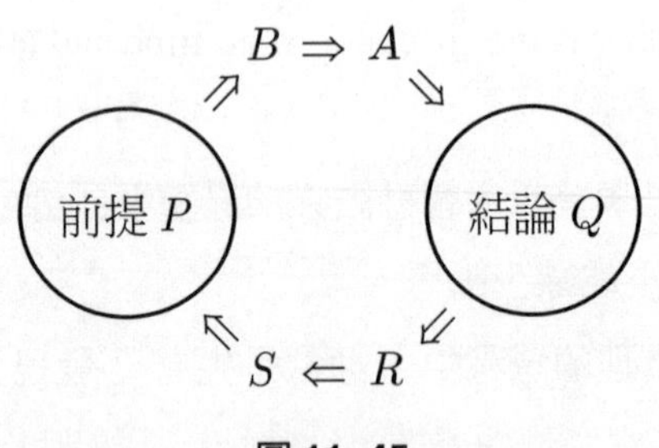

圖 11–45

(a) 為了得到 Q，只需得到 A；為了得到 A，只需得到 B，…逐步下去。如果最後到達 P，那麼「綜合」回來由 P 到 Q 的邏輯通路就找到，從而命題「$P \Rightarrow Q$」就得證了。

(b) 由 Q 推導出 R，由 R 推導出 S，…。如果最後抵達 P 並且每一步皆可逆，那麼「綜合」回來由 P 就可以推導出 Q。如果其中至少有一步不可逆，那麼就無法從 P 推導出 Q。

當分析做完後，找到了邏輯通路，那麼沿著邏輯通路逆著分析的方向，從前提走到結論，這就叫做綜合。先有分析才有綜合。分析法是探索性的投石問路、發現的過程，綜合法則是嚴密的推演、證明的過程。

值得特別注意的是：在(b)形式之分析法中，如果由 Q 推導出 R, S, … 的過程，其中有一個出現了矛盾，那麼 Q 就被否定了，這叫做**歸謬法**。因此，歸謬法是分析法之下的一個副產品。

另外，我們還可以從 P 順流推演幾步並且從 Q 逆溯推演幾步，在半途互相會合。這樣就可以找到連結 P 與 Q 的邏輯路徑。

丙、亞里斯多德的邏輯、演繹與科學方法論

到現在為止，我們可以這樣說：線段是連續的，可作無窮步驟的分割，線段是由無窮多點所組成的，點的長度為 0。但是沒有長度的點與有長度的線段之間如何連結，卻是一個困惑難題。一個線段切成五小段，那麼五小段之長加起來就是原線段之長，這很容易理解。然而，由沒有長度的點累積成有長度的線段，這種局部（微觀）與大域（宏觀）之間的鴻溝卻難於說清楚。因此，亞里斯多德說：

線段不是由點組成的。(A line is not made up of points.)

這意指線段之長，不是由點之長累積出來的。

同理，動線成面，而線只有長度沒有寬度，所以面積並不是由線的面積累積而成的。這真是詭譎！在微積分發展史上，這造成早期求面積問題的困境。後來人們想出各種變通的辦法，如窮盡法、無窮小量法、不可分割法、動態窮盡法等等，直到牛頓與萊布尼茲的微分法出現，才有系統地解決一切求積（長度、面積、體積）問題。這是另一個偉大的發現故事，必須用千言萬語來解說。

亞里斯多德是邏輯學的祖師爺。邏輯學要探究思想的規律與推理的法則，這是他從數學開發出來的成果，主要有三段論法 (syllogism)：

大前提：凡是人都會死

小前提：蘇格拉底是人

結論：蘇格拉底會死

以抽象的形式來表達就是：

「若 y 則 z」並且「若 x 則 y」，那麼就得到「若 x 則 z」。

四條基本的思想律

1. 同一律 (the law of identity)：「x 就是 x」為恆真式 (tautology)。否定敘述「x 是 $\sim x$」為恆假式。
2. 矛盾律 (the law of contradiction)：一個命題不可能同時是真又是假。即 p 與 $\sim p$ 有一個且只有一個成立。
3. 排中律 (the law of excluded middle)：一個命題只有真或假，沒有第三種情形（沒有中間的情形）。亦即，p 與 $\sim p$ 之外，沒有第三種情形會成立。換言之，一個命題或其否定命題之外，沒有第三者會成立。
4. 充足理由律 (the law of sufficient reason)：凡果必有因。

這些是**間接證法** (indirect proof) 與**歸謬法**的依據。他提倡演繹法，關切演繹系統之構成，A 為何成立？因為 B；而 B 為何成立？因為 C；…這樣會無止境地回溯 (regress) 下去，無法完成 A 的證明。因此要講究證明就必須有個出發點，叫做公設 (axioms) 或第一原理。他認為公設是顯明的 (obvious)，每個人都能接受而不必證明。要作推理，除了公設之外，還需要一些定義 (definitions)、假設 (hypothesis) 以及一般公理 (postulates，適用於所有科學，例如等量加法公理、等量代換公理)。

柏拉圖與亞里斯多德雖然都不是數學家，他們都是「數學家的製造者」(the maker of mathematicians)。柏拉圖提供方法，亞里斯多德提供演繹架構，還有許多數學家累積了更多的幾何知識，歐氏幾何已呼之欲出。

哲學家**叔本華** (Schopenhauer, 1788～1860) 說：

> 一個人之所以成為哲學家，是因為他被某個深刻的問題所困擾，並且又能夠找到一條解決的出路。

古希臘人被「無窮與連續統」所困擾，最後歐氏找到了出路，採用公理演繹法建立歐氏幾何學。

10.「不可共度」引出的兩個難題

面對大自然的森羅萬象，古希臘哲學家提出「有窮」與「無窮」、「離散」與「連續」、「一」與「多」、「變」與「不變」等「正、反」對立的主題；經過長期而熱烈的討論與爭辯，產生了非常豐富的哲學思潮。

在這個思潮之下，結晶出來最具代表性的成果是：柏拉圖與亞里斯多德的哲學，以及歐幾里德 13 冊的《原本》(內容包括平面幾何學、數論、無理數論與立體幾何學)。

關於幾何學的研究，我們再作一下綜合整理。畢氏學派「大膽地假設」：線段經過「有窮步驟」(finite processes) 的分割，就抵達「不可分割」(indivisible) 的「點」(point)。於是，點像小珠子一樣，具有一定的長度 $\ell>0$，線段是由點所組成的。從而，任何兩線段皆可共度，並且度量只會出現整數與分數。據此，畢氏學派用「算術」(整數及其比例的理論) 相當成功地建立了幾何學的基礎。

但是，後來經過「小心地求證」，畢氏學派發現了不可共度線段，使得幾何學從「有窮」與「離散」轉換到「無窮」與「連續」這一邊。點的長度為零，度量必然會出現無理數。

因為古希臘人對於數的概念只及於整數與有理數 (分數)，所以不可共度線段出現後，有兩條路可走：

(i) 接受無理數為數，擴大數的概念成為實數，以應付幾何學之所需。
(ii) 拒絕承認「無理數」為數，但接受不可共度線段為實際的幾何存在。

第一條路必須建構實數系，直接面對「無窮步驟」(infinite processes)。這對古希臘人似乎太困難了，所以他們選擇了第二條路；並且將畢氏學派的「算術優先論」與「數形一家」改為「幾何學優先論」，同時迫使「數與形分家」。這對於數學的發展產生了不利的影響，因為數缺少形就少了直覺，形缺少數也難入微。

不可共度線段的發現，引出下面兩個難題：

(i) **如何補救畢氏學派的缺失？**

事實上，畢氏學派的幾何研究綱領並沒有完全失敗。對於長方形面積公式及相似三角形基本定理，畢氏學派所證明的可共度情形並沒有錯，只需再補足不可共度情形的證明就好了。

(ii) **局部與大域之間如何連結？**

動點成線，動線成面，動面成體。換言之，線、面、體分別由點、線、面組成。但是，點沒有長度，如何累積出有長度的線段？同理，線段只有長度，沒有寬度，即線段沒有面積，如何累積出有面積的平面領域？面有長度與寬度，但沒有厚度，即面沒有體積，如何累積出有體積的空間領域？這些問題更深刻難纏，直到微分法與測度論 (measure theory) 出現才完全解決。

上述兩個難題分別就是幾何學與早期「積分」所面臨的困局。Eudoxus 提出比例論解決了(i)，又提出窮盡法 (method of exhaustion) 初步克服了(ii)。這是他對數學的兩個偉大貢獻。

11. Eudoxus 的比例論

Eudoxus 出身於柏拉圖學院，是一位傑出的數學家，對天文學尤感興趣。他面對自然現象時，堅決訴諸觀測與理性的分析，從不接受「怪力亂神」的解釋。因此，數學史家 Heath 稱讚他為「科學至人」(a man of science)。

Eudoxus 的比例論，其核心是三個定義：

定義 1

設 a 與 b 為兩個同類的幾何量（例如線段長或面積或體積）。如果存在自然數 m 與 n（包括 1），使得

$$ma > b \text{ 且 } nb > a$$

則稱此兩量的比值 $\frac{a}{b}$ 存在（或記成 $a : b$）。

這個定義排除掉無窮大與無窮小的量，只討論有限量。因為無窮小量的任何有限倍還是無窮小量，有限量的任何有限倍都不能超過無窮大。定義 1 是說：兩個有限的幾何量，不論可共度或不可共度，就可談論比值。

事實上，這個定義跟今日所謂實數系的阿基米德性質 (Archimedean property) 具有密切關係：

如果 a 與 b 為兩個正的實數，則存在自然數 m，使得 $ma > b$。

阿基米德性質可以作兩種生動的解釋：

(i) 阿基米德用一根小湯匙，每次的取水量為 $a > 0$，那麼不論多大的一池洗澡水 $b > 0$（有限），只要取夠多次，就可取光所有的池水（阿基米德曾在洗澡時，悟出浮力原理，解決皇冠是純金與否的問題，而演出裸奔）。

(ii) 烏龜的步幅 $a > 0$，雖很小，且兔子在烏龜前頭 b 處，很大，那麼只要烏龜持之以恆，一步一步地必可趕過兔子（當然必須假設兔子睡大覺）。

有了比值的概念，接著就是判定兩個比值的「相等」與「不等」。

定義 2（Eudoxus 檢定法則）

設 a, b, c, d 為四個有限量。如果對於任何自然數 m 與 n，下列三者：

$$\begin{cases} ma > nb \Leftrightarrow mc > nd \\ ma = nb \Leftrightarrow mc = nd \\ ma < nb \Leftrightarrow mc < nd \end{cases} \tag{1}$$

有任何一個成立，則稱 $\dfrac{a}{b} = \dfrac{c}{d}$。

注意，第二式對應的是可共度的情形。我們可將(1)式簡記為

$$ma \gtreqless nb \Leftrightarrow mc \gtreqless nd \tag{2}$$

或者

$$\frac{a}{b} \gtreqless \frac{n}{m} \Leftrightarrow \frac{c}{d} \gtreqless \frac{n}{m} \tag{3}$$

這是一個絕妙的定義。考慮 a, b 皆為線段長的情形：a 與 b 可共度是指存在共度單位 u，使得 $a = n \cdot u,\ b = m \cdot u$，從而 $\dfrac{a}{b} = \dfrac{n}{m}$ 為有理數。換言之，用 $u = \dfrac{n}{m}$ 去度量 a，恰好 m 次可度量乾淨。這些都是古希臘人能夠理解的。但是，當 a 與 b 不可共度時，$\dfrac{a}{b}$ 不是有理數，即對於任意自然數 m，用 $u = \dfrac{n}{m}$ 去度量 a，都度量不乾淨，此時存在某個自然數 n，使得度量 n 次，還未度量完，而度量 $n+1$ 次又超過，於是：

$$n \cdot \frac{b}{m} < a < (n+1) \cdot \frac{b}{m}$$

亦即

$$\frac{n}{m} < \frac{a}{b} < \frac{n}{m} + \frac{1}{m}$$

因此，若用有理數 $\frac{n}{m}$ 或 $\frac{n}{m} + \frac{1}{m}$ 作為 $\frac{a}{b}$ 的近似估計，則絕對誤差皆小於 $\frac{1}{m}$，現在讓 m 逐步增大，則可逐步地求得 $\frac{a}{b}$ 的左右夾逼的兩個有理數列，它們之間的距離越來越小，終究會捕捉住 $\frac{a}{b}$。換言之，用大於或小於 $\frac{a}{b}$ 的有理數就可以完全確定 $\frac{a}{b}$。大約兩千年後，德國數學家戴德金利用有理數的「切斷」(Dedekind cut)：

$$L = \{ \frac{n}{m} : \text{有理數 } \frac{n}{m} < \frac{a}{b} \}$$

$$U = \{ \frac{n}{m} : \text{有理數 } \frac{n}{m} > \frac{a}{b} \}$$

來定義無理數 $\frac{a}{b}$，亦即將 (L, U) 等同為 $\frac{a}{b}$。這個想法就是根源於 Eudoxus 的檢定法則而來的。因此，Eudoxus 的檢定法則是深謀遠慮的，令人佩服。

定義 3

設 a, b, c, d 為四個量，若存在自然數 m 與 n 使得 $ma > nb$，且 $mc \leq nd$，則稱 $\frac{a}{b} > \frac{c}{d}$。這個定義其實是說，如果存在自然數 m 與 n 使得

$$\frac{a}{b} > \frac{n}{m} \geq \frac{c}{d}$$

則稱 $\frac{a}{b} > \frac{c}{d}$。

我們也注意到，對於古希臘人來說，

$$ma > nb\text{，且 } mc \leq nd$$

原則上都可以用幾何度量加以檢定。

為什麼要考慮「比例」及其「相等」或「不等」的判別法呢？

因為整個定量幾何的基礎是度量，即用一個量來度另一個量，這就是比例的概念，所以古希臘人特別重視比例的研究。

對於只知道且只承認有理數（兩整數比）才是數的古希臘人（尤其是畢氏學派的人），遇到兩個同類幾何量 a 與 b 的比值，就分成兩種情況：

(i) 當 a 與 b 可共度時，$\frac{a}{b}$ 為一個有理數。這是毫無困惑的，他們完全清楚理解。畢氏學派起先誤以為這就是事情的全部，後來發現不可共度線段，古希臘人才知道必須進一步再考慮下面第二種情況。

(ii) 當 a 與 b 不可共度時，$\frac{a}{b}$ 不是一個有理數，他們稱之為「不可說」(the unutterable)，不可理喻的，好像是遭遇到「言語道斷」的困境（今日我們叫做「非比數」或「無理數」）。他們拒絕承認 $\frac{a}{b}$ 是一個數，但採用幾何觀點承認它是兩個同類幾何量的「比例」（例如兩線段的比例），這是實際存在的。

兩千多年後的我們，「站在許多巨人的肩膀」上（牛頓之語），可以完全清楚 Eudoxus 的偉大工作。用現代的術語來說就是：古希臘人發現了「無理數」，瓦解了畢氏學派要將幾何學與宇宙論化約成算術（整數論）的研究綱領，因此「算術是不夠的，你必須知道幾何學！」我們更能體會柏拉圖所說的「不知道正方形的邊與對角線是不可共度的人，愧生為人！」以及柏拉圖學院入門處的警語「不懂幾何學的人不得進入此門」這些話的深義。

Eudoxus 要馴服無理數，於是以幾何方式（古希臘人能接受的）提出無理數以及兩個無理數相等或不相等的定義，這堪稱是一個偉大的定義。在邏輯上雖然不夠周全（以現代的眼光來看），但已夠當時的使用，並且也蘊藏了現代實數論的胚芽 (germs)。換句話說，Eudoxus 所做的就是建立實數論的初步工作。

下面我們來看 Eudoxus 如何修補畢氏學派的漏洞。

定理 11（相似三角形基本定理）

如果 $\triangle ABC$ 與 $\triangle A'B'C'$ 兩個三角形的三個內角對應相等，則對應邊成比例，見圖 11–46，亦即

$$\frac{\overline{AB}}{\overline{A'B'}}=\frac{\overline{AC}}{\overline{A'C'}}=\frac{\overline{BC}}{\overline{B'C'}} \tag{4}$$

從而，這兩個三角形相似。

兩個三角形相似的定義是說：如果兩個三角形具有對應角相等且對應邊成比例，則稱此兩個三角形相似（全等是相似的特例，此時最相似）。因此，上述定理是說，兩個三角形只要三個內角對應相等就相似了。事實上，由三角形三內角和恆為一平角定理得知，只要兩個兩角對應相等就相似。

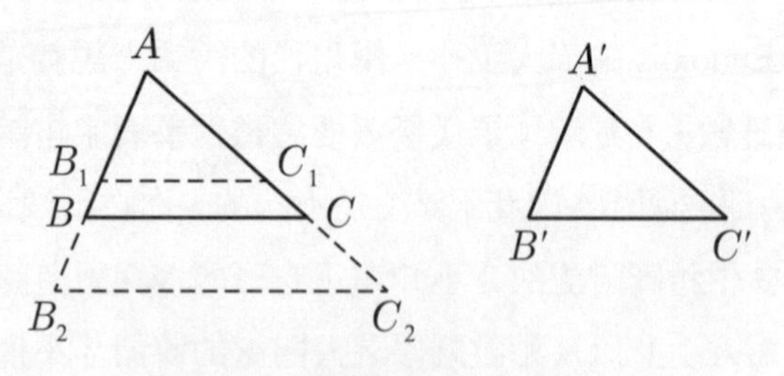

圖 11–46

對於上述定理，當 $\overline{AB}$ 與 $\overline{A'B'}$ 是可共度的情形，我們已經證明過。現在只需再證明 $\overline{AB}$ 與 $\overline{A'B'}$ 是不可共度的情形就好了。

證　明 如圖 11–46，在 $\angle A=\angle A', \angle B=\angle B', \angle C=\angle C'$ 的條件下，我們要證明(4)式成立。例如，欲證

$$\frac{\overline{AB}}{\overline{A'B'}}=\frac{\overline{AC}}{\overline{A'C'}}$$

根據 Eudoxus 檢定法則，我們必須證明：對於任意自然數 m 與 n，恆有

$$m\cdot\overline{AB}\gtreqless n\cdot\overline{A'B'}\Leftrightarrow m\cdot\overline{AC}\gtreqless n\cdot\overline{A'C'} \tag{5}$$

今因 $\overline{AB}$ 與 $\overline{A'B'}$ 不可共度，故不可能 $m\cdot\overline{AB}=n\cdot\overline{A'B'}$，因此只需證明：

$$\begin{cases} m\cdot\overline{AB}>n\cdot\overline{A'B'}\Leftrightarrow m\cdot\overline{AC}>n\cdot\overline{A'C'} \\ m\cdot\overline{AB}<n\cdot\overline{A'B'}\Leftrightarrow m\cdot\overline{AC}<n\cdot\overline{A'C'} \end{cases} \tag{6}$$

(i) 假設 $m\cdot\overline{AB}>n\cdot\overline{A'B'}$，亦即設

$$\overline{AB}>\frac{n}{m}\cdot\overline{A'B'} \tag{7}$$

在 $\overline{AB}$ 上取一點 B_1，使得 $\frac{n}{m}\cdot\overline{A'B'}=\overline{AB_1}$，則 $\overline{AB_1}$ 與 $\overline{A'B'}$ 可共度且 $\overline{AB}>\overline{AB_1}$。再過 B_1 點作 $\overline{B_1C_1}$ 平行於 $\overline{BC}$ 且交 $\overline{AC}$ 於 C_1 點。於是 $\triangle AB_1C_1$ 與 $\triangle A'B'C'$ 有三個內角對應相等，根據畢氏學派已證過的可共度情形之相似三角形基本定理（定理 11），可知

$$\frac{n}{m}=\frac{\overline{AB_1}}{\overline{A'B'}}=\frac{\overline{AC_1}}{\overline{A'C'}}=\frac{\overline{B_1C_1}}{\overline{B'C'}} \tag{8}$$

因為 $\overline{AB}>\overline{AB_1}$，故 $\overline{AC}>\overline{AC_1}$，於是

$$\frac{\overline{AC}}{\overline{A'C'}} > \frac{\overline{AC_1}}{\overline{A'C'}} = \frac{n}{m}$$

從而 $m\cdot\overline{AC} > n\cdot\overline{A'C'}$。

反過來，由 $m\cdot\overline{AC} > n\cdot\overline{A'C'}$，同理也可推導出

$m\cdot\overline{AB} > n\cdot\overline{A'B'}$。

(ii) 假設 $m\cdot\overline{AB} < n\cdot\overline{A'B'}$，亦即設

$$\overline{AB} < \frac{n}{m}\cdot\overline{A'B'} \tag{9}$$

在 $\overline{AB}$ 的延長線上取 B_2 點，使得 $\frac{n}{m}\cdot\overline{A'B'} = \overline{AB_2}$，則 $\overline{AB_2}$ 與 $\overline{A'B'}$ 可共度且 $\overline{AB_2} > \overline{AB}$。再過 B_2 點作 $\overline{B_2C_2}$ 平行於 $\overline{BC}$ 且交 $\overline{AC}$ 的延長線於 C_2 點。於是 $\triangle AB_2C_2$ 與 $\triangle A'B'C'$ 相似，故有

$$\frac{n}{m} = \frac{\overline{AB_2}}{\overline{A'B'}} = \frac{\overline{AC_2}}{\overline{A'C'}} = \frac{\overline{B_2C_2}}{\overline{B'C'}}$$

由 $\overline{AB_2} > \overline{AB}$，可知 $\overline{AC_2} > \overline{AC}$，所以

$$\frac{\overline{AC}}{\overline{A'C'}} > \frac{\overline{AC_2}}{\overline{A'C'}} = \frac{n}{m}$$

亦即

$$m\overline{AC} < n\overline{A'C'} \tag{10}$$

反之亦然，即由(10)式也可推導出(9)式。

綜合(i)與(ii)兩種情形，我們就證明了 $\frac{\overline{AB}}{\overline{A'B'}} = \frac{\overline{AC}}{\overline{A'C'}}$。

同理，我們也可以證明 $\frac{\overline{AB}}{\overline{A'B'}} = \frac{\overline{BC}}{\overline{B'C'}}$。

因此，(4)式就得證了。

Eudoxus 補足了相似三角形基本定理的證明，從而利用它來證明的畢氏定理也得以完備了。對於畢氏定理的證明，後來歐幾里德並沒有採用這條路線，他改採「全等則面積相等」的辦法。

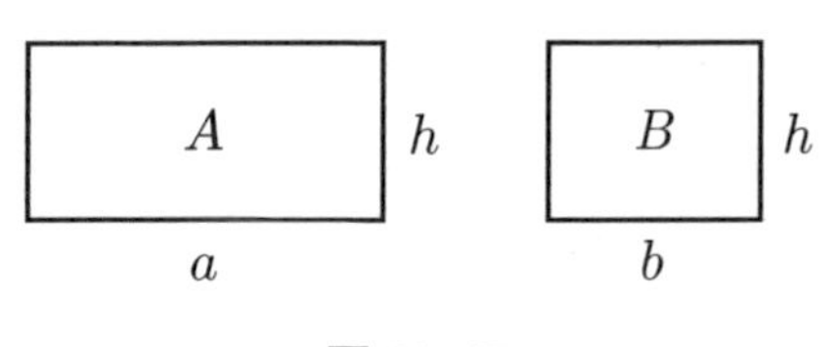

圖 11–47

其次，我們看長方形的面積公式，如圖 11–47。當任何兩線段皆可共度的情形，畢氏學派已經證過長方形 A 的面積為 $a \cdot h$（參見定理 3）。但是，當兩線段不可共度時，就需要利用 Eudoxus 的檢定法則來證明了。

補題

設 A、B 為兩個矩形，具有相同的寬度，見圖 11–47，則

$$\frac{A}{B}=\frac{a}{b} \tag{11}$$

證　明　我們必須證明，對任意自然數 m 與 n，

$$mb>na \Leftrightarrow mB>nA$$

假設 $mb>na$。將 n 個 A 併連成一列，m 個 B 也併連成一列，得到長分別為 na 與 mb，高為 h 的兩個矩形 mB 與 nA。因為 $mb>na$，所以矩形 mB 比 nA 大，即 $mB>nA$。反過來，由 $mB>nA$ 亦知 $mb>na$。

同理，我們可以證明，對任意自然數 m 與 n，

$$mb > na \Leftrightarrow mB > nA$$

由 Eudoxus 檢定法則，(11)式得證。

定理 12（長方形的面積公式）

如果長方形的長與寬分別為 a 與 b，則其面積為 $a \cdot b$。

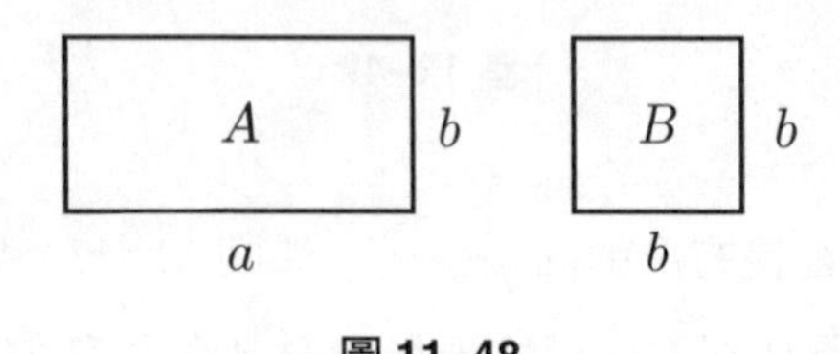

圖 11–48

證　明　取一個長與寬都是 b 的正方形 B，由上面的補題知：

$$\frac{A}{B} = \frac{a}{b}$$

再由比例的性質知：

$$\frac{A}{B} = \frac{a}{b} = \frac{a \cdot b}{b^2}$$

已知 B 的面積為 b^2，故得知 A 的面積為 $a \cdot b$。

從而，我們熟知的三角形、平行四邊形、梯形等等的面積公式以及畢氏定理都得到了證明。

12. 窮盡法

關於窮盡法，我們舉一個例子來說明就夠了。

定理 13

兩個圓的面積之比等於半徑平方之比。

如圖 11–49，設兩圓 O_1、O_2 的半徑分別為 r_1、r_2，面積為 $a(O_1)$、$a(O_2)$，則

$$\frac{a(O_1)}{a(O_2)}=\frac{r_1^2}{r_2^2} \tag{12}$$

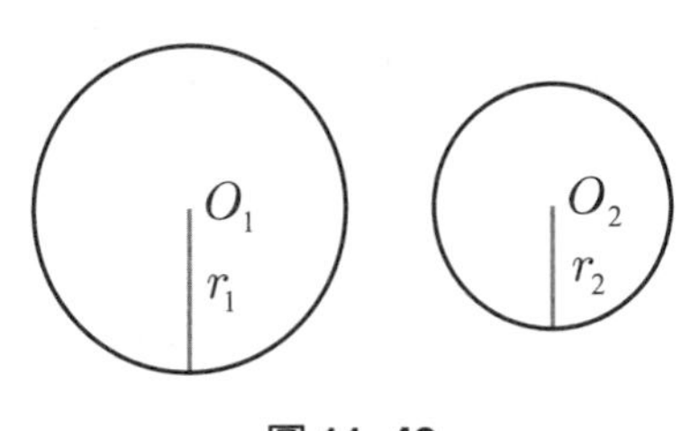

圖 11–49

這個定理直觀論證起來很容易（以現代觀點），分成三個步驟如下：

(i) 兩個相似三角形面積之比，等於邊長平方之比。

(ii) 兩個相似多邊形，可以分割成同樣多個的相似三角形。

利用(i)及合比定理可知：兩個相似多邊形面積之比等於對應邊平方之比。特別地，對於兩個相似正多邊形也成立。

(iii) 圓可以看作是內接正多邊形的「極限」，或無窮多邊且每邊是無窮小的內接正多邊形。因此，兩圓面積之比等於半徑平方之比。

對於古希臘人來說，(i)與(ii)的證明是容易的，但(iii)卻是一大困難，主要是缺少實數的理論與極限論證法。

定理 14

設 $\triangle ABC \sim \triangle DEF$，則 $\dfrac{\triangle ABC}{\triangle DEF} = \dfrac{\overline{BC}^2}{\overline{EF}^2}$。

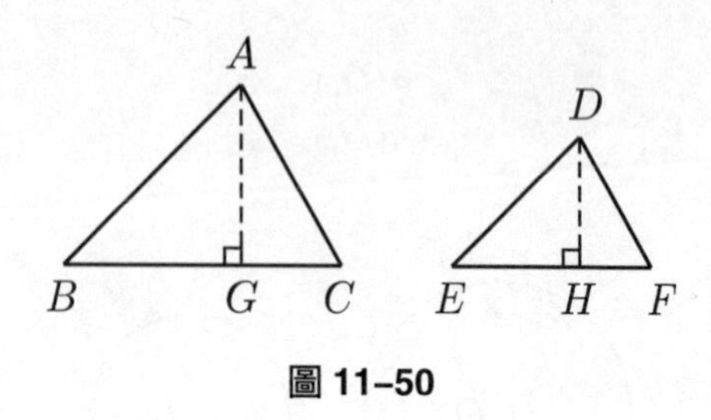

圖 11–50

證　明　過 A 點作 $\overline{AG}$ 垂直於 $\overline{BC}$，過 D 點作 $\overline{DH}$ 垂直於 $\overline{EF}$，則

$$\triangle ABG \sim \triangle DEH$$

所以

$$\frac{\overline{AG}}{\overline{DH}} = \frac{\overline{AB}}{\overline{DE}}$$

又由假設 $\triangle ABC \sim \triangle DEF$，故

$$\frac{\overline{AB}}{\overline{DE}} = \frac{\overline{BC}}{\overline{EF}}$$

於是由等量代換知

$$\frac{\overline{AG}}{\overline{DH}} = \frac{\overline{BC}}{\overline{EF}}$$

因為 $\triangle ABC = \dfrac{1}{2}\overline{AG} \cdot \overline{BC}$，且 $\triangle DEF = \dfrac{1}{2}\overline{DH} \cdot \overline{EF}$，所以

$$\frac{\triangle ABC}{\triangle DEF} = \frac{\overline{AG} \cdot \overline{BC}}{\overline{DH} \cdot \overline{EF}} = \frac{\overline{BC} \cdot \overline{BC}}{\overline{EF} \cdot \overline{EF}} = \frac{\overline{BC}^2}{\overline{EF}^2}$$

定理 15

兩個相似多邊形面積之比，等於對應邊平方之比。

所謂窮盡法的原理是指：假設 M_0 與 ε 為任意給定的兩個幾何量（如長度、面積或體積等等，因此它們皆為正的量，我們想像 M_0 很大，ε 很小）。從 M_0 減掉大於等於 $\frac{1}{2}M_0$ 的量，剩下 M_1；再從 M_1 減掉大於等於 $\frac{1}{2}M_1$ 的量，剩下 M_2；仿此不斷地作下去，得到數列 $M_1, M_2, M_3, \cdots$，那麼就存在某個自然數 n，使得 $M_n < \varepsilon$。

事實上，這就是愚公堅信可以將一座山挖光所根據的理由。我們也注意到，只要每次將 M_k 減掉 $(\frac{1}{\alpha})M_k$（其中 $\alpha \geq 1$），則窮盡法原理的結論仍然成立。由於 ε 是任意給定的正數，故我們說 M_0 可逐步被窮盡 (exhausted)。古人說：「一尺之棰，日取其半，萬世不竭。」但是，一尺之棰終究要被窮盡。

補題

設 O 為一個圓，且 ε 為任意給定的正數，則存在一個正多邊形 P，內接於圓 O，使得

$$\alpha(O) - \alpha(P) < \varepsilon$$

利用這個補題就可以證明定理 13。因為

$$\frac{\alpha(O_1)}{\alpha(O_2)} > \frac{r_1^2}{r_2^2} \quad 或 \quad \frac{\alpha(O_1)}{\alpha(O_2)} < \frac{r_1^2}{r_2^2}$$

兩者皆會導致矛盾（兩次歸謬法），所以(12)式成立。詳細的證明我們省略掉，見參考文獻 16.。

推論

令 $\dfrac{a(O_1)}{r_1^2}=\dfrac{a(O_2)}{r_2^2}=\pi$，則半徑為 r 的圓，其面積公式為

$$A=\pi r^2 \tag{13}$$

在上述論證中，古希臘人直觀地假設圓的面積存在。按理說，應該先定義什麼是曲線所圍的面積，然後證明圓的面積存在，最後再推導出它的各種公式。

然而，這樣的論證法以及 Eudoxus 檢定法則與窮盡法，在本質上都涉及現代的「實數論」與「極限論」。由於古希臘人對無窮的恐懼，沒有能力真正定義出實數系及其運算，也無法用動態的極限論證法來落實無窮步驟的飛躍。因此，他們採用靜態的 Eudoxus 檢定法則與窮盡法，再配合兩次歸謬法來克服「不可共度」（無理數）的困難。

13. 歐氏的分析與發現過程

在歐幾里德之前，古希臘的數學已經累積的相當豐富（限於篇幅我們未能詳細介紹），也有人將它們整理成冊，例如希波克拉底（Hippocrates，約西元前 440）就是第一位編輯《原本》的人。

後來，歐幾里德也總結了他那個時代古希臘的所有數學成果，編輯成 13 冊的歐氏 《原本》。 此書最重要的特色是邏輯演繹系統的結構：由少數幾條公設與公理出發，推導出所有的幾何定理。公設與公理是「直觀自明」的真理，是數學的源頭，無法證明，也不必證明。

歐氏的曠古名著，使得其它版本都黯然無光，乃至消失。歐氏的工作對其它著作所引起的效果，恰如古人所說的「月昇燈失色，風起扇無功」。

從教育與學習歐氏幾何的觀點來看，我們最感興趣的問題是：

歐氏幾何的公理是怎麼得到的？

此地我們只是提出一種「合理的猜測」而已。至於歐氏當初是怎麼做出來的，文獻已消失，只有天曉得！

關於追尋幾何源頭的故事，最著名的例子要推英國哲學家霍布士 (T. Hobbes, 1588～1679)。下面是 J. Aubrey 精采的描寫：

> 那時，霍布士已年過 40 歲，在一個偶然機會下，他遇見了幾何學。他無意中在圖書館裡看到歐氏《原本》，正好打開在第一冊的第 47 個定理，即畢氏定理。讀了該定理後，他的第一個反應是「我的天啊，這怎麼可能！」他研讀其證明，發現要用到前面的定理，於是翻到前面讀之，又要用到更前面的定理，如此不斷地逆溯倒讀，最後終於來到幾何的源頭，即公理。霍布士於是肯定了畢氏定理的真確性，也愛上了幾何學。

要言之，歐氏為了證明少數幾個經驗幾何定理，如畢氏定理、三角形三內角和定理、三角形的全等定理、相似三角形基本定理、柏拉圖五種正多面體等等，於是整理前人的工作成果；經過選擇與試誤，加上自己的創見，最後才創造出那些公理，作為對幾何學的提綱挈領與以簡馭繁的掌握。

甲、等腰三角形定理（又叫驢橋定理）

定理 16

在圖 11–51 中，若 $\triangle ABC$ 為一個等腰三角形，即 $\overline{AB}=\overline{AC}$，則兩底角相等，即 $\angle B=\angle C$。

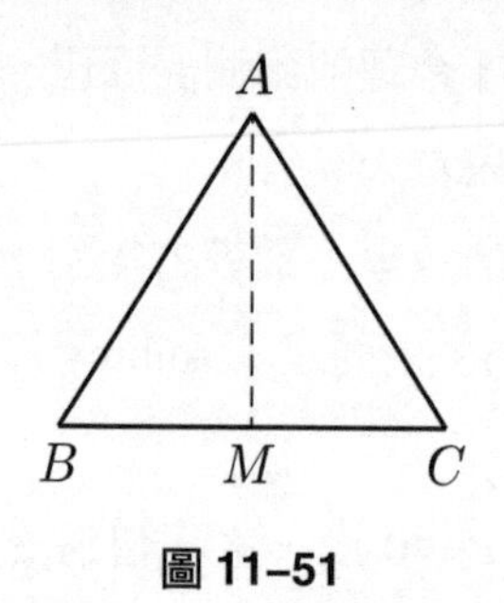

圖 11–51

對於先前所採用折疊的實驗式證法，歐氏不滿意。現在改進如下：

證明1 在圖 11–51 中，取 $\overline{BC}$ 的中點 M，連結 $\overline{AM}$，則

$$\triangle ABM \cong \triangle ACM \text{ (SSS)}$$

於是

$$\angle B=\angle C$$

證明2 （鏡影證法，A looking glass proof）：

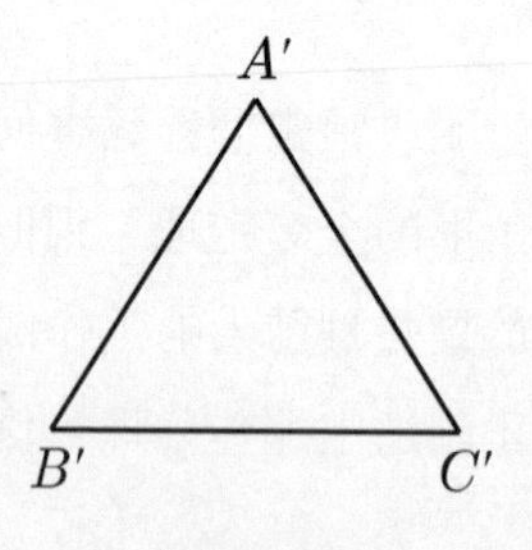

圖 11–52

將 $\triangle ABC$ 翻轉變成 $\triangle A'C'B'$，此時形狀、大小、角度皆不變，參見圖 11–52，則

$$\triangle ABC \cong \triangle A'C'B' \text{ (SAS)}$$

從而 $\angle B = \angle C' = \angle C$。

反過來，逆定理也成立：

逆定理

如果 $\angle B = \angle C$，則 $\overline{AB} = \overline{AC}$，參見圖 11–51。

證明 1　(鏡影法)：

在圖 11–51 與圖 11–52 中，因為

$$\overline{BC} = \overline{C'B'},\ \angle B' = \angle B,\ \angle C = \angle C'$$

所以 $\triangle ABC \cong \triangle A'C'B'$ (ASA)，從而 $\overline{AB} = \overline{AC}$。

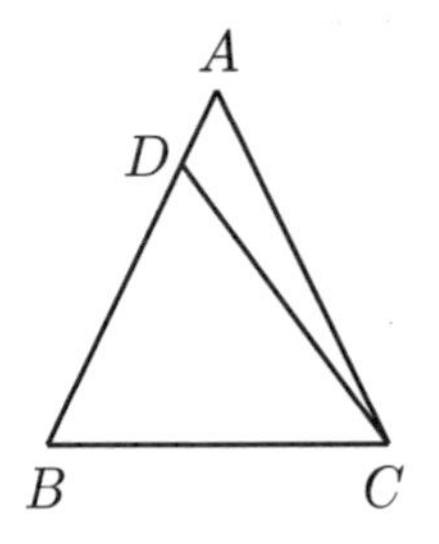

圖 11–53

證明 2　(反證法或歸謬法)：

假設 $\overline{AB} > \overline{AC}$。在 $\overline{AB}$ 內取一點 D，使得 $\overline{BD} = \overline{AC}$。連結 $\overline{CD}$，如圖 11–53。因為 $\angle B = \angle C$，且 $\overline{BC}$ 共用，所以

$$\triangle ACB \cong \triangle DBC \text{ (SAS)}$$

但是 $\triangle DBC$ 只是 $\triangle ACB$ 的一部分，這就跟「全量大於分量」抵觸。同理，若 $\overline{AB} < \overline{AC}$，也得到矛盾。所以只好 $\overline{AB} = \overline{AC}$。

再退一步，三角形的全等定理 (SAS, ASA, SSS) 為何成立？以下只追究 ASA 定理，其餘兩個同理可證。

定理 17

兩角夾一邊對應相等的兩個三角形全等，即三個邊及三個內角皆對應相等。在圖 11–54 中，假設 $\angle B = \angle B'$, $\angle C = \angle C'$, $\overline{BC} = \overline{B'C'}$。

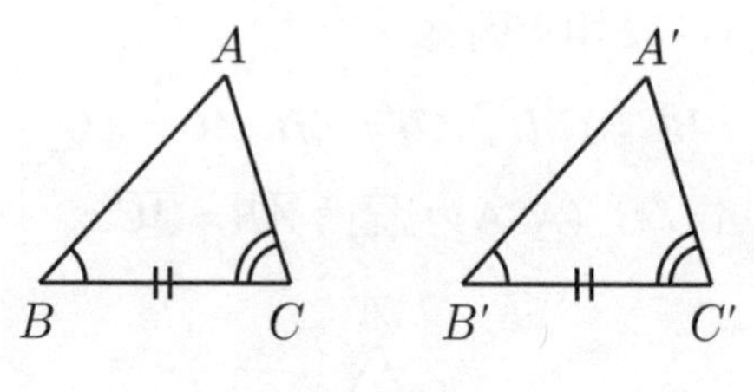

圖 11–54

證明 (移形疊合法)：

將 $\triangle A'B'C'$ 搬移到 $\triangle ABC$ 上，讓 B' 點落在 B 點上且 $\overline{B'C'}$ 落在 $\overline{BC}$ 上。因為 $\overline{B'C'} = \overline{BC}$，故 C' 點落在 C 點上。又因為 $\angle B = \angle B'$ 且 $\angle C = \angle C'$，故 $\overline{B'A'}$ 落在 $\overline{BA}$ 上，$\overline{C'A'}$ 也落在 $\overline{CA}$ 上。於是 A' 點與 A 點重合，從而 $\triangle ABC \cong \triangle A'B'C'$。

總結上述，我們追究等腰三角形定理為何成立的理由，結果用到了下面三個命題：

(i) 兩點決定一直線。

(ii) 幾何圖形可以移動而不變。兩個圖形可以完全疊合在一起就是全等。

(iii) 全量大於分量。

歐氏認為它們是「顯明的」，不必再追根究柢下去，於是決定立下「界碑」，當作公理。只要承認這三條公理，配合歸謬法就可以推出等腰三角形的正逆定理，以及三角形的全等定理。

乙、三角形三內角和定理

定理 18

三角形三內角和為一平角。

早先畢氏學派利用平行公理（即在一平面上，過直線外一點可作一直線平行於已知直線）的證明並沒有瑕疵（定理 4），但是歐氏不滿意。對於畢氏的平行公理，他也要證明，下面就來分析歐氏的整個證明過程。

證　明 過 C 點作一直線 $\overline{CE}$ 平行於 $\overline{AB}$，並且延長 $\overline{BC}$ 成 $\overline{BD}$，如圖 11–55，則

$\angle A = \angle ACE$（內錯角相等）且 $\angle B = \angle ECD$（同位角相等）

於是 $\angle A + \angle B + \angle C = \angle ACE + \angle ECD + \angle C$。右項為一平角，故 $\angle A + \angle B + \angle C$ 為一平角。

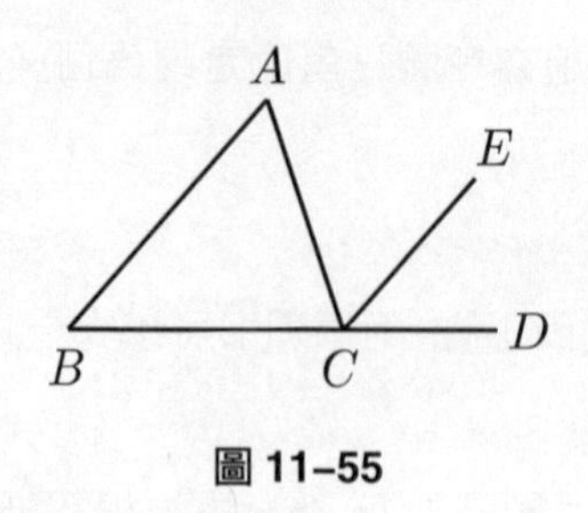

圖 11–55

這裡用到四個命題：

(i) 線段可任意延長。

(ii) 等量加等量還是等量。

(iii) 畢氏平行公理。

(iv) 內錯角、同位角相等。

對於(i)與(ii)歐氏認為已是「水清見底」，直觀自明，應當立下界碑，當作公理。對於(iii)與(iv)還需證明。

補題 1

在一平面上，過直線外一點可作一直線平行於已知直線。

作圖：這是一個尺規作圖問題，見圖 11–56。

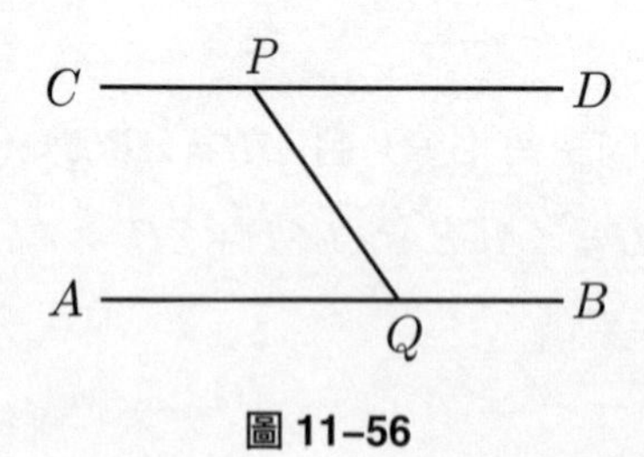

圖 11–56

設 $\overline{AB}$ 為已知直線，P 為線外一點，在 $\overline{AB}$ 上任取一點 Q，連結 $\overline{PQ}$。在直線 $\overline{PQ}$ 上的 P 點作 $\angle DPQ = \angle AQP$。延長 $\overline{PD}$ 成為 $\overline{CD}$，則 $\overline{CD}$ 即為所求的直線，因為內錯角相等，故 $\overline{CD} /\!/ \overline{AB}$。

補題 2

兩直線被第三條直線所截，則內錯角相等或同位角相等或同側內角互補 $\Leftrightarrow$ 兩直線平行。如圖 11–57，$\angle 1 = \angle 2$ 或 $\angle 2 = \angle 3$ 或 $\angle 2 + \angle 4$ 為一平角 $\Leftrightarrow L_1 /\!/ L_2$。

證　明

$(\Rightarrow)$ 我們只證內錯角相等的情形（其它同理可證）。

利用反證法。如果 L_1 與 L_2 不平行，那麼延長 L_1 與 L_2 就會相交於某點 P，形成 $\triangle ABP$。但是 $\triangle ABP$ 的外角 $\angle 2$ 大於不相鄰的內角 $\angle 1$，這就跟假設 $\angle 1 = \angle 2$ 矛盾。

$(\Leftarrow)$ 假設 $L_1 /\!/ L_2$，我們要證明 $\angle 1 = \angle 2$。參見圖 11–57，仍然用反證法。如果 $\angle 1 \neq \angle 2$，不妨假設 $\angle 1 > \angle 2$。因為 $\angle 1 + \angle 4$ 為一平角，所以 $\angle 2 + \angle 4$ 小於一平角。於是延長 L_1 與 L_2 時會相交。這跟 $L_1 /\!/ L_2$ 之假設矛盾。

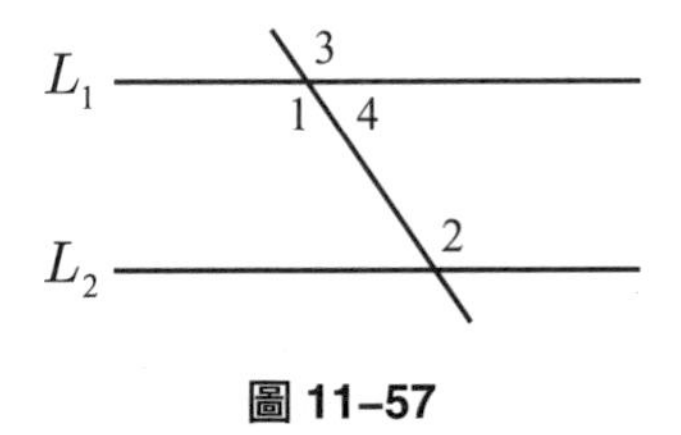

圖 11–57

在補題 1 的作圖與補題 2 的證明中，我們又用到三個更基本的命題：

(i) 以任一點為圓心，任意長為半徑，可作一圓。

(ii) 兩直線被第三直線所截，如果同側兩內角和小於兩個直角，則兩直線延長時在此側會相交。

(iii) 三角形的外角大於不相鄰的任何一個內角。

對於(i)與(ii)歐氏決定立下界碑，當作公理。對於(iii)還要再追究下去：

補題 3

三角形的外角大於不相鄰的任何一個內角。在圖 11–58 中，$\angle ACD$ 大於 $\angle A$ 與 $\angle B$ 的任何一個。

證明 取 M 為 $\overline{AC}$ 之中點，連結 $\overline{BM}$ 且延長到 E 使得 $\overline{BM}=\overline{ME}$。因為

$$\angle AMB = \angle EMC \text{（對頂角相等）}$$

所以 $\triangle ABM \cong \triangle CEM$ (SAS)。於是 $\angle A = \angle ACE$。因為

$$\angle ACD > \angle ACE \text{（全量大於分量）}$$

從而 $\angle ACD > \angle A$。同理可證 $\angle ACD > \angle B$。

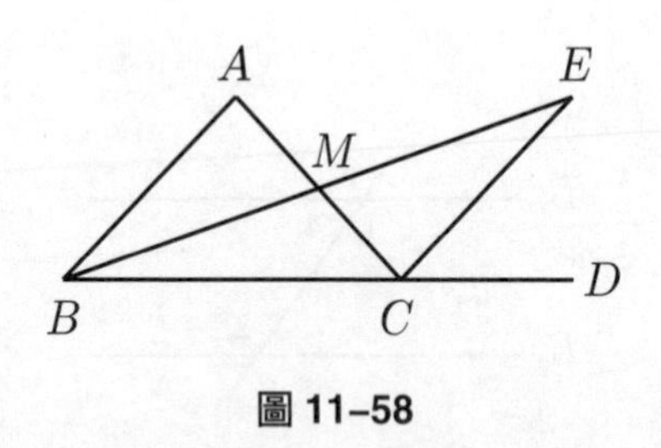

圖 11–58

補題 4

如果兩直線相交，則對頂角相等。

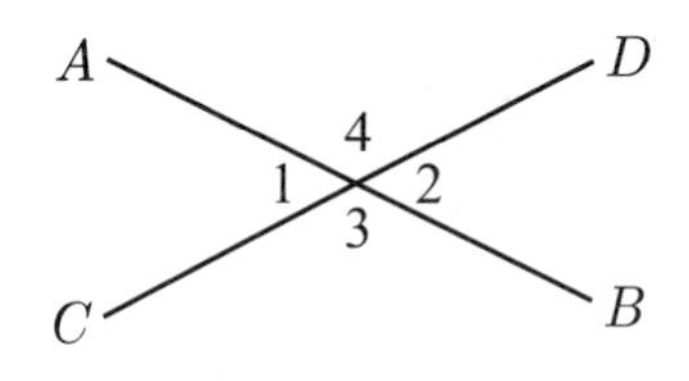

圖 11–59

證 明 $\angle 1+\angle 3$ 為兩個直角，$\angle 2+\angle 3$ 也是兩個直角，所以

$\angle 1+\angle 3=\angle 2+\angle 3$（等量代換與凡是直角皆相等）

$\angle 1=\angle 2$（等量減法）

同理可證 $\angle 3=\angle 4$。

分析至此，歐氏認為

(i) 等量可以互相代換。

(ii) 等量減去等量還是等量。

(iii) 凡是直角皆相等。

這些都是「顯明的」，可以當作不必再追究下去的公理。

丙、畢氏定理

定理 19

在 $\triangle ABC$ 中，若 $\angle C$ 為直角，則斜邊上的正方形等於兩股上正方形之和。亦即

$$ABDE=BCFG+ACHK$$

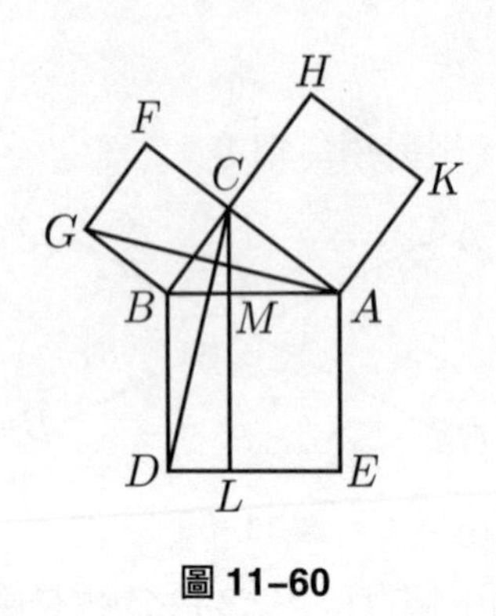

圖 11–60

畢氏學派原先利用長方形的面積公式來證明畢氏定理，而對長方形的面積公式只證明了任何兩線段是可共度的情形。由於不可共度線段的出現，使得長方形的面積公式之證明不全，從而畢氏定理的證明也不全。

歐氏完全避開長方形面積公式 (特別地，正方形面積公式)，在定理的敘述上，他也不採用 $\overline{AB}^2=\overline{AC}^2+\overline{BC}^2$。他不用算術而改用幾何來治幾何，他提出新的證明方案，比較繁瑣，被哲學家叔本華批評為人為造作，說那不是論證而是一種「捕鼠器」的證明 (the mousetrap proof)。這些都是對於畢氏學派失敗的回應。下面我們就來分析歐氏的證法。

證　明　如圖 11–60，過 C 點作 $\overline{CL}/\!/\overline{BD}$，連結 $\overline{CD}$ 與 $\overline{AG}$，則

$$\triangle BGA\cong\triangle BCD\ (\text{SAS})$$

所以 $\triangle BGA$ 等於 $\triangle BCD$ （三角形全等則完全疊合）。因為正方形 $BCFG$ 等於二倍的 $\triangle BGA$ （同底等高），長方形 $BDLM$ 等於二倍的

$\triangle BCD$（同底等高），所以正方形 $BCFG$ 等於長方形 $BDLM$（等量代換）。同理可證正方形 $ACHK$ 等於長方形 $AELM$。

因為正方形 $ABDE$ = 長方形 $BDLM$ + 長方形 $AELM$，所以

$$ABDE = BCFG + ACHK \text{（等量代換）}$$

這裡歐氏所用到的兩個圖形之「相等」，是指兩個圖形可以完全疊合（即全等）或分割成幾塊後可以完全疊合。完全疊合當然面積就相等。

補題 1

如果一個平行四邊形與一個三角形同底等高，則此平行四邊形等於三角形的二倍。

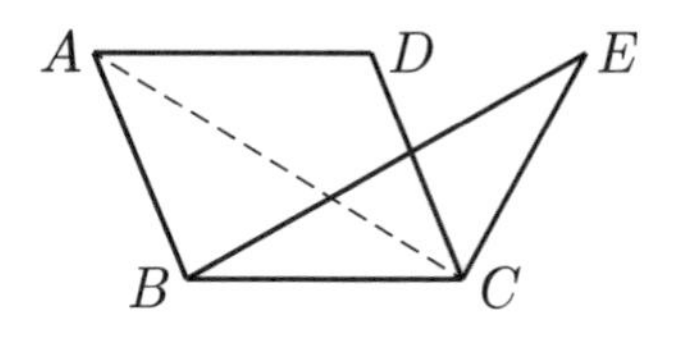

圖 11–61

證　明　在圖 11–61 中，假設平行四邊形 $ABCD$ 與 $\triangle BCE$ 同底等高。連結對角線 $\overline{AC}$，則 $\overline{AC}$ 將平行四邊形分成兩半。

因為 $\triangle ABC$ 與 $\triangle BCE$ 同底等高，故 $\triangle BCE = \triangle ABC$。

從而平行四邊形 $ABCD$ 等於 $\triangle BCE$ 的二倍。

補題 2

同底等高的兩個三角形相等。

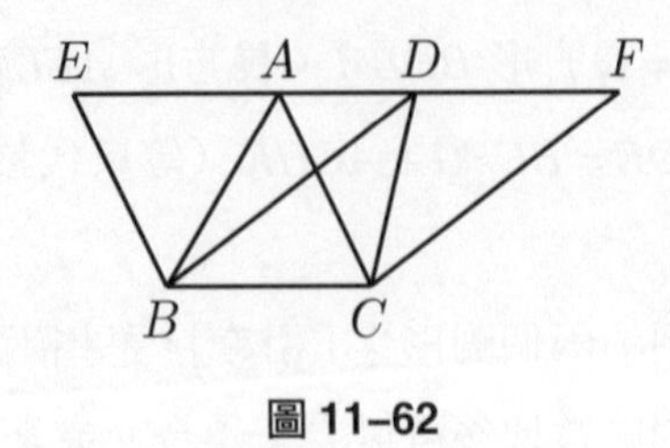

圖 11–62

證　明　在圖 11–62 中，假設 $\triangle ABC$ 與 $\triangle BCD$ 同底等高。連 $\overline{AD}$ 並且延長成 $\overline{EF}$，使得 $EBCA$ 與 $DBCF$ 皆為平行四邊形，則

$$EBCA = DBCF \text{（同底等高）}$$

因為 $\triangle ABC$ 為 $EBCA$ 的一半，並且 $\triangle BCD$ 為 $DBCF$ 的一半，所以

$$\triangle ABC = \triangle BCD$$

補題 3

平行四邊形的對角線平分此平行四邊形。

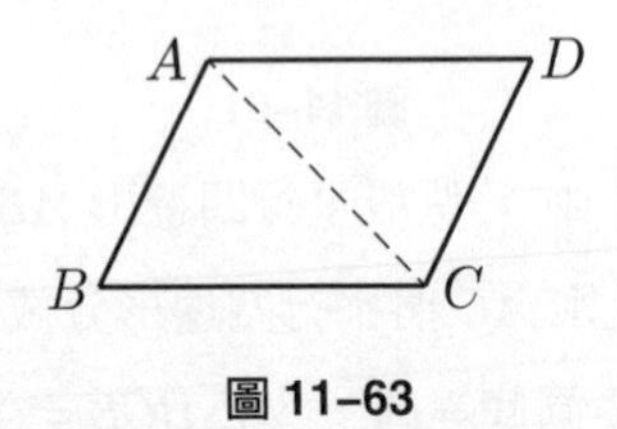

圖 11–63

證　明　在圖 11–63 中，因為 $\triangle ABC \cong \triangle CDA$ (ASA)，所以 $\triangle ABC = \triangle CDA$。

補題 4

同底等高的兩平行四邊形相等。

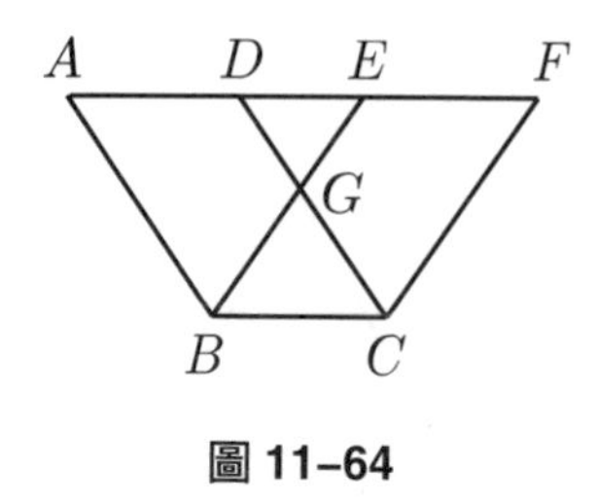

圖 11–64

證　明 在圖 11–64 中，設 $ABCD$ 與 $EBCF$ 為同底等高的平行四邊形。因為 $\triangle ABE \cong \triangle DCF$ (ASA)，所以 $\triangle ABE = \triangle DCF$。兩邊同時減去 $\triangle DGE$，則得梯形 $ABGD$ 等於梯形 $EGCF$。兩邊再同時加上 $\triangle BCG$，得到 $ABCD = EBCF$。

在畢氏定理的證明中，作平行線、作兩點連線、等量代換、三角形的全等，最終都化約成 10 條公理。綜合回去，就完成了畢氏定理的證明。不利用長方形的面積公式，證起畢氏定理來就是這麼繁瑣，這是不可共度線段惹出來的麻煩。

事實上，將圖 11–12 的證法稍作修飾，仍可不必用到長方形的面積公式，就可證明畢氏定理。這應該是畢氏定理最簡潔的證法。歐氏捨簡就繁，令人費思量。歐氏《原本》的第一冊總共有 48 個定理。歐氏將最後的定理 47 與定理 48 分別安排為畢氏定理及其逆定理，作為第一冊之最高潮。

定理 20（畢氏定理之逆定理）

在一個三角形中，如果一邊上的正方形等於另外兩邊上的正方形之和，則後兩邊的夾角是直角。

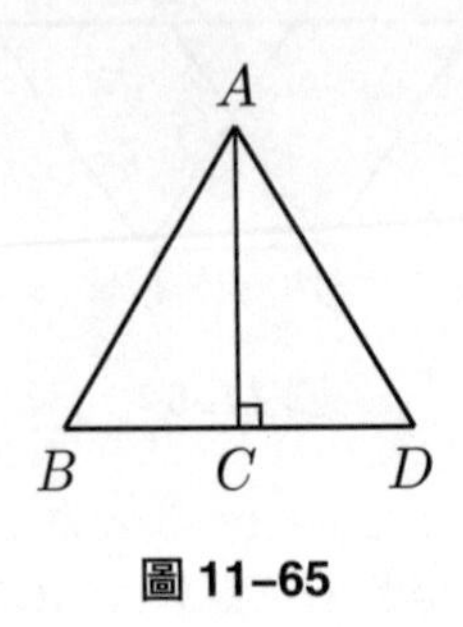

圖 11–65

證　明　在圖 11–65 中，設 $\overline{AB}$ 上的正方形等於 $\overline{AC}$ 與 $\overline{BC}$ 上正方形之和，我們要證明 $\angle ACB$ 是直角。

在 C 點作 $\overline{CD}$ 使得 $\angle ACD$ 為直角，取 $\overline{CD}=\overline{BC}$，連結 $\overline{AD}$，則 $\overline{AC}$ 與 $\overline{BC}$ 上正方形的和等於 $\overline{AC}$ 與 $\overline{CD}$ 上正方形的和。因為 $\triangle ACD$ 為直角三角形，由畢氏定理知，$\overline{AC}$ 與 $\overline{CD}$ 上正方形之和等於 $\overline{AD}$ 上之正方形。由假設知，$\overline{AB}$ 上的正方形等於 $\overline{AD}$ 上的正方形，於是 $\overline{AB}=\overline{AD}$。從而

$$\triangle ABC \cong \triangle ADC \text{ (SSS)}$$

所以 $\angle ACB$ 等於 $\angle ACD$。但是 $\angle ACD$ 為直角，故 $\angle ACB$ 也是直角。

丁、相似三角形基本定理

定理 21

在兩個三角形中，如果三個內角對應相等，則對應邊成比例，如圖 11–66，假設 $\angle A=\angle A'$, $\angle B=\angle B'$, $\angle C=\angle C'$，則

$$\frac{\overline{AB}}{\overline{A'B'}}=\frac{\overline{AC}}{\overline{A'C'}}=\frac{\overline{BC}}{\overline{B'C'}}$$

從而，兩三角形相似。

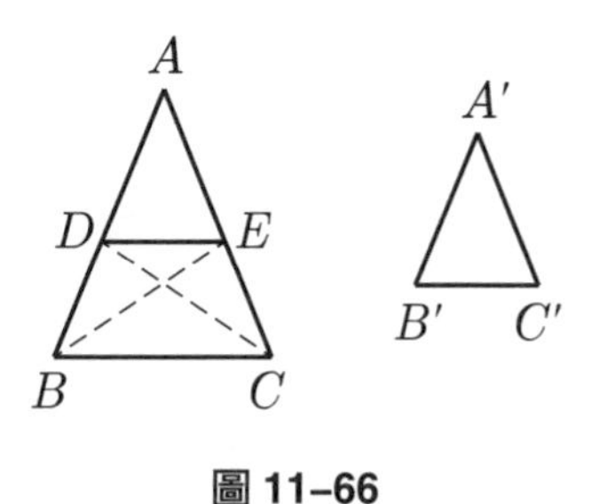

圖 11–66

證明 在 $\overline{AB}$ 與 $\overline{AC}$ 上取 D, E 兩點使得 $\overline{AD}=\overline{A'B'}$ 且 $\overline{AE}=\overline{A'C'}$。則

$$\triangle ADE\cong\triangle A'B'C' \text{ (SAS)}$$

於是 $\angle ADE=\angle B'=\angle B$ 且 $\angle AED=\angle C'=\angle C$，從而 $\overline{DE}$ 平行於 $\overline{BC}$。因此

$$\frac{\overline{BD}}{\overline{AD}}=\frac{\overline{CE}}{\overline{AE}} \text{（下面補題 1）}$$

兩邊同加 1（或由合比定理）知

$$\frac{\overline{AB}}{\overline{AD}}=\frac{\overline{AC}}{\overline{AE}}$$

作等量代換得

$$\frac{\overline{AB}}{\overline{A'B'}}=\frac{\overline{AC}}{\overline{A'C'}}$$

同理可證 $\frac{\overline{AC}}{\overline{A'C'}}=\frac{\overline{BC}}{\overline{B'C'}}$。

補題 1

如圖 11–66 之左圖，在 $\triangle ABC$ 中，若 $\overline{DE}/\!/\overline{BC}$，則

$$\frac{\overline{BD}}{\overline{AD}}=\frac{\overline{CE}}{\overline{AE}}$$

證　明　連結 $\overline{BE}$ 與 $\overline{CD}$，則 $\triangle ADE$ 與 $\triangle BDE$ 具有相等的高，所以

$$\frac{\triangle BDE}{\triangle ADE}=\frac{\overline{BD}}{\overline{AD}}\text{（下面補題 2）}$$

同理可證 $\frac{\triangle CDE}{\triangle ADE}=\frac{\overline{CE}}{\overline{AE}}$，

因為 $\triangle BDE=\triangle CDE$（同底等高），所以

$$\frac{\overline{BD}}{\overline{AD}}=\frac{\overline{CE}}{\overline{AE}}\text{（等量代換）}$$

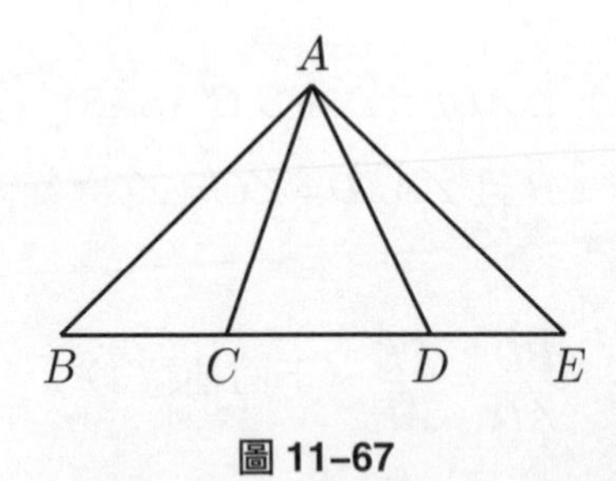

圖 11–67

補題 2

在圖 11–67 中，$\triangle ABC$ 與 $\triangle ADE$ 具有相等的高，則兩三角形面積的比等於底邊之比，即

$$\frac{\triangle ABC}{\triangle ADE}=\frac{\overline{BC}}{\overline{DE}}$$

如果利用三角形面積公式，則補題 2 是顯然的。但是，當不可共度線段發現後，歐氏不再使用長方形的面積公式，連帶地也不使用三角形面積公式。因此，補題 2 證明起來就很麻煩了。我們分成兩種情形來討論：

(i) 當 $\overline{BC}$ 與 $\overline{DE}$ 是可共度的情形

這時只需用共度單位 u 將 $\overline{BC}$ 與 $\overline{DE}$ 分成，比如 m 段與 n 段，即 $\overline{BC}=m\cdot u$ 且 $\overline{DE}=n\cdot u$。再由等底等高的三角形相等（下面補題 3），則得 $\dfrac{\triangle ABC}{\triangle ADE}=\dfrac{m}{n}=\dfrac{\overline{BC}}{\overline{DE}}$。

補題 3

等底且等高的兩個三角形相等。

[證 明] 在圖 11–68 中，假設 $\triangle ABC$ 與 $\triangle DEF$ 等底且等高，即兩者介於兩平行線之間且 $\overline{BC}=\overline{EF}$。作 $\overline{BG}/\!/\overline{AC}$ 且 $\overline{FH}/\!/\overline{DE}$，再連結 $\overline{BD}$ 與 $\overline{CH}$，則平行四邊形 $ACBG$ 等於 $BCHD$，又等於 $DEFH$（圖 11–64 上方補題 4）。因為 $\triangle ABC$ 是平行四邊形 $ACBG$ 的一半，且 $\triangle DEF$ 也是平行四邊形 $DEFH$ 的一半（圖 11–61 上方補題 1），所以 $\triangle ABC$ 等於 $\triangle DEF$（等量代換）。

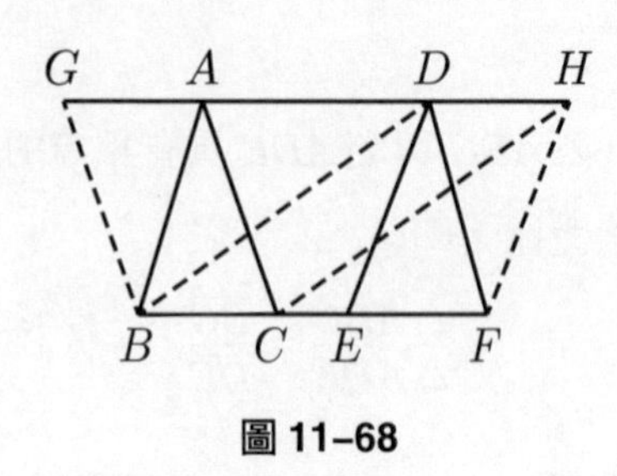

圖 11–68

(ii) 當 $\overline{BC}$ 與 $\overline{DE}$ 不可共度的情形

在圖 11–69 中，沿著 $\overline{CB}$ 的延長線，從 B 點的左方依次取 $n-1$ 個等於 $\overline{BC}$ 的線段，分割點為 $B_2, B_3, \cdots, B_n$。連結 $\overline{AB_2}, \overline{AB_3}, \cdots, \overline{AB_n}$。同樣，在 $\overline{DE}$ 的延長線上，從 E 點的右方依次取 $m-1$ 個等於 $\overline{DE}$ 的線段，分割點為 $E_2, E_3, \cdots, E_m$。連結 $\overline{AE_2}, \overline{AE_3}, \cdots, \overline{AE_m}$。然則 $\overline{B_nC} = n\cdot(\overline{BC})$，$\triangle AB_nC = n\cdot(\triangle ABC)$，$\overline{DE_m} = m\cdot(\overline{DE})$ 且 $\triangle ADE_m = m\cdot(\triangle ADE)$。由補題 3 知，

$$n\cdot(\triangle ABC) \gtreqless m\cdot(\triangle ADE) \Leftrightarrow n\cdot(\overline{BC}) \gtreqless m\cdot(\overline{DE})$$

按 Eudoxus 檢定法則知

$$\frac{\triangle ABC}{\triangle ADE} = \frac{\overline{BC}}{\overline{DE}}$$

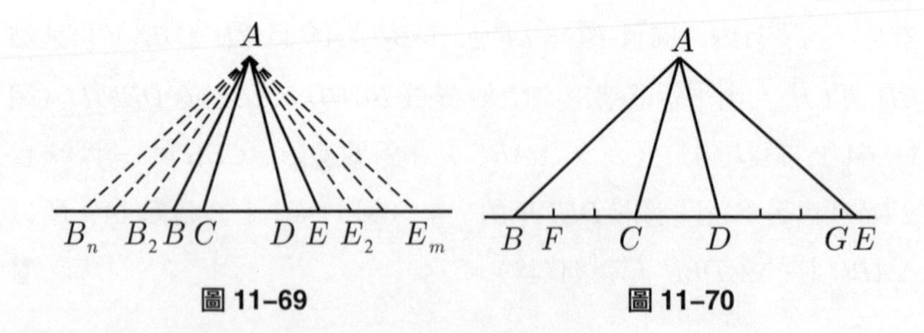

圖 11–69　　圖 11–70

現代的極限（逼近）論證方法：

在圖 11–70 中，將 $\overline{BC}$ 分成 n 等份，其中 $\overline{BF}$ 為一等份。在 $\overline{DE}$ 上，從 D 點開始，依次取 $\overline{BF}$ 之長，最後到達 G 點，使得 $\overline{GE} < \overline{BF}$。因為 $\overline{BC}$ 與 $\overline{DG}$ 可共度，故

$$\frac{\triangle ABC}{\triangle ADG} = \frac{\overline{BC}}{\overline{DG}} \qquad (*)$$

令 $n \to \infty$，則 $\overline{DG} \to \overline{DE}$ 且 $\triangle ADG \to \triangle ADE$，所以 $(*)$ 式趨近於

$$\frac{\triangle ABC}{\triangle ADE} = \frac{\overline{BC}}{\overline{DE}}$$

14. 歐氏幾何的誕生

總結上述，我們終於得到五條幾何公設（只適用於幾何學）與五條一般公理（適用於所有的數學與科學），詳述如後。

甲、五條幾何公設

1. 過相異兩點，能作且只能作一直線。(直線的公理)
2. 線段（有限直線）可以任意地延長。
3. 以任一點為圓心、任意長為半徑，可作一圓。(圓的公理)
4. 凡是直角都相等。(角公理，空間的齊性)
5. 兩直線被第三條直線所截，如果同側兩內角和小於兩個直角，則兩直線作延長時會在此側相交。(歐氏第五公設)

如圖 11–71，兩直線 L_1 與 L_2 被 L 所截，若 $\angle 1 + \angle 2$ 小於兩個直角，則 L_1 與 L_2 延長會相交於某一點 P。

上述前三條公設是尺規作圖公理，用來定出直線與圓，直線是指

有限的線段。在紙面上用尺規作出的任何直線與圓，按定義都不是「真正」數學上的直線與圓。然而，歐氏似乎是說：我們可以用尺規作出近似的圖形，以幫助我們想像理想中的圖形，再配合正確的推理就好了。

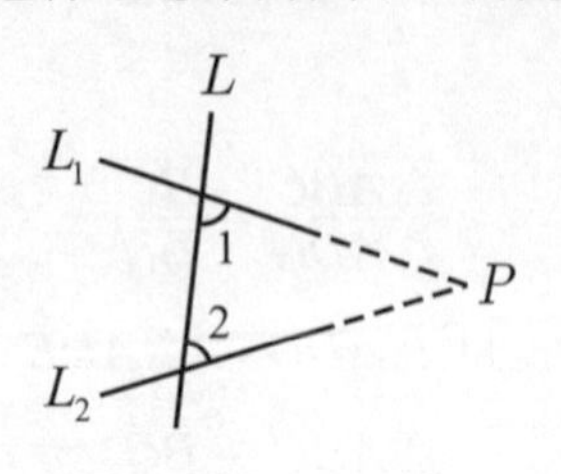

圖 11–71

第四條公設比較不一樣，它好像是一個未證明的定理。事實上，它宣稱著：直角的不變性或空間的齊性 (the homogeneity of space)。它規範了直角，為第五公設鋪路。

第五公設又叫做平行公設 (the parallel axiom)，因為它等價於：

5′. 在一平面內，過直線外一點，可作且只可作一直線跟此直線平行。

這似乎是畢氏學派的說法，因為畢氏學派曾利用它來證明三角形三內角和定理。歐氏為何要改成上述第五公設的說法呢？最主要的理由是要避開「無窮」，因為所謂平行線是指兩直線「無限地」延伸，「永遠」都不相交。這些「無限」與「永遠」都是有涯人生所經驗不到的事情。

乙、五條一般公理

假設 a, b, c, d 皆為正的量。

1. 跟同一個量相等的兩個量相等；

   即若 $a=c$ 且 $b=c$，則 $a=b$。(等量代換公理)

2. 等量加等量，其和相等；

   即若 $a=b$ 且 $c=d$，則 $a+c=b+d$。(等量加法公理)

3. 等量減等量，其差相等；

   即若 $a=b$ 且 $c=d$，則 $a-c=b-d$。(等量減法公理)

4. 完全疊合的兩個圖形是全等的。(移形疊合公理)

5. 全量大於分量，即 $a+b>a$。(全量大於分量公理)

丙、23 個定義

事實上，歐氏《原本》開宗明義是由 23 個定義出發，接著才是五條幾何公設與五條一般公理。在 23 個定義中，首六個特別值得提出來討論：

1. 點是沒有部分的。(A point is that of which there is no part.)

   換言之，點只占有位置而沒有大小，即點的長度 $\ell=0$。這是修正畢氏學派「$\ell>0$」的失敗而得到的。然而，在談論線段的長度時，歐氏直接訴諸於常識，根本不用這個定義，避開了「由沒有長度的點累積成有長度的線段」之困局。許多人抱怨「點是沒有部分的」這句話難於理解，這是因為對畢氏學派的研究綱領缺乏了解的緣故。

2. 線段只有長度而沒有寬度。(A line is a length without breadth.)

3. 線的極端是點。(The extremities of a line are points.)

   這表示線段是由點組成的並且線段只有長度而沒有面積。

4. 直線是其組成點，均勻地直放著的線。(A straight line is which lies evenly with points on itself.)

5. 面只有長度與寬度。(A surface is that which has length and breadth only.)

6. 面的極端是線。(The extremities of a surface are lines.)

4.～6. 這三個定義表示，面是由線所組成的，沒有厚度。因此，面只有面積，而沒有體積。

其餘的定義，請見參考文獻 14.。

利用 23 個定義、五條幾何公設與五條一般公理，我們就可以推導出：等腰三角形的正逆定理，三角形三內角和定理。進一步還可以推導出泰利斯定理，用同一種正多邊形鋪地板只有三種樣式，正多面體恰好有五種。事實上，這 10 條公理就是歐氏幾何的總源頭，已經可以推導出整個歐氏幾何了。

總之，歐氏吸取畢氏學派失敗的經驗，重新「分析」與「整理」既有的幾何知識，另闢路徑，改由幾何本身來建立幾何（不用畢氏經驗式的幾何原子論，即使 Eudoxus 已補全了畢氏學派的漏洞），並且另採公理化的手法，逐本探源，最後終於找到五條幾何公設與五條一般公理，這是歐氏的「分析」與發現過程。接著是「綜合」與演繹過程，利用 10 條公理配合 Eudoxus 檢定法則、反證法（歸謬法）與尺規作圖，推導出所有的幾何定理，這是邏輯的證明過程。

因此，歐氏幾何的建立，採用了分析與綜合的方法。這不止是單獨一個命題的前提與結論之間的連結，而是將所有幾何命題連結成邏輯網路，即整個幾何領域的全面之分析與綜合。

歐氏視 10 條公理為「顯明」的真理，從而所有幾何定理也都是真理。換言之，由源頭輸入真值 (truth values)，那麼沿著邏輯網路，真值就流布於整個歐氏演繹系統。歐氏以「朝生暮死」之軀，竟然能作出永恆之事！美國女詩人米雷 (E. S. V. Millay, 1892～1950) 說：

> 只有歐氏見過赤裸之美。
>
> (Euclid alone has looked at beauty bare.)

歐氏的生平不詳，我們只知他是亞歷山卓 (Alexandria) 大學（世界上第一所大學）的數學教授，約在西元前 300 年編輯完成 13 冊的《原本》。另外，歐氏流傳有兩個故事，其一是，有一位學生跟歐氏學習幾何，問道：「學習幾何可以得到什麼利益？」歐氏立刻令僕人拿三個錢幣打發這位學生走路，因為他想從追求真理中得到利益，其二是，托勒密國王跟歐氏學習幾何學，覺得幾何學很難，於是問歐氏：「學習幾何有沒有皇家大道（即捷徑）？」歐氏回答說：「通往幾何並沒有皇家大道。」(There is no royal road to geometry.)

15. 歐氏建立幾何的動機

古希臘人對於經驗幾何知識的錘煉，首由泰利斯發端，接著是畢氏學派提出「直觀性常識的幾何原子論」，假設點的長度大於 0，從而任何兩線段皆可共度。由此嘗試給幾何建立算術基礎，後來，終因不可共度線段的發現而破產。這讓古希臘哲學家堅決地走向「知識必須再經過邏輯論證」的道路。數學史家 Szabo（見參考文獻 3.）因而主張：不可共度線段的發現，是促使希臘幾何學走上演繹形式的關鍵，其中歸謬法扮演著催生的作用，終於導致歐氏幾何的誕生。

此外，千百年來對歐氏建立幾何學的動機，作了許多猜測：

(i) 對畢氏學派建立幾何學失敗的回應，但盡量「避用無窮」。

(ii) 為了堵住懷疑派 (Sceptics) 與詭辯派 (Sophists) 哲學家的悠悠之口。因為他們利用「無窮回溯法」(the infinite regress method) 而論證說：「為何知道甲？因為乙；為何知道乙？因為丙；…沒完沒了，所以我們無法知道甲。」結論是：「我們一無所知，或至少我們無法確定我們知道什麼」。面對這樣的挑戰，最好的回應方式是去建立讓人信服的知識殿堂，歐氏辦到了。

(iii) **為了安置柏拉圖的五種正多面體。**

正多面體是柏拉圖的宇宙論之基石。《原本》的最後一冊（即第 13 冊）就是以建構這五種正多面體、研究它們的性質為主。歐氏以它們作為《原本》的總結。

(iv) **為了體現柏拉圖與亞里斯多德對科學與數學的看法。**

因為歐氏是柏拉圖學派的人。他為真理而真理，用幾何展示邏輯推理的威力，由第一原理（公理）導出所有幾何知識。

總而言之，古希臘哲學家對於存有之謎 (the enigma of being)、流變之謎 (the enigma of becoming) 以及知識之謎感到十分驚奇，一心要找到「構成物質世界的要素」、澄清變化與運動現象、追問什麼是真理。對這三個萬古常新的論題，經過長期而熱烈的討論、爭辨，提出各式各樣針鋒相對的理論與學說，產生了非常豐富的科學、數學、哲學的思潮，而成就了所謂的「希臘奇蹟」(Greek miracle)。歐氏幾何是這個奇蹟中所開出的一朵不朽之花。

最後，筆者留下一個深刻而耐人尋味的問題：是什麼樣的社會土壤和文化氣候，孕育出這個奇蹟？別的社會為什麼不能？

後　記

本章我們只是初步探索古希臘文明如何在 300 年之間（西元前 600～前 300）建立歐氏幾何學的驚心動魄歷程。由於文獻不足，本章許多段落都是筆者的臆測與插補 (interpolations)。好在筆者的目標不在於繁瑣的歷史考據，而在於幾何學本身。更詳細的論述留待未來要寫作的專書討論。

參考文獻

1. Lakatos, I.: *Mathematics, Science and Epistemology*, Cambridge Univ. Press, 1978.
2. Koetsier, T.: *Lakatos' Philosophy of Mathematics: A Historical Approach*, North-Holland, 1991.
3. Szabo, A.: *The Beginnings of Greek Mathematics*, Dordrecht, 1978.
4. Maziarz and Greenwood: *Greek Mathematical Philosophy*, Frederick Ungar, 1968.
5. Lakatos, I.: *Proofs and Refutations: The Logic of Mathematical Discovery*, Cambridge Univ. Press, 1976.
6. Grunbaum, A.: *Modern Science and Zeno's Paradoxes*, Wesleyan Univ. Press, 1967.
7. Russell, B.: *Our Knowledge of the External World*, London, 1952.
8. Gow, J.: *A Short History of Greek Mathematics*, Chelsea, 1968.
9. Hintikka, J. and Remes, U.: *The Method of Analysis*, Dordrecht, 1974.
10. Van der Waerden, B. L.: *Science Awakening*, Oxford Univ. Press, 1961.
11. Eves, H.: *An Introduction to the History of Mathematics*, Saunders, Sixth Edition, 1990.
12. Loomis, E. S.: *The Pythagorean Proposition*, Ann Arbor, Michigan, Edwards Brothers, 1968.
13. Heath, T. L.: *A History of Greek Mathematics*, Vol. 1, Dover, 1981.
14. Heath, T. L.: *The Thirteen Books of Euclid's Elements*, Three Volumes, Dover, 1956.

15. Allman, G.: *Greek Geometry from Thales to Euclid*, Dublin, Dublin Univ. Press, 1889.

16. Edward, C. H.: *The Historical Development of the Calculus*, Springer-Verlag, 1979.

17. Fowler, D. H.: *The Mathematics of Plato's Academy*, Clarendon Press, Oxford, 1987.

18. Popper, K.: *Conjectures and Refutations, the Growth of Scientific Knowledge*, Routledge and Kegan Paul, London, 1969.

19. Gould, S. H.: The Origin of Euclid's Axioms, *The Mathematical Gazette*, 269–290, 1962.

20. Dunham, W.: *Journey Through Genius: The Great Theorems of Mathematics*. John Wiley and Sons, 1990.

21. 項武義《幾何學的源起與發展》，九章出版社，臺北，1983。

22. 矢野健太郎《幾何學之歷史》，NHK，1972。

23. 蔡聰明〈音樂與數學：從弦內之音到弦外之音〉《數學傳播》第 18 卷第 1 期，1994。

12 幾何的尺規作圖問題

歐氏幾何是由直尺與圓規（簡稱為尺規）所建構出來的圖形世界。直尺作出直線形（如直線、平行線、三角形、多邊形等等），圓規作出圓，兩者交織成一個簡單，但豐富且美妙的圖形世界。我們要探究圖形的性質，找尋其規律，並且處處都要講究證明。

古人說：「不以規矩，不能成方圓。」此地的規是指圓規，矩是指丁字尺，可作出直線與直角。

18 世紀法國的啟蒙運動大將伏爾泰 (Voltaire, 1694～1778) 也說過一句異曲同工的話：「當我們不使用數學的尺與經驗的規時，…，我們就可以確定無法向前走一步。」

本章我們要來探討幾個有趣的尺規作圖問題，藉此展示探索的過程，以及過程中所牽涉到的一些方法論。所謂尺規作圖問題就是只准用圓規與沒有刻度的尺，經過有限步驟，作出所欲的幾何圖形。人生有涯，不能作無涯的事情。

1. 問題的提出

考慮 $\triangle ABC$，試在 $\overline{AB}$ 與 $\overline{AC}$ 邊上分別作出 P 與 Q 兩點，使得 $\overline{BP}=\overline{PQ}=\overline{QC}$，見圖 12–1。

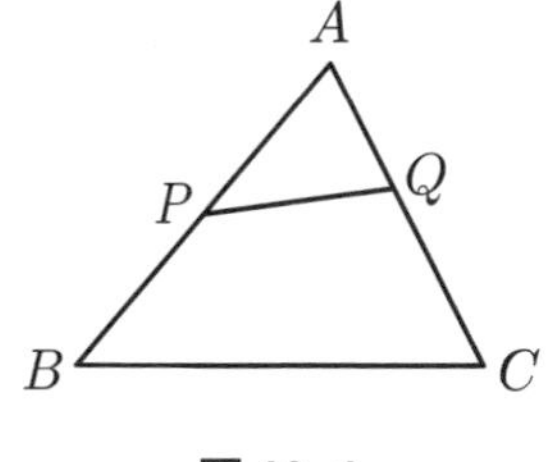

圖 12–1

2. 由特例切入

一般而言，思考一個問題有時要由特殊或極端情形下手。特例容易解決，作成了之後，不但能奠下成功的基礎，而且又能產生挑戰一般問題的信心。最佳情況是，特例解決了，一般情形就迎刃而解。

首先讓我們考慮 $\triangle ABC$ 為正三角形的特例。因為三角形兩邊中點連線等於第三邊的一半且平行於第三邊，所以只需分別作出 $\overline{AB}$ 與 $\overline{AC}$ 的中點 P 與 Q，就是所求，見圖 12–2。作圖與證明都顯而易明。

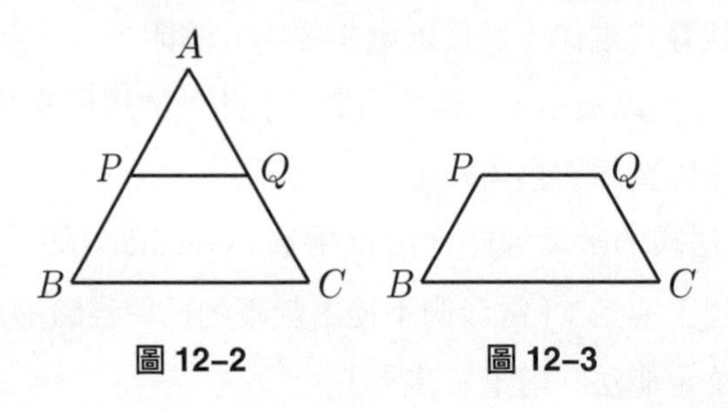

圖 12–2　　圖 12–3

習題 1

將圖 12–2 的正三角形 $\triangle ABC$ 去掉 $\triangle APQ$，剩下梯形 $PBCQ$，見圖 12–3。試將此等腰梯形分割成四個大小與形狀都相同但更小的等腰梯形。

3. 再前進一步

上述特例對於解決原問題似乎沒有什麼幫助，因為我們看不出兩者之間的關連。讓我們往前進一步，考慮等腰三角形的情形（正三角形是其特例）。

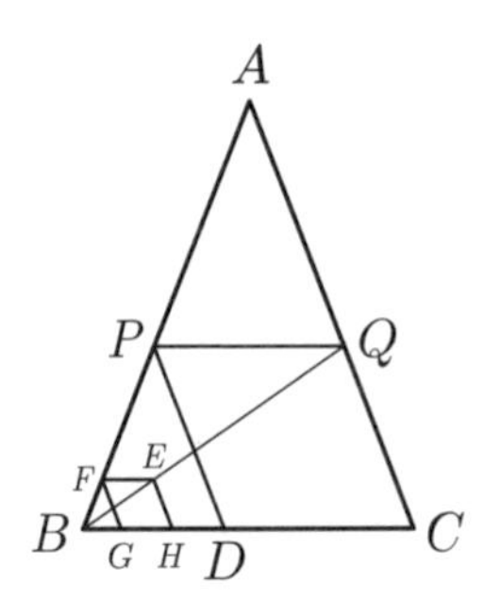

圖 12–4

先作分析。在圖 12–4 中，假設 $\triangle ABC$ 為一個等腰三角形，且 $\overline{AB}=\overline{AC}$。想像 P 與 Q 兩點為所求，亦即 $\overline{BP}=\overline{PQ}=\overline{QC}$，然後觀察能否引出有益的作圖條件。

過 P 點作 $\overline{PD}/\!/\overline{AC}$ 並且交 $\overline{BC}$ 於 D 點，則 $PDCQ$ 為一個平行四邊形，更進一步是一個菱形。如何做出這樣的菱形？分析至此，我們領悟到，利用縮放的相似原理，先在 $\angle B$ 附近作一個菱形，再放大為 $PDCQ$ 的菱形，這樣問題就解決了。

接著是綜合。在 $\angle B$ 附近作一個小菱形 $EFGH$：適當取一點 F，作 $\overline{FG}/\!/\overline{AC}$；再過 F 作 $\overline{FE}/\!/\overline{BC}$，使得 $\overline{FE}=\overline{FG}$；再作 $\overline{EH}/\!/\overline{AC}$，並且交 $\overline{BC}$ 於 H 點；則 $EFGH$ 為一個小菱形。將此小菱形投影放大成為大菱形 $PDCQ$。

最後還要證明：如此這般得到的 P 與 Q 兩點就是所欲求者，我們需要證明 $\overline{BP}=\overline{PQ}=\overline{QC}$，但這是輕易的事，留給讀者。

4. 回到原問題

現在考慮一般三角形 $\triangle ABC$，我們不妨假設 $\overline{AB} > \overline{AC}$。我們仍然採用分析與綜合的方法。

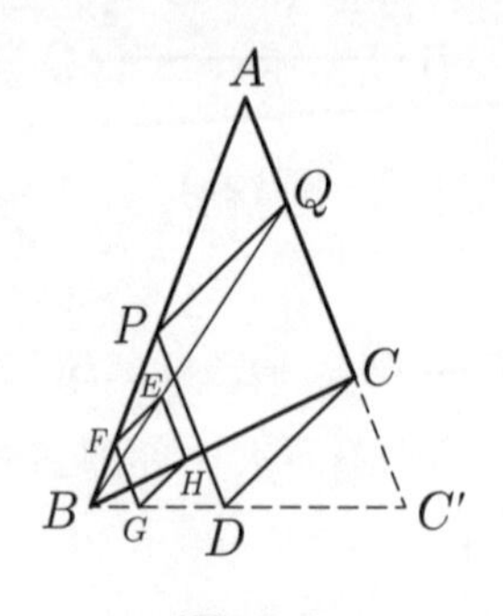

圖 12–5

先作分析。如圖 12–5 所示，假設 P 與 Q 為所求，即 $\overline{BP} = \overline{PQ} = \overline{QC}$。以 $\overline{PQ}$ 與 $\overline{QC}$ 為邊作一個菱形 $PQCD$，連結 $\overline{BD}$，交 $\overline{AC}$ 的延長線於 C' 點，則 $\triangle ABC'$ 為一個等腰三角形。我們立即看出，前述的縮放想法就是相似原理，很好用。

接著是綜合（即作圖步驟）。延長 $\overline{AC}$ 至 C' 點，使得 $\overline{AB} = \overline{AC'}$，因此 $\triangle ABC'$ 為一個等腰三角形。在 $\angle B$ 的角落作 $\overline{FG} /\!/ \overline{AC}$，$F$ 在 $\overline{AB}$ 上，G 在 $\overline{BC'}$ 上。取 $\overline{GH} = \overline{FG}$，$H$ 在 $\overline{BC}$ 上。以 $\overline{FG}$ 與 $\overline{GH}$ 為邊作一個小菱形 $EFGH$，再將它投影放大（以 B 點為光源），成為內接於等腰三角形 $\triangle ABC'$ 的大菱形 $PQCD$，則 P 與 Q 就是所欲求的兩點。

證明很容易，我們就省略。

習題 2

已知 $\triangle ABC$ 的一個頂角 $\angle A=\alpha$，並且知道 $\overline{AB}+\overline{BC}=d$，$\overline{AC}+\overline{BC}=e$，求作 $\triangle ABC$。

5. 解決更多的問題

問題

在扇形 OAB 中，求作一個內切圓，見圖 12–6。

我們想像圓 O_2 是所求的內切圓。連結 $\overline{OO_2}$ 交圓周於 D_2 點，這是 $\angle O$ 的角平分線。Aha! 我們只需在 $\angle O$ 的角落作一個小圓 O_1，內切於 $\overline{OA}$ 與 $\overline{OB}$，再以 O 為光源，將它投影放大成為圓 O_2 就好了。

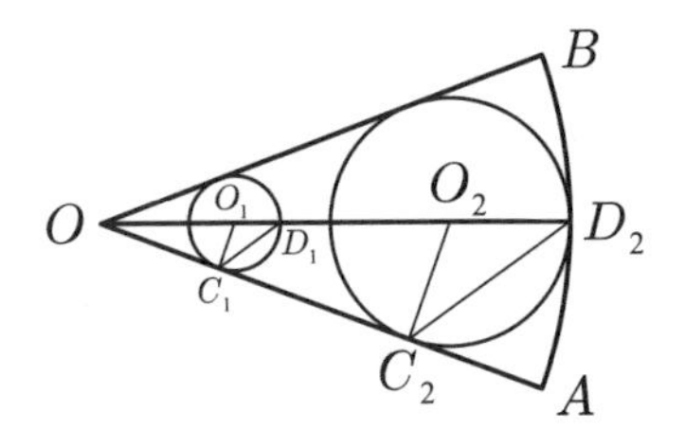

圖 12–6

接著是作圖。作 $\angle O$ 的角平分線 $\overline{OD_2}$，在其上取一點 O_1，過 O_1 作 $\overline{O_1C_1}\perp\overline{OA}$ 並且交 $\overline{OA}$ 於 C_1 點。以 O_1 為圓心，$\overline{O_1C_1}$ 為半徑，作一個內切圓 $\odot O_1$，交 $\overline{OD_2}$ 於 D_1 點。過 D_2 點作 $\overline{D_2C_2}/\!/\overline{D_1C_1}$，並且過 C_2 點做垂線交 $\overline{OD_2}$ 於 O_2 點。以 O_2 為圓心，$\overline{O_2C_2}$ 為半徑作 $\odot O_2$，那麼 $\odot O_2$ 就是所欲求的內切圓。證明從略。

事實上，$\odot O_2$ 就是 $\odot O_1$ 的投影放大，以 O 點為光源。

習題 3

在扇形 OAB 中，求作下列圖形：

(i) 內接正三角形，見圖 12–7。

(ii) 內接正方形，見圖 12–8。

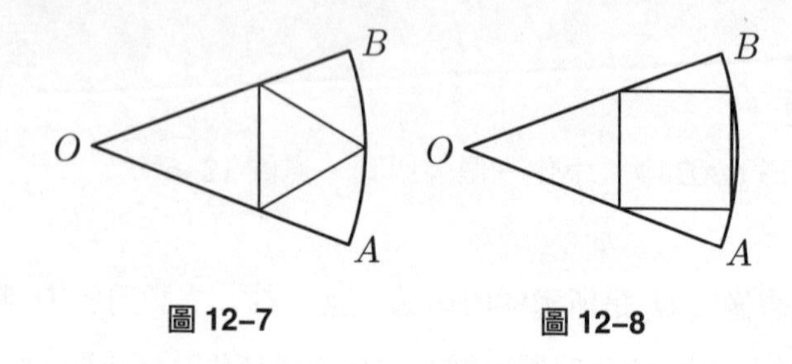

圖 12–7　　圖 12–8

習題 4

在 $\triangle ABC$ 中，求作下列圖形：

(i) 內接正三角形，三個頂點各在 $\triangle ABC$ 的三邊上，見圖 12–9。

(ii) 內接正方形，見圖 12–10。

(iii) 內切圓（用內心觀點或上述的投影放大方法）。

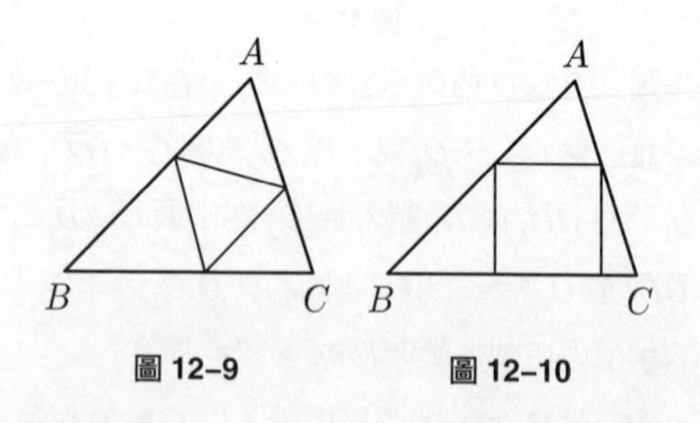

圖 12–9　　圖 12–10

6. 泰利斯測量金字塔的高度

古希臘的泰利斯遊學古埃及，見到金字塔的雄偉，他就想出利用一根輔助桿與太陽光線來間接測量金字塔高度的方法。

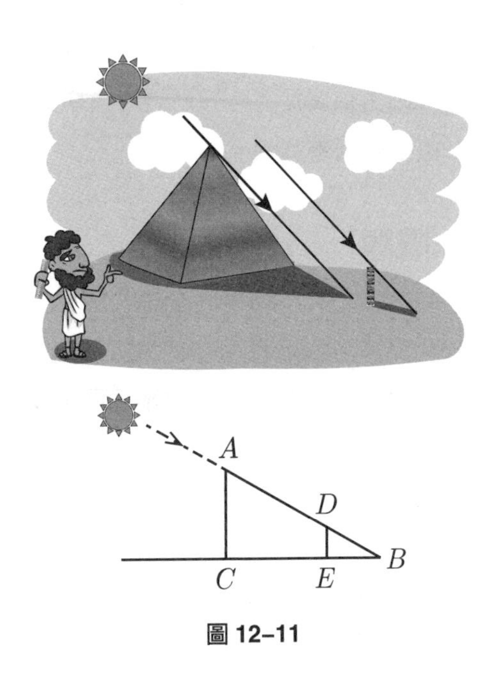

圖 12–11

泰利斯根據相似三角形的基本定理 (AAA)，如圖 12–11 所示，$\overline{AC}$ 與 $\overline{BC}$ 分別是金字塔的高度及其影長，$\overline{DE}$ 與 $\overline{BE}$ 分別是輔助桿的高度及其影長。因為 $\triangle ABC$ 與 $\triangle DBE$ 相似，故對應邊成比例：

$$\frac{\overline{AC}}{\overline{DE}}=\frac{\overline{BC}}{\overline{BE}}$$

從而求得金字塔的高度為

$$\overline{AC}=\frac{\overline{BC}}{\overline{BE}}\cdot\overline{DE}$$

其中 $\overline{BC}$、$\overline{BE}$ 與 $\overline{DE}$ 都是可以實測得到的數據。

事實上，上面所述的縮放的相似方法，最早起源於泰利斯的測量金字塔的高度。將 $\triangle DBE$ 放大成為 $\triangle ABC$，或將 $\triangle ABC$ 縮小為 $\triangle DBE$。這個方法的應用很廣泛，一方面是三角學的出發點，另一方面又可推展為更一般的幾何變換法。

7. 一個奇巧作圖題

問題

假設 $ABCD$ 為任意四邊形，試在底邊 $\overline{BC}$ 上找一點 P，使得 $\angle BAP=\angle PDC$，見圖 12–12。

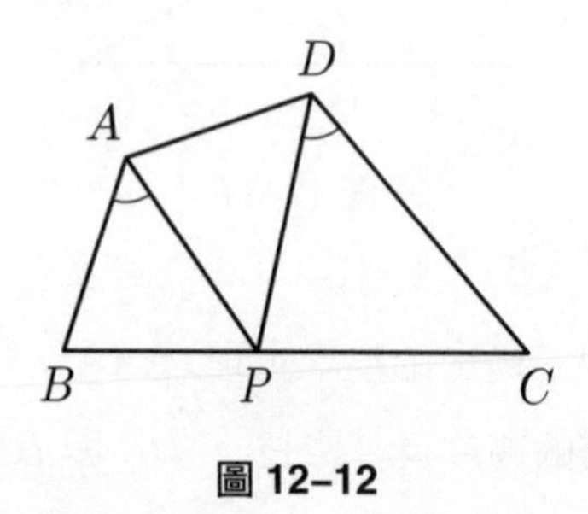

圖 12–12

註：這是《數學的發現趣談》一書中 p. 34 的一個練習題。筆者接到一些讀者的詢問，說做不出來。底下就是筆者的回答。請讀者自己努力思考，真的是做不出來再往下讀。

讓 P 點從 B 點移動至 C 點，觀察 $\angle BAP$ 與 $\angle PDC$ 的變化，那麼根據連續函數的中間值定理，可知這個作圖題一定有唯一的解答；我們再加上對稱性的想法，以及圓內接四邊形的外角等於內對角，就可以作圖出來了。

考慮下面三種情形：

(i) 思考特例：考慮 $ABCD$ 為長方形的情形，見圖 12–13。

答案很顯然，就是取 P 為 $\overline{BC}$ 的中點。證明：連結 $\overline{PA}$ 與 $\overline{PD}$，立即可看出 $\angle BAP = \angle PDC$。

然而在作圖上，我們要採用一個普遍的鏡射原理。先作出 A 點相對於 $\overline{BC}$ 的鏡射點 A'，連結 $\overline{A'D}$，交 $\overline{BC}$ 於 P 點，則 P 點即為所求。

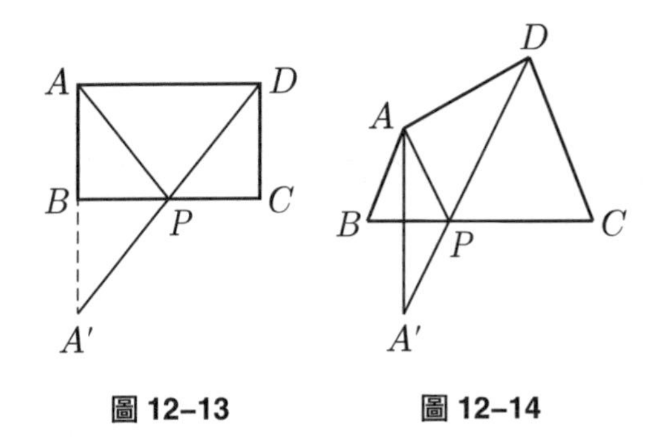

圖 12–13　　圖 12–14

(ii) 當 $ABCD$ 不是長方形，但兩個底角相等，見圖 12–14。

仍然是作出 A 點相對於 $\overline{BC}$ 的鏡射點 A'，連結 $\overline{A'D}$，交 $\overline{BC}$ 於 P 點，則 P 點即為所求。證明也是顯然的。

(iii) 若 $ABCD$ 不是長方形，並且兩個底角不相等，見圖 12–15。

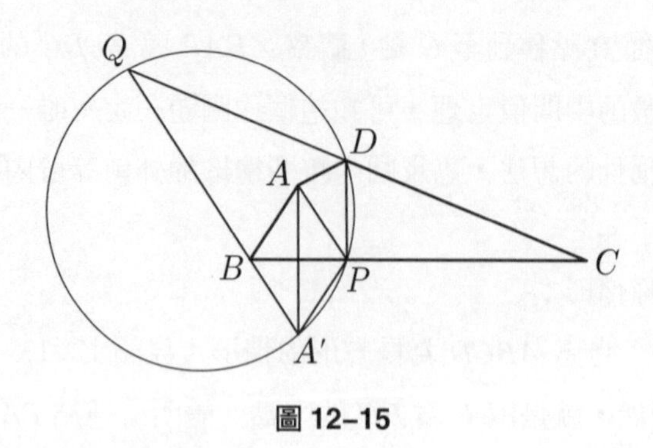

圖 12–15

作圖：作出 A 點相對於 $\overline{BC}$ 的對稱點 A'，延長 $\overline{BA'}$，交 $\overline{CD}$ 的延長線於 Q 點（兩個底角不相等，故 $\overline{BA'}$ 不會平行於 $\overline{CD}$，Q 可能在另一側）。過 A', D, Q 三點作一圓，交 $\overline{BC}$ 邊於 P 點，則 P 點即為所求，見圖 12–15。

證　明　由對稱性作圖知 $\angle BAP = \angle BA'P$，再由圓內接四邊形的外角等於內對角之定理得到 $\angle BA'P = \angle PDC$，所以

$$\angle BAP = \angle PDC \text{（等量代換公理）}$$

註：$\overline{BA'}$ 的延長線交 $\overline{CD}$ 於 Q 點：可在此側，也可在另一側，甚至可能平行而不相交，對於這些情形皆同理可證。

8. 結語

只能使用一次的辦法叫做技巧（雕蟲小技），能夠在不同的場合使用許多次的技巧叫做方法。準此以觀，縮放的相似技巧是一種方法，而且是美妙的方法。

同理，幾何的尺規作圖所用的分析與綜合法 (Method Analysis and Synthesis) 更是一種根本大法。

方法論大師笛卡兒，近代哲學之父，解析幾何的發明人，他說：「我每解決一個問題，就形成一個方法，以備往後解決更多其它問題。」這句話值得我們再三回味與學習。

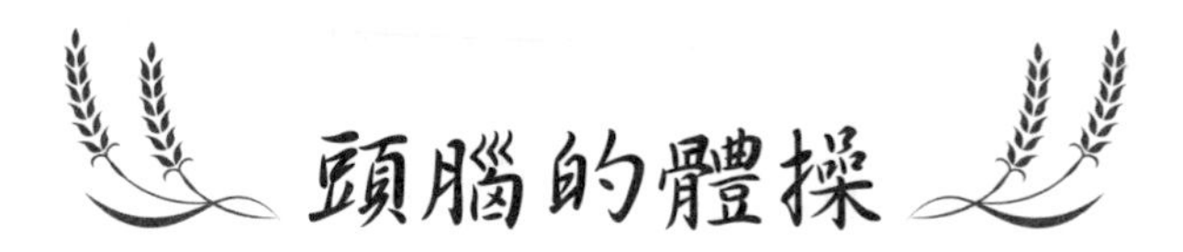

1. 直線 L 外同側有兩個定點 A, B，求作一圓通過此兩點，並且與 L 相切。
2. 假設 $\triangle ABC$ 的 $\angle C$ 為直角，h 為斜邊上的高，見圖 12–16。證明：
   (i) $a^2=cy$
   (ii) $b^2=cx$
   (iii) $c^2=a^2+b^2$（畢氏定理）
   (iv) $ab=hc$
   (v) $h^2=xy$

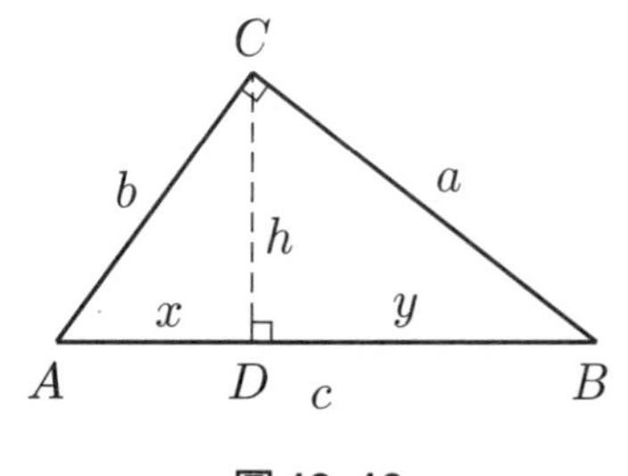

圖 12–16

3. $\triangle ABC$ 中，$\overline{AB}$ 邊的中點與三頂點等距 $\Leftrightarrow \angle C = 90° \Leftrightarrow c^2 = a^2 + b^2$。

4. 牆壁上掛著一幅畫 $\overline{AB}$，人的眼睛可以在 x 軸上移動，求眼睛所在的點使得視角 θ 為最大，見圖 12–17。

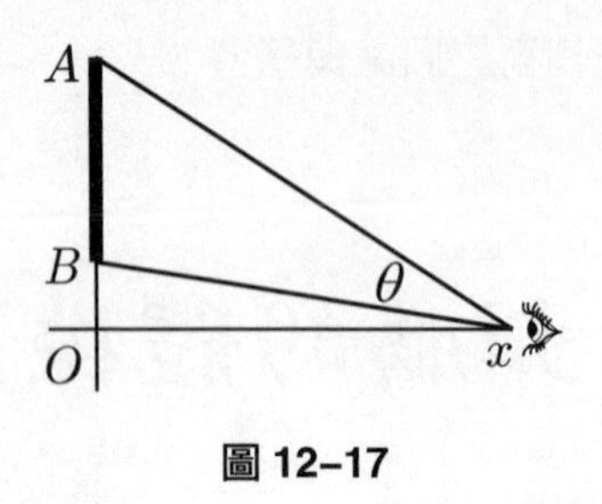

圖 12–17

5. 已知線段 a 與 b，求作線段 $\sqrt{a^2+b^2}$ 與 $\sqrt{a^2-b^2}$。

6. 假設 L_1、L_2、L_3 為平面上三條平行線，作一個正三角形使得三個頂點各在三平行直線上。

13 三篇方法論的啟示

1. 推廣、特殊化與類推【註 1】

我個人認為在課堂上選擇問題來討論，最重要的是富有啟發性。在探討過一個例子之後，也許我比較能夠解釋「啟發性」這個詞的意思。下面我要從初等幾何學中選取最著名的畢氏定理，評論它的證明。這個證明是歐幾里德本人給出的，因此歷史很悠久（參見歐氏《原本 VI》，命題 31）。

甲、畢氏定理

在歐氏幾何中，最重要的定理就是下面的畢氏定理：

定理 1（畢氏定理，歐氏《原本 I》，命題 47）

考慮三邊長為 a, b, c 的直角三角形，其中 c 為斜邊，那麼就有

$$c^2 = a^2 + b^2 \tag{1}$$

這個式子提示我們在直角三角形的三邊上作正方形，於是得到下面複合圖 13–2 中熟悉的圖 I。（讀者必須親自作一遍，以體會此圖的形成）

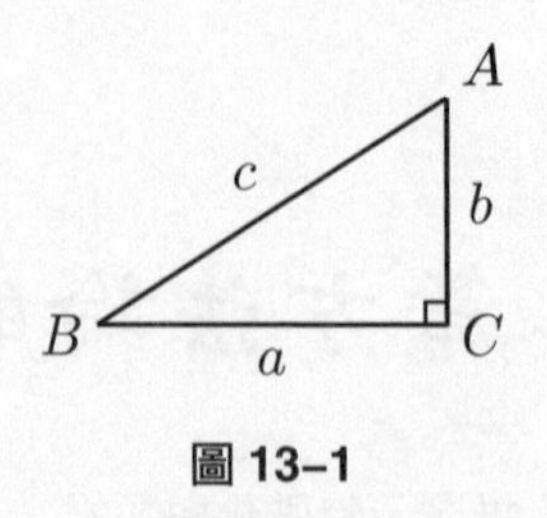

圖 13–1

乙、類推

為了觀察事物，即使是微不足道的發現，我們需要一些啟示，以及認識一些潛藏的關係。我們觀察到圖 I 與也是熟悉的圖 II，具有類似的關係，並且在圖 II 中相同於圖 I 的直角三角形被摺回原來的直角三角形之內，而垂直於斜邊上的高恰好分割出兩個較小的直角三角形。這個觀察就足以讓我們發現畢氏定理的一個證明。(在圖 II 中有三個相似的直角三角形，這叫做「*母子定理*」)

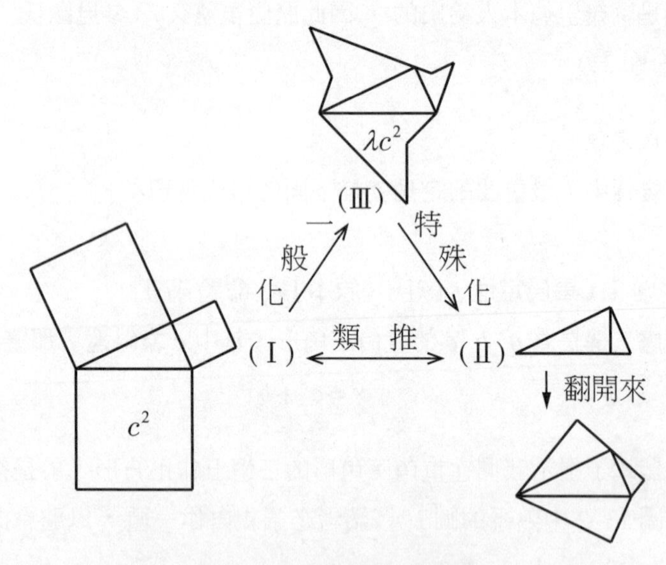

圖 13–2　圖 I, 圖 II, 圖 III

丙、推廣

也許你還看不出圖 I 與圖 II 的類推關係。不過我們可以作出圖 I 與圖 II 的共同推廣，即圖 III，而將這個類推看得更清楚。在圖 III 中，我們在原直角三角形的三邊上作出三個相似的多邊形。

丁、相似多邊形面積的比例定理

兩個相似三角形的對應邊成比例。

定理 2（相似三角形面積的比例定理）

兩個相似三角形的面積之比等於對應邊平方之比。

證　明 由相似三角形定理知，兩個相似三角形的對應邊與對應高都成比例，再由三角形的面積公式 $\frac{1}{2}(底\times高)$ 就可得證。

推而廣之，我們有：

定理 3（相似多邊形面積的比例定理）

兩個相似多邊形的面積之比等於對應邊平方之比。

證　明 將多邊形分割成三角形，再利用定理 2 與合比定理。

戊、推廣的畢氏定理

在圖 III 中，因為三角形三邊 a, b, c 上的三個多邊形相似，由定理 2 得知，三個多邊形的面積為 $\lambda a^2, \lambda b^2, \lambda c^2$，其中 $\lambda>0$。因此，若(1)式成立，那麼就有

$$\lambda c^2=\lambda a^2+\lambda b^2 \tag{2}$$

這只是將(1)式乘以 λ 就好了。反過來，若(2)式成立，將兩邊同除以 λ 就得到(1)式。換言之，(1)式與(2)式等價。今(2)式恰好就是下面的結果：

定理 4（推廣的畢氏定理）

在直角三角形三邊上作三個相似多邊形，那麼斜邊上的多邊形面積等於其它兩者面積之和。

圖 13–3　畢達哥拉斯的人頭像：畢氏定理

更一般的情形也成立。在直角三角形的三邊上任意作相似的三個圖形，則最大者的面積等於兩個較小面積之和。特別地，在圖 13–3 中，在直角三角形的三邊上作三個畢氏的人頭像，則最大人頭的面積等於兩個較小人頭的面積之和。

己、特殊與普遍的等價性

至此我們看出，定理 1 是定理 4 的特例，定理 4 是定理 1 的推廣，但是兩者等價。特例與一般結果等價，這是奇妙的事情。在微積分裡，Rolle 定理與均值定理，勘根定理與中間值定理，也都具有相同的特性。

觀察到特例與一般結果的等價性是解決問題的關鍵。以(2)式來表達的一般定理，不僅等價於(1)式的特例，而且等價於任何其它特例，例如圖 II 的特例。因此，如果有任何特例成立，那麼一般結果就得證了。

庚、尋找美妙的特例

現在我們來尋找一個美妙的特例 ， 我們發現圖 II 就是一個典型的代表。事實上，斜邊上的直角三角形相似於兩股上的兩個直角三角形，這是周知且容易看出的，這叫做「*母子定理*」。顯然，整個大三角形的面積等於其兩個小三角形面積之和。因此，畢氏定理得證。

辛、啟示

我之所以冒昧地提出上述如此淺顯的論證，那是因為幾乎它的所有各方面都含有絕佳的啟發性。一個例子富有啟發性是什麼意思？如果它可以應用到其它情形，應用越廣泛就表示越富啟發性。現在，由上述例子，我們可以學到心智的基本運作方法，諸如一般化、特殊化與類推。不論是在初等數學或高等數學之中，或其它任何領域，所有的探索發現，幾乎都沒有不用這些心智運作方法，特別是不能沒有類推。

上述的例子告訴我們，如何推廣一個特例以飛躍到普遍結果，例如由圖 I 到較一般的圖 III，再由圖 III 作特殊化下降到圖 II。它也告訴我們一個事實：一般結果等價於特例。這在數學中是司空見慣的事情，但是對於初學者或以高深探詢的哲學家卻仍然會覺得很驚奇。我們的例子很素樸地且富啟示地闡明了「一般化、特殊化與類推」，這三者如何很自然地結合在一起，而解決了問題。我們也注意到，只需要很少的預備知識，就可以了解上述的論證。因此，當我們發現到數學教師通常都不強調這些事情，並且忽略掉這種可以教學生思想靈動的絕佳機會時，我們會覺得很遺憾。

【註 1】:「推廣、特殊化與類推」不妨稱為數學方法論的三合一。

【註 2】:本文譯自 G. Polya: Using Generalization, Specialization, Analogy. *Am. Math. Mon.* 55, 241–243, 1948. 美國數學會在 1947 年 9 月 1 日於 New Haven, Connecticut 舉行夏季研討會，Polya 以此文發表演講。後來此文收集在他的名著之中：*Mathematics and Plausible reasoning*, 1954.

2. 一個故事的啟示【註 3】

我認識 Emmy Noether (1882～1935)【註 4】已有許多年，但是我跟她並不熟識，我們的數學興趣相差很遠。然而我和她有過一次爭論，至今仍歷歷在目。大約是 40 年前，我在哥廷根 (Göttingen) 大學給了一個演講，完畢後我們有個閒談：我記得，我們雙方都在為自己的數學品味作辯護。最後我們爭論到了數學的一般化與特殊化問題。Emmy 當然全程力主一般化，相對地，我則為具體的特例作辯護。我終於忍不住而打斷 Emmy 的話，對她說：「妳看，一位只會作一般化的數學家就好像是一隻只會向上爬樹的猴子。」於是 Emmy 停止了爭論，顯然她受到了我的傷害。

我也覺得很難過，我並不是有意要傷害任何人，尤其是可憐的 Emmy。我左思右想，最後得到一個結論：我畢竟沒有犯百分之百的錯。她當時應該立即回敬我說：「一位只會作特殊化的數學家就好像是一隻只會向下爬樹的猴子。」

事實上，只會向上爬樹或向下爬樹的猴子是無法生存的。一隻真正的猴子為了覓食與避敵，必須不斷地爬上或爬下。一位真正的數學家必須能夠作一般化與特殊化，兩者要互相為用。

一個特殊的數學結果，若沒有推廣的潛力，那是無趣的。另一方面，全世界在欣賞現代數學登峰造極的同時，也擔憂：一個如此完美而一般的定理，以致於找不到特殊的應用。

在這裡我認為對於教師有個啟示。一位傳統型的數學教師有個危險，可能變成只會爬下樹的猴子；而一位現代型的數學教師，可能變成只會爬上樹的猴子。爬下樹型的教師，給出一個接一個的例行問題，可能永遠沒有離開地面，也沒有得到任何的一般理念；而爬上樹型的教師，卻給出一個接一個的抽象定義，可能永遠沒有從他的冗辭中掙脫出來，兩腳沒有踩在實地上（沒有接地氣），也沒有引出他的學生可以領會的有趣東西。我認為這兩種類型教師對於學生與納稅人的傷害程度是不相上下的。

什麼才是較好的教學方式呢？尋求特例背後的普遍性，以及普遍敘述之下的有意思特例。這就是懷海德【註 5】所說的：「均衡地結合對精細事實的狂熱興趣與對抽象推廣的執着。」他又說：「論證的基本道理是，把特殊情形作推廣，然後再把一般情形作特殊化。沒有推廣就沒有論證，沒有具體特例就沒有重要性。」

【註 3】：本文譯自 G. Polya: A story with a moral. *The Math. Gazette*, 57, 86–87, 1973.

【註 4】：Emmy Noether 是德國女數學家，近代抽象代數創始者之一。

【註 5】：A. N. Whitehead: *Science and the Modern World*. Cambridge Univ. Press, 1926.

3. 經驗科學家觀察力的訓練

哈佛大學生物學教授 Louis Agassiz (1807～1873)，有一套獨特的方法來訓練學生成為具有敏銳觀察力的科學家。

一位科學家必須要能夠見到別人所不能見到的東西，這要如何培養呢？根據一位學生的描述，Agassiz 的訓練方法如下：

> 我被指定的坐位是在一張小松木桌子前面，桌上擺著一個生鏽的洋鐵皮淺盤。當我面對著淺盤坐下來時，Agassiz 教授拿著一條小魚標本過來，放在我的面前。他嚴格的要求：我必須研究這個標本，但是不准和任何人討論這件事，並且未得他的允許，不得參考任何有關魚類的資料。我問他：「我應當做些什麼事？」他回答說：「在不損壞這個標本的條件下，盡可能去發現這一類魚的知識。等到我認為你已經完成時，我會提出一些問題來問你。」
>
> 還不到一小時，我就認為已經徹底了解這一條魚了。它不像什麼佳餚美味，倒是散發出惡臭的酒精味，許多鱗片已經鬆脫了，在我用手去觸摸時便掉落下來。看來我的老師是要我做一個摘要報告。我當然也急於要交卷，以便進行第二階段的工作。但是，Agassiz 老師雖然總是在我的附近，他整天都不理我，次日，乃至整整一星期他都沒有和我說一句話。
>
> 這種忽視最初使我煩惱。可是，我隨即看出來，他只是在那裡裝傻，因為我知道他正在暗中觀察我。所以，我就把

我的全部才能都放在這份工作上面，用去了約一百小時的時間，我想我已經頗有成就了——這樣的成績比我在開始時所看出的已經超出一百倍。

我對於鱗片的排列狀態、牙齒的形狀和布置，發生了興趣。最後，我覺得我已經裝滿了一腦袋關於這個主題的學問，志得意滿。但是我的老師每天除了那一聲和藹的「早安」之外，並沒有一句話談到這件事情。一星期過去後，我終於聽到老師的一句問話：「怎麼樣？」當他在我的桌旁坐下來，噴吐他的雪茄煙時，我就把我的心得盡情地傾吐出來。在我報告了一小時之後，他就站起來，搖搖擺擺地走開，一面說：「這樣做是不對的。」

他顯然是在使用一種手段，想看看我是否能不依賴老師的支援，從事獨立性與連續性的困難工作。我把我的第一次筆記全部丟掉，從頭做起。每天做十小時的苦工，一星期後，我竟獲得了使自己驚奇並且使老師滿意的結果。

註：本段引自《教學之藝術》，235–236，協志工業出版公司。

經過這樣的訓練，沒有一個學生不記得科學家的任務是觀察——無限細心的觀察。這適用於任何學問領域。達文西說：對事物的認識必須進入事物的直觀的無限細部。

年輕的法國小說家莫泊桑 (Maupassant, 1850～1893) 向前輩作家福樓拜 (Flaubert, 1821～1880) 請教寫作的要訣，福樓拜告訴莫泊桑說：

> 你到巴黎的街頭去，隨便找一個計程車司機；他乍看之下和其它計程車司機都一樣，但你要仔細觀察，直到你能夠把他描寫得和世界上其它的計程車司機都不相同；在你的描寫中，他是一個與眾不同，完全獨特的巴黎計程車司機。

觀察入微：莫泊桑的小說之所以能剖劃入微，主要是接受了福樓拜的細心指導長達七年之久。福樓拜告誡莫泊桑：「觀察，觀察，再觀察！」

福樓拜強調，每一件事物都有一個最恰當的形容詞，如何找到這個形容詞，乃是作家的責任，也是作家成功的條件。他又說，倘若這裡有 30 匹馬，你要把其中一匹描寫得令人一望便知，讓牠凸顯出與其它 29 匹馬的不同之處，這才算是成功的描寫。

讀數學，做數學，無它，就是：

想，想，再想，靠的是毅力與堅持

觀察，觀察，再觀察！

讀，讀，直到讀通為止！

達文西的看法：

> 對事物的認識必須進入事物的直觀的無限細部，「懷著幾乎挖翻了的徹底」而切入細部之中。

Eikart：

你看上帝的眼睛，就是上帝看你的眼睛。

只要你認真去看，彷彿萬物也在認真地看著你。

尼采：

注視深淵，彷彿深淵也在注視著你。

柏拉圖：

我們應當懷著整個靈魂走向真理。

創立集合論的康托爾：

我的整個身體與靈魂都因數學的呼喚而活。

14 幾何的五合一定理

1. 畢氏定理 (I.47)
2. 畢氏定理 ⇒ 畢氏逆定理
3. 畢氏逆定理 ⇒ 畢氏定理
4. 畢氏定理 ⇒ 三角形的餘弦定律
5. 三角形的餘弦定律 ⇒ 圓內接四邊形的餘弦定律
6. 圓內接四邊形的餘弦定律 ⇒ 托勒密定理
7. 托勒密定理 ⇒ 畢氏定理
8. 結語

本章我們將要證明下列五個幾何定理都是等價的：1.畢氏定理，2.畢氏逆定理，3.三角形的餘弦定律，4.圓內接四邊形的餘弦定律，5.托勒密定理。

筆者曾經看過學生這樣論證：考慮三邊為 3, 4, 5 的三角形，因為 $5^2=4^2+3^2$，所以根據畢氏定理知，此三角形為直角三角形，並且邊 5 所對應的角為直角。一般都會說，這個論證有瑕疵，因為並不是根據畢氏定理，而是根據畢氏逆定理才對。但是，若畢氏定理與畢氏逆定理等價，則上述論證在邏輯上並不離譜。

由畢氏定理證明畢氏逆定理是歐氏《原本》的 I.48（第一冊的第 48 命題），反過來由畢氏逆定理證明畢氏定理，筆者未曾見過。其次，由托勒密定理證明畢氏定理是顯然的，反過來由畢氏定理證明托勒密定理，筆者也未曾見過，當然可能是筆者孤陋寡聞。

在由畢氏定理證明托勒密定理的過程中，我們用到了三角形的餘弦定律與圓內接四邊形的餘弦定律，後者筆者也未曾見過，這些可能都是筆者孤陋寡聞。

本章是根據筆者對中學生演講的講義，整理寫成的。

1. 畢氏定理 (I.47)

設 a, b, c 為 $\triangle ABC$ 的三邊。若 $\angle C = 90°$，則 $c^2 = a^2 + b^2$，見圖 14–1。

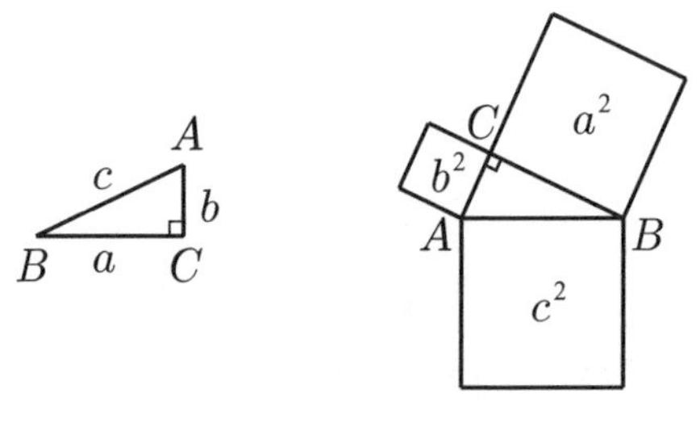

圖 14–1

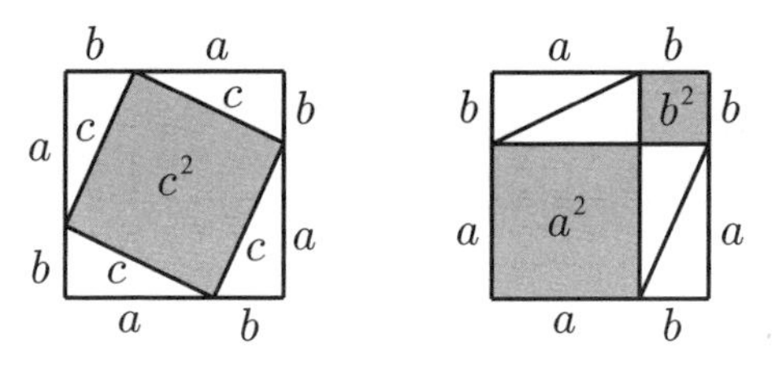

圖 14–2

在圖 14–2 中，看呀！瞧呀！(Lo and Behold!) 就看出 $c^2 = a^2 + b^2$。這就是所謂的「無言的證明」(Proofs without words)。

畢氏定理堪稱為「四最定理」：它的「證明」最多與「名稱」最多，它是「最美麗」的公式之一，並且也是基礎數學中「應用最廣泛」的一個定理。

在文獻上，Loomis（見參考文獻 2.）對畢氏定理收集有 370 種證法（有趣的是鯊魚也約有 370 種），一天證明一種，一年都證不完。更稀奇的是，世界金氏記錄畢氏定理有 520 種證法。

其次，這個定理的名稱至少有 10 種：畢氏定理，商高定理，陳子定理，勾股定理，百牛定理 (The Hecatomb Proposition)，巴比倫定理，三平方定理，新娘坐椅定理（Theorem of the Bride's Chair，因其圖形好像是新娘的坐椅），第 47 定理 (The 47th Theorem)，木匠法則 (The Carpenters' Rule)。

畢氏定理除了證法與名稱都是最多之外，它在基礎數學中占有核心的地位。我們簡直可以用畢氏定理把一大半的基礎數學連貫起來。畢氏定理是幾何學的核心，「真理之路」(the way of truth)。

2. 畢氏定理 ⇒ 畢氏逆定理

畢氏逆定理

假設 a, b, c 為 $\triangle ABC$ 的三邊。若 $c^2 = a^2 + b^2$，則 $\angle C = 90°$。

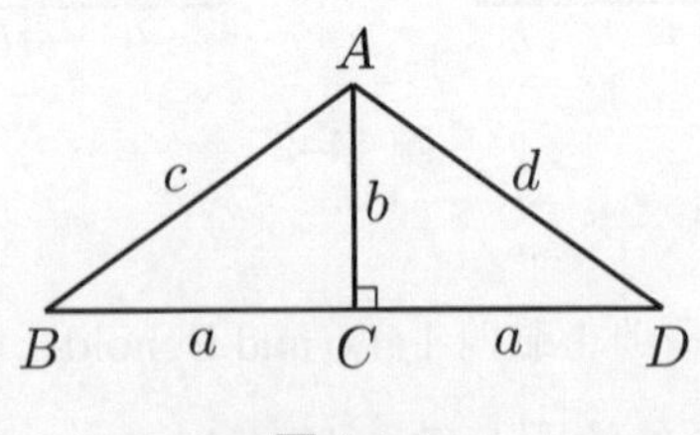

圖 14–3

在圖 14–3 中，假設 $\triangle ABC$ 具有 $c^2=a^2+b^2$ 的關係，我們要證明 $\angle C=90°$。過 C 點向右作直線段 $\overline{CD}=a$ 並且 $\overline{CD}\perp\overline{AC}$，連結 $\overline{AD}$，令 $\overline{AD}=d$。根據畢氏定理，我們有 $d^2=a^2+b^2$，所以 $c^2=d^2$，從而 $c=d$。由 SSS 的全等定理知 $\triangle ABC\cong\triangle ADC$，於是 $\angle ACB=\angle ACD=90°$。

3. 畢氏逆定理 ⇒ 畢氏定理

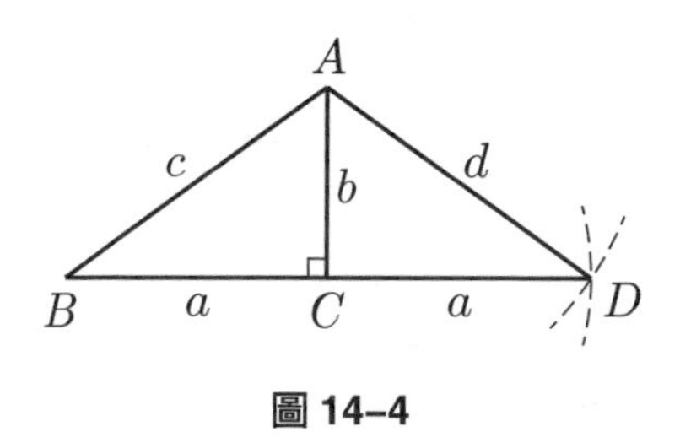

圖 14–4

在圖 14–4 中，假設 $\angle ACB=90°$，我們要證明 $c^2=a^2+b^2$。以 A 點為圓心，$d=\sqrt{a^2+b^2}$ 為半徑作一圓弧；又以 C 為圓心，a 為半徑作一圓弧。因為 $a+b>d=\sqrt{a^2+b^2}>a$ 與 b，所以兩圓弧會相交，令其相交於 D（還會有另一交點），由建構知 $d^2=a^2+b^2$。又由畢氏逆定理知，$\angle ACD=90°$。因此 $\triangle ABC\cong\triangle ADC$ (SAS)，於是 $c=d$，從而 $c^2=d^2=a^2+b^2$。

問題

給兩線段 a 與 b，利用尺規作出線段 a^2 與 b^2，再作出 $\sqrt{a^2+b^2}$。

4. 畢氏定理 ⇒ 三角形的餘弦定律

三角形的餘弦定律（簡稱為餘弦定律）

假設 a, b, c 為 $\triangle ABC$ 的三個邊，則有

$$a^2=b^2+c^2-2bc\cos A \text{ 或 } \cos A=\frac{b^2+c^2-a^2}{2bc}$$

$$b^2=c^2+a^2-2ca\cos B \text{ 或 } \cos B=\frac{c^2+a^2-b^2}{2ca}$$

$$c^2=a^2+b^2-2ab\cos C \text{ 或 } \cos C=\frac{a^2+b^2-c^2}{2ab}$$

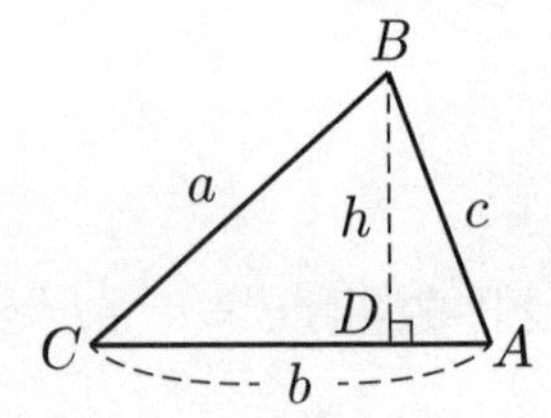

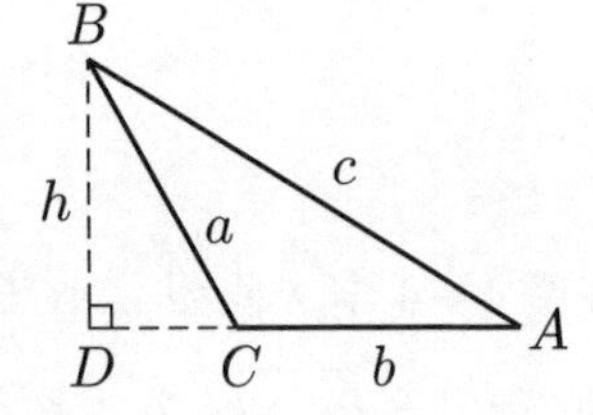

圖 14–5

考慮銳角與鈍角三角形的情形。在圖 14–5 的左圖中，由畢氏定理得到

$$\begin{aligned}c^2&=h^2+\overline{DA}^2=(a^2-\overline{CD}^2)+(\overline{CA}-\overline{CD})^2\\&=a^2-\overline{CD}^2+\overline{CA}^2-2\overline{CA}\times\overline{CD}+\overline{CD}^2\\&=a^2+b^2-2b\times\overline{CD}\\&=a^2+b^2-2b\times a\cos C\\&=a^2+b^2-2ab\cos C\end{aligned}$$

在右圖中，仍然是由畢氏定理得到

$$c^2 = h^2 + \overline{DA}^2 = (a^2 - \overline{CD}^2) + (\overline{CA} + \overline{CD})^2$$
$$= a^2 - \overline{CD}^2 + \overline{CA}^2 + 2\overline{CA} \times \overline{CD} + \overline{CD}^2$$
$$= a^2 + b^2 + 2b \times \overline{CD}$$
$$= a^2 + b^2 + 2b \times a\cos(180° - \angle C)$$
$$= a^2 + b^2 - 2ab\cos C$$

另外兩式同理可證。

餘弦定律同時可以推導出畢氏定理與畢氏逆定理，可以說是一箭雙鵰。

問題

用放大鏡看一個三角形，角度不變，為什麼？試證明之。

5. 三角形的餘弦定律 ⇒ 圓內接四邊形的餘弦定律

圓內接四邊形的餘弦定律

假設 a, b, c, d 為圓內接四邊形 $ABCD$ 的四個邊，則有

1. $b^2 + c^2 = d^2 + a^2 - 2(bc + da)\cos A$ 或 $\cos A = \dfrac{d^2 + a^2 - b^2 - c^2}{2(bc + da)}$

2. $c^2 + d^2 = a^2 + b^2 - 2(cd + ab)\cos B$ 或 $\cos B = \dfrac{a^2 + b^2 - c^2 - d^2}{2(cd + ab)}$

3. $d^2 + a^2 = b^2 + c^2 - 2(da + bc)\cos C$ 或 $\cos C = \dfrac{b^2 + c^2 - d^2 - a^2}{2(da + bc)}$

4. $a^2 + b^2 = c^2 + d^2 - 2(ab + cd)\cos D$ 或 $\cos D = \dfrac{c^2 + d^2 - a^2 - b^2}{2(ab + cd)}$

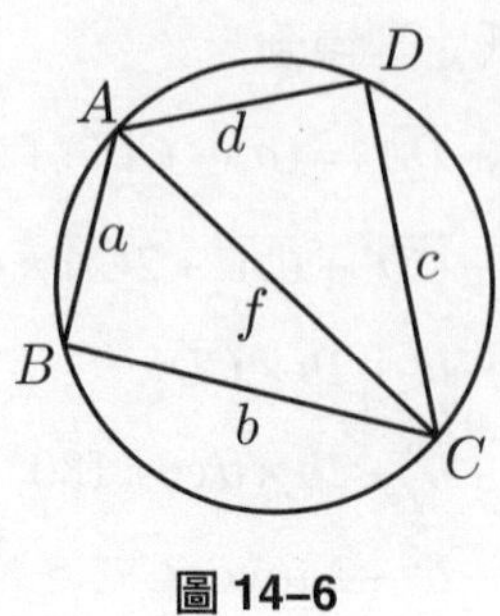

圖 14–6

在圖 14–6 中，因為 $\angle B=\pi-\angle D$，所以 $\cos B=-\cos D$。

對 $\triangle ABC$ 與 $\triangle ACD$ 使用餘弦定律，得到

$$f^2=a^2+b^2-2ab\cos B=a^2+b^2+2ab\cos D=c^2+d^2-2cd\cos D$$

所以

$$\cos D=\frac{c^2+d^2-a^2-b^2}{2(ab+cd)}$$

$$\cos B=-\cos D=\frac{a^2+b^2-c^2-d^2}{2(cd+ab)}$$

其餘的兩種情形同理可證。

注意：當 $d=0$ 時，A 與 D 重合，$f=c$，於是 2. 變成 $c^2=a^2+b^2-2ab\cos B$，這恰是三角形的餘弦定律。因此，圓內接四邊形的餘弦定律是餘弦定律的推廣。

6. 圓內接四邊形的餘弦定律 ⇒ 托勒密定理

托勒密定理

假設 $ABCD$ 為圓內接四邊形，則兩對角線乘積等於兩雙對邊乘積之和，見圖 14–7，亦即

$$ef = ac + bd$$

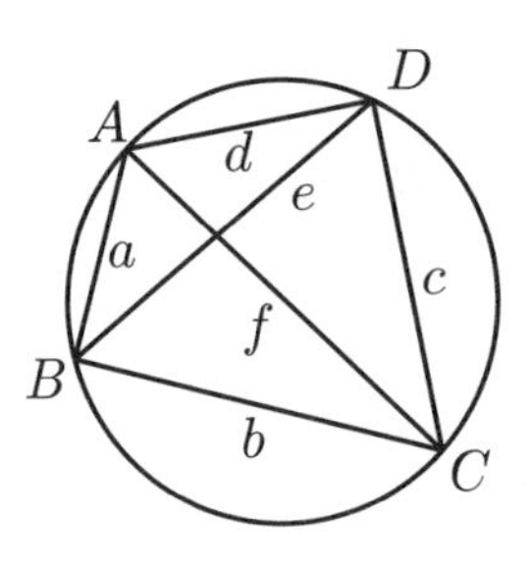

圖 14–7

在圖 14–7 中，由圓內接四邊形的餘弦定律

$$\cos D = \frac{c^2+d^2-a^2-b^2}{2(ab+cd)}，\cos B = -\cos D = \frac{a^2+b^2-c^2-d^2}{2(ab+cd)}$$

對 $\triangle ACD$ 使用餘弦定律得到

$$\begin{aligned} f^2 &= c^2+d^2-2cd\times\cos D \\ &= c^2+d^2-2cd\times\frac{c^2+d^2-a^2-b^2}{2(ab+cd)} \\ &= \frac{(c^2+d^2)(ab+cd)-cd(c^2+d^2-a^2-b^2)}{ab+cd} \\ &= \frac{(ad+bc)(ac+bd)}{ab+cd} \end{aligned}$$

同理可得

$$e^2=\frac{(ab+cd)(ac+bd)}{ad+bc}$$

兩式相乘得到

$$e^2f^2=\frac{(ab+cd)(ac+bd)}{ad+bc}\times\frac{(ad+bc)(ac+bd)}{ab+cd}=(ac+bd)^2$$

從而

$$ef=ac+bd$$

7. 托勒密定理 ⇒ 畢氏定理

這是顯然的！只要將圓內接四邊形改成長方形，由托勒密定理立即就得到畢氏定理，故畢氏定理是托勒密定理的特例，托勒密定理是畢氏定理的推廣。

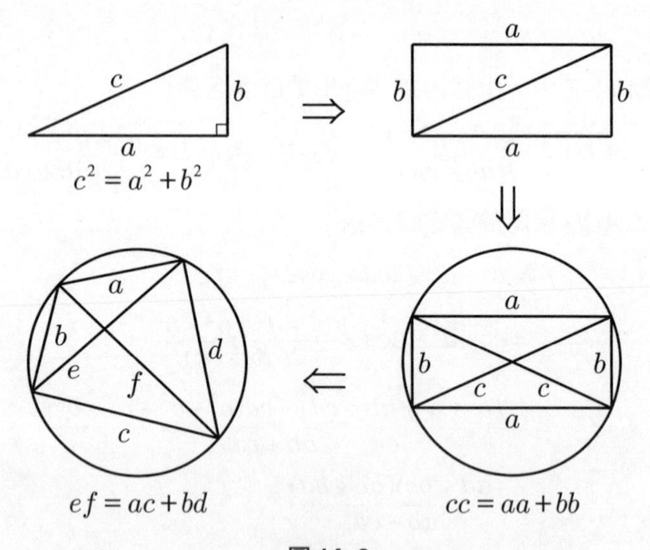

圖 14–8

順便談一下由畢氏定理看出托勒密定理的一種發現理路。

由一個直角三角形，作出另一個相同的直角三角形，合成一個長方形，再做一個外接圓。畢氏定理的 $c^2 = a^2 + b^2$（直角三角形），二元化為 $c \cdot c = a \cdot a + b \cdot b$（長方形），解釋為長方形兩個對角線乘積等於兩雙對邊乘積之和。再把長方形改為任意圓內接四邊形，仍然有兩個對角線乘積等於兩雙對邊乘積之和，這就是托勒密定理 $ef = ac + bd$，見圖 14–8。

托勒密定理的證明：

在圖 14–9 中，過 A 點作 $\overline{AP}$ 使得 $\angle 1 = \angle 2$。因為 $\angle 3 = \angle 4$，所以 $\triangle ABC \sim \triangle APD$。

於是

$$\frac{e}{d} = \frac{b}{\overline{PD}} \text{ 或 } e \cdot \overline{PD} = bd$$

同理可知 $\triangle ABP \sim \triangle ACD$，因此

$$\frac{a}{e} = \frac{\overline{BP}}{c} \text{ 或 } e \cdot \overline{BP} = ac$$

兩式相加就得到 $ef = ac + bd$。

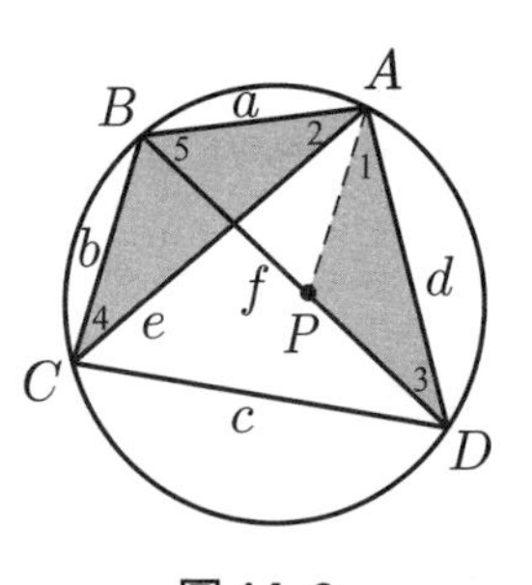

圖 14–9

托勒密定理是許多三角恆等式的根源，例如它可以推導出和差角公式、正弦定律與餘弦定律。托勒密利用這些結果來製作弦表（相當於正弦函數的數值表）。

底下我們用托勒密定理推導出餘弦定律：

如圖 14–10，考慮 $\triangle ABC$，將它翻轉 180 度，使得底邊仍然重疊在一起，得到 $\triangle AB'C$，則四點 A, B', B, C 共圓，令 $d=\overline{BB'}$。因為 $d=b-2a\cos C$，由托勒密定理得到

$$\begin{aligned} c^2 &= bd + a^2 = b(b-2a\cos C) + a^2 \\ &= a^2 + b^2 - 2ab\cos C \end{aligned}$$

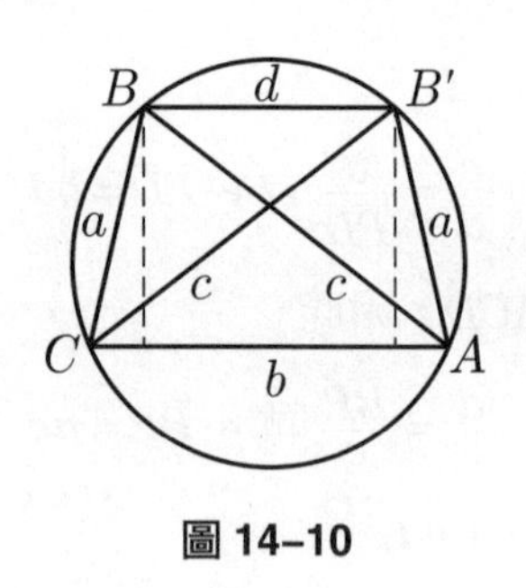

圖 14–10

8. 結語

總結上述，我們有如下的邏輯網絡 (logical net)：

三角形的餘弦定律 ⇒ 圓內接四邊形的餘弦定律

⇑ ⇓

畢氏逆定理 ⇔ 畢氏定理 ⇐ 托勒密定理

這個邏輯網絡還可以繼續再擴展出去，把許多重要的幾何定理都連結起來，其中畢氏定理是天地的中心。

還有一條邏輯的小徑：

托勒密定理 ⇒ 三角形的餘弦定律 ⇒ 畢氏定理

畢氏定理展現著簡潔，歷久彌新，可以不斷生長與加深拓廣。下面三式被公認為是重要且美麗的公式：

平面幾何學的畢氏公式：$c^2 = a^2 + b^2$

微積分的歐拉公式：$e^{i\pi} + 1 = 0$

物理學的愛因斯坦質能互變公式：$E = mc^2$

畢氏定理與圓都屬於二次的世界，前者掌握住最基本的長度與距離概念與計算，從而也有了圓的方程式 $x^2 + y^2 = r^2$，這根本就是畢氏定理的化身！

圓最完美與對稱，等速率圓周運動與畢氏定理更是週期運動與整個三角學的出發點。

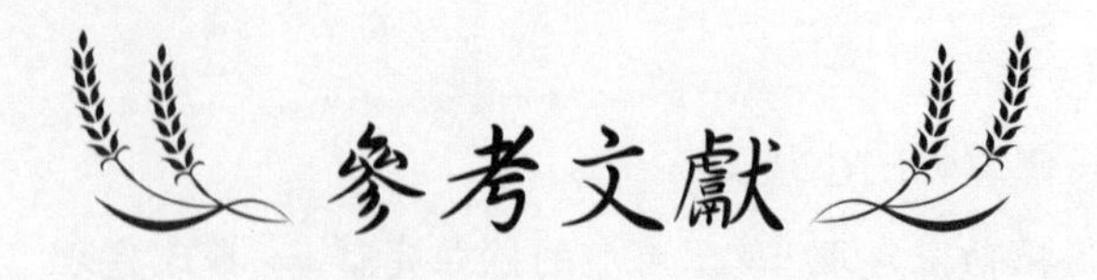

1. Euclid, *The Elements I*. Translated by Sir Thomas L. Heath. Dover, 1956.
2. Loomis, Elisha Scott. *The Pythagorean Proposition*, 1968.
3. Maor, Elia and Jost, Eugen. *Beautiful Geometry*. Princeton Univ. Press, 2014.

15 畢氏定理的兩個推廣

1. 問題的起源
2. 四面體的餘弦定律
3. n 維歐氏空間的畢氏定理
4. 幾何的向量代數化

初等幾何學的發展源遠流長，分成三個階段：

1. 歐氏綜合幾何學：公理演繹法，推理。
2. 坐標幾何學（解析幾何學）：坐標轉化法，計算。
3. 向量幾何學：向量代數法，計算。

計算、推理與想像力是數學三件法寶。

首先歐幾里德採用公理演繹法，只展現綜合法的這一面，而抹掉分析法的另一面，因而稱為**綜合幾何學**。學習幾何學沒有皇家大道。

幾何學的向量代數化，就是要用向量的演算（加法、係數乘法、內積與外積）來處理幾何問題，這是數學方法的一大進步。本章我們利用畢氏定理的兩個推廣來展示向量的用法。

畢氏定理是歐氏幾何學的一個核心結果，也是三角學的出發點，克卜勒所稱的「幾何學兩個寶藏之一」，另一個是黃金分割 (golden section)。

畢氏定理有各式各樣的推廣。黃敏晃教授在《數學傳播》〈畢氏定理的一些推廣〉裡給出了六種推廣。另外，筆者在該期刊〈四邊形的面積〉一文中，也談及沿著托勒密定理這個方向的推廣。

在歐氏平面上，將直角三角形改為一般三角形，畢氏定理就推廣成為餘弦定律。本章我們要介紹三維空間的餘弦定律以及 n 維空間的畢氏定理，順便展示以向量代數運算法處理幾何問題的威力。

1. 問題的起源

什麼是畢氏定理？我們採用三種說法：

(i) 出太陽的日子，在地面上鉛直立一根竹竿，那麼地面上就出現一段竿影，見圖 15–1。畢氏定理是說：

竿端至影端的距離平方等於竿長平方與影長平方之和

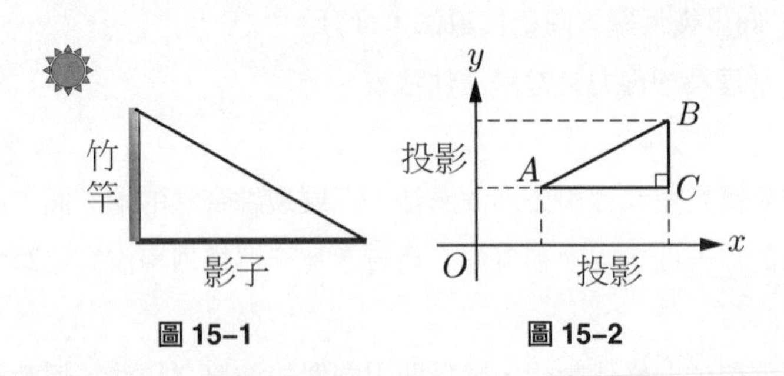

圖 15–1　　圖 15–2

(ii) 在直角坐標平面上，有 $\overline{AB}$ 之線段，那麼 $\overline{AB}$ 的平方就等於 $\overline{AB}$ 在 x 軸與 y 軸投影的平方之和，見圖 15–2。

(iii) 在直角三角形中，斜邊的平方等於兩股平方之和。設 $\angle C = 90°$，則 $\overline{AB}^2 = \overline{BC}^2 + \overline{AC}^2$，見圖 15–3，亦即

斜邊上的正方形面積等於兩股上的正方形面積之和

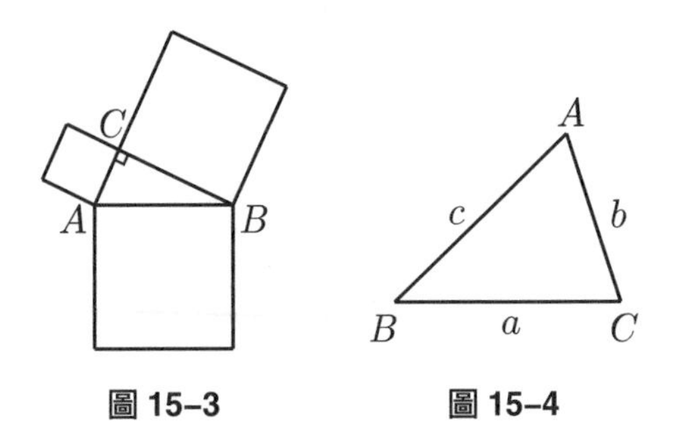

圖 15–3　　圖 15–4

對於一般三角形，我們有：

定理 1（餘弦定律）

在任意三角形 $\triangle ABC$ 中，設 a, b, c 為其三邊，見圖 15–4，則有

$$a^2 = b^2 + c^2 - 2bc\cos A$$

$$b^2 = c^2 + a^2 - 2ca\cos B$$

$$c^2 = b^2 + a^2 - 2ba\cos C$$

畢氏定理推廣到三維空間 $\mathbb{R}^3$，有兩個形式（定理 2 與定理 3）：

定理 2（畢氏定理）

位置向量 (position vector) $\overrightarrow{OA} = a_1\vec{i} + a_2\vec{j} + a_3\vec{k}$ 在各個坐標軸的投影長之平方和等於向量長的平方，見圖 15–5，亦即

$$\left\|\overrightarrow{OA}\right\|^2 = a_1^2 + a_2^2 + a_3^2 \tag{1}$$

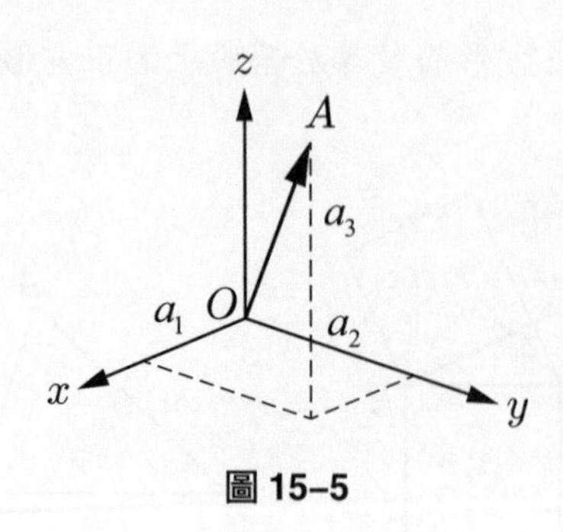

圖 15–5

將(1)式「二元化」之後，就是內積構造：

$$\overrightarrow{OA} \cdot \overrightarrow{OB} = a_1 b_1 + a_2 b_2 + a_3 b_3 \tag{2}$$

其中 $\overrightarrow{OB} = b_1 \vec{i} + b_2 \vec{j} + b_3 \vec{k}$。在(2)式中，取 $\overrightarrow{OB} = \overrightarrow{OA}$，又復得(1)式，這叫做「單元化」。

注意：若 $\overrightarrow{OA}$ 投影到各坐標平面上的長分別為 $\overline{OA_1}$、$\overline{OA_2}$、$\overline{OA_3}$，則

$$\left\| \overrightarrow{OA} \right\|^2 = \frac{1}{2}(\overline{OA_1}^2 + \overline{OA_2}^2 + \overline{OA_3}^2)$$

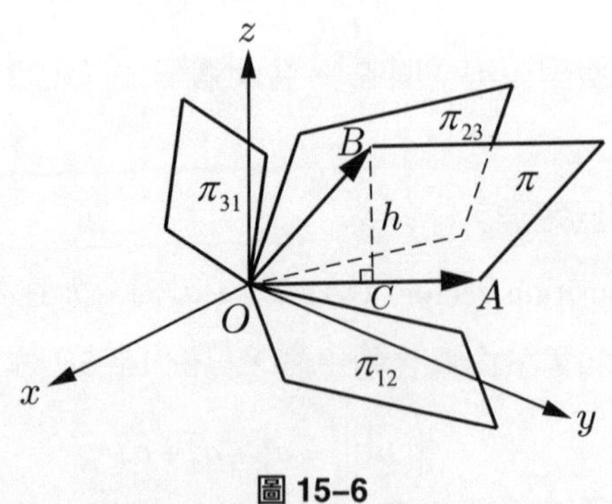

圖 15–6

定理 3（畢氏定理）

在圖 15–6 中，令 π 表示由兩向量 $\overrightarrow{OA}$ 與 $\overrightarrow{OB}$ 所決定的平行四邊形。設 π_{12}、π_{23} 與 π_{31} 分別是 π 在 xy, yz, zx 平面上的投影，則

$$(\pi \text{ 的面積})^2 = (\pi_{12} \text{ 的面積})^2 + (\pi_{23} \text{ 的面積})^2 + (\pi_{31} \text{ 的面積})^2 \tag{3}$$

對於定理 3 我們採用兩種證法：

證明1 利用向量內積的演算來做，雖較麻煩但較有收穫。

首先求 π 的面積。設 $\overrightarrow{OB}$ 在 $\overrightarrow{OA}$ 上的投影向量為 $\overrightarrow{OC}$，由內積的定義知

$$\overrightarrow{OC} = \frac{\overrightarrow{OB} \cdot \overrightarrow{OA}}{\|\overrightarrow{OA}\|} \cdot \frac{\overrightarrow{OA}}{\|\overrightarrow{OA}\|}$$

於是 $\overrightarrow{CB} = \overrightarrow{OB} - \overrightarrow{OC} = \overrightarrow{OB} - \dfrac{\overrightarrow{OB} \cdot \overrightarrow{OA}}{\|\overrightarrow{OA}\|^2} \cdot \overrightarrow{OA}$

所以 $h^2 = \|\overrightarrow{CB}\|^2 = \overrightarrow{CB} \cdot \overrightarrow{CB} = \overrightarrow{OB} \cdot \overrightarrow{OB} - \dfrac{(\overrightarrow{OB} \cdot \overrightarrow{OA})^2}{\|\overrightarrow{OA}\|^2}$

從而 $(\pi \text{ 的面積})^2 = h^2 \|\overrightarrow{OA}\|^2$

$$= (\overrightarrow{OB} \cdot \overrightarrow{OB})(\overrightarrow{OA} \cdot \overrightarrow{OA}) - (\overrightarrow{OB} \cdot \overrightarrow{OA})^2 \tag{4}$$

令 $\overrightarrow{OA} = a_1\vec{i} + a_2\vec{j} + a_3\vec{k}$，$\overrightarrow{OB} = b_1\vec{i} + b_2\vec{j} + b_3\vec{k}$，則

$$\begin{aligned}(\pi \text{ 的面積})^2 &= (a_1^2 + a_2^2 + a_3^2)(b_1^2 + b_2^2 + b_3^2) - (a_1b_1 + a_2b_2 + a_3b_3)^2 \\ &= (a_1b_2 - a_2b_1)^2 + (a_3b_1 - a_1b_3)^2 + (a_2b_3 - a_3b_2)^2 \\ &= (\pi_{12} \text{ 的面積})^2 + (\pi_{31} \text{ 的面積})^2 + (\pi_{23} \text{ 的面積})^2\end{aligned}$$

這個證明我們有額外的三個收穫：

1. Lagrange 等式：

$$(a_1b_2-a_2b_1)^2+(a_3b_1-a_1b_3)^2+(a_2b_3-a_3b_2)^2$$
$$=(a_1^2+a_2^2+a_3^2)(b_1^2+b_2^2+b_3^2)-(a_1b_1+a_2b_2+a_3b_3)^2 \tag{5}$$

用向量記號表達就是

$$\left\|\overrightarrow{OA}\times\overrightarrow{OB}\right\|^2=\left\|\overrightarrow{OA}\right\|^2\left\|\overrightarrow{OB}\right\|^2-\left\|\overrightarrow{OA}\cdot\overrightarrow{OB}\right\|^2 \tag{6}$$

其實，此式是二維畢氏定理

$$\cos^2\theta+\sin^2\theta=1 \tag{7}$$

的化身！其中 θ 為 $\overrightarrow{OA}$ 與 $\overrightarrow{OB}$ 的夾角。因為將(7)式之兩邊同乘以 $\left\|\overrightarrow{OA}\right\|^2\left\|\overrightarrow{OB}\right\|^2$，再配合內積與外積的幾何解釋就得到(6)式。因此，在內積與外積的交互應用下，(3)～(7)的五個式子皆等價 (equivalent)，這是很奇妙的事情。

進一步，對(6)式作「二元化」也成立，仍然叫做 Lagrange 等式：

$$(\vec{a}\times\vec{b})\cdot(\vec{c}\times\vec{d})=(\vec{a}\cdot\vec{c})(\vec{b}\cdot\vec{d})-(\vec{a}\cdot\vec{d})(\vec{b}\cdot\vec{c}) \tag{8}$$

當 $\vec{c}=\vec{a}=\overrightarrow{OA}$ 且 $\vec{d}=\vec{b}=\overrightarrow{OB}$ 時，(8)式就化約成(6)式。

對於二維向量的情形，(5)式變成

$$(a_1b_2-a_2b_1)^2+(a_1b_1+a_2b_2)^2=(a_1^2+a_2^2)(b_1^2+b_2^2) \tag{9}$$

這表示「兩數平方和乘以兩數平方和，等於兩個平方數之和」。事實上，(9)式等價於複數的一個重要性質：

$$|z_1\cdot z_2|=|z_1||z_2| \tag{10}$$

2. Cauchy-Schwarz 不等式：

$$(a_1b_1+a_2b_2+a_3b_3)^2\le(a_1^2+a_2^2+a_3^2)(b_1^2+b_2^2+b_3^2) \tag{11}$$

3. Gram 行列式：

利用行列式可將(4)式表為

$$(\pi\text{ 的面積})^2=\begin{vmatrix}\overrightarrow{OA}\cdot\overrightarrow{OA} & \overrightarrow{OA}\cdot\overrightarrow{OB}\\ \overrightarrow{OB}\cdot\overrightarrow{OA} & \overrightarrow{OB}\cdot\overrightarrow{OB}\end{vmatrix} \tag{12}$$

我們稱此行列式為 Gram 行列式，記成 $G(\overrightarrow{OA}, \overrightarrow{OB})$。進一步，引入向量元的行向量與列向量，並且利用矩陣乘法，則 $G(\overrightarrow{OA}, \overrightarrow{OB})$ 可表成

$$G(\overrightarrow{OA}, \overrightarrow{OB})=\det\left[\begin{bmatrix}\overrightarrow{OA}\\ \overrightarrow{OB}\end{bmatrix}\cdot(\overrightarrow{OA}, \overrightarrow{OB})\right] \tag{13}$$

其中 det 表示對方陣取行列式 。 Gram 行列式 $G(\overrightarrow{OA}, \overrightarrow{OB})$ 代表由 $\overrightarrow{OA}$ 與 $\overrightarrow{OB}$ 所決定的平行四邊形面積的平方。(13)式也隱含了畢氏定理。

此外，上述(5)、(11)、(12)與(13)四式都有高維空間的推廣。

證明2 對於(3)式的證明，比較簡單的辦法是利用向量外積的演算。

$$\overrightarrow{OA}\times\overrightarrow{OB}=\begin{vmatrix}\vec{i} & \vec{j} & \vec{k}\\ a_1 & a_2 & a_3\\ b_1 & b_2 & b_3\end{vmatrix}$$

$$=(a_2b_3-a_3b_2)\vec{i}+(a_3b_1-a_1b_3)\vec{j}+(a_1b_2-a_2b_1)\vec{k}$$

根據外積的幾何意義知，向量 $\overrightarrow{OA}\times\overrightarrow{OB}$ 的長度表示 π 的面積，所以

$$(\pi\text{ 的面積})^2=(a_2b_3-a_3b_2)^2+(a_3b_1-a_1b_3)^2+(a_1b_2-a_2b_1)^2$$

$$=(\pi_{23}\text{ 的面積})^2+(\pi_{31}\text{ 的面積})^2+(\pi_{12}\text{ 的面積})^2$$

這個證明顯示，推廣的畢氏定理已隱含於外積的定義之中，真神奇！然而，因為外積只生存在三維空間中（見參考文獻 5.），所以這個證法無法推展到更高維空間的情形。因此，對於高維空間的畢氏定理之追尋，我們必須循其它路徑，其中 Gram 行列式是一條康莊大道。

事實上，定理 3 還可以再推廣：將兩向量所決定的平行四邊形，改為空間中的平面曲線所圍成的單連通之封閉領域 $\mathfrak{R}$。令 $\mathfrak{R}$ 在三個坐標平面上的投影分別為 $\mathfrak{R}_{12}$、$\mathfrak{R}_{23}$、$\mathfrak{R}_{31}$，則

$$(\mathfrak{R}\text{ 的面積})^2=(\mathfrak{R}_{12}\text{ 的面積})^2+(\mathfrak{R}_{31}\text{ 的面積})^2+(\mathfrak{R}_{23}\text{ 的面積})^2 \tag{14}$$

此式的證明需要用到微積分，在此從略。

推論

在三維空間的直角坐標軸上，分別取 A, B, C 三點，形成一個直角四面體 $OABC$（見圖 15–7），則

$$(\triangle ABC)^2=(\triangle OAB)^2+(\triangle OBC)^2+(\triangle OCA)^2 \tag{15}$$

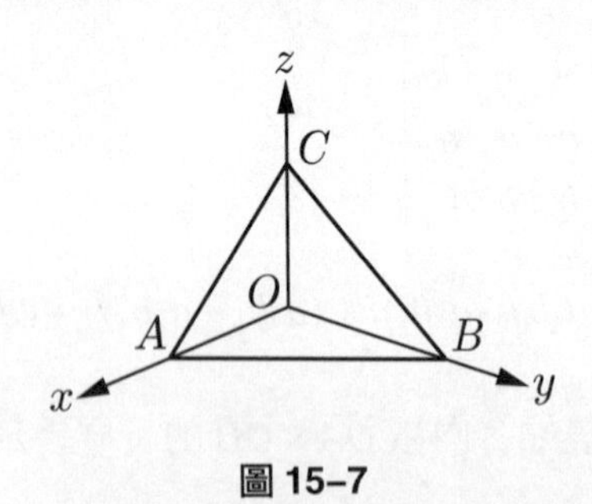

圖 15–7

如果將平面中的直角三角形與三維空間中直角四面體看成類推，那麼一般三角形的類推就是一般的四面體。今已知一般三角形有餘弦定律，我們要問一般的四面體有無相應的餘弦定律？

另外，對於 n 維歐氏空間 $(n\geq 4)$，定理 3 要如何推廣？如何證明？

2. 四面體的餘弦定律

考慮一般的四面體 $OABC$ ，見圖 15–8 。令 $\overline{OA}=a, \overline{OB}=b, \overline{OC}=c$, $\angle AOB=\theta_1, \angle BOC=\theta_2, \angle COA=\theta_3$ ，這六個量唯一決定了四面體 $OABC$。再令

$$\overrightarrow{OA}=\vec{u}, \overrightarrow{OB}=\vec{v}, \overrightarrow{OC}=\vec{w}$$

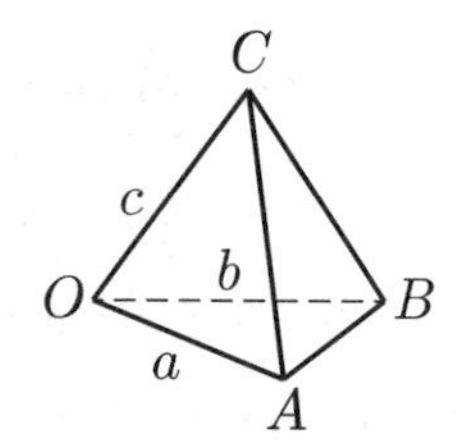

圖 15–8

最初步我們可以猜測，(15)式應該修正成下形：

$$(\triangle ABC)^2=(\triangle OAB)^2+(\triangle OBC)^2+(\triangle OCA)^2-f(a, b, c, \theta_1, \theta_2, \theta_3) \quad (16)$$

其中 f 是六個變數的函數，它的精確公式可不可以由一些線索猜測得到？最容易知道的兩條線索（即特例）是：

(i) 直角四面體的情形：$\theta_1=\theta_2=\theta_3=90°$，此時

$$f(a, b, c, \theta_1, \theta_2, \theta_3)=0 \quad (17)$$

(ii) 正四面體的情形：$\theta_1=\theta_2=\theta_3=60°$ 且 $a=b=c$，此時每一面的面積皆為 $\frac{\sqrt{3}}{4}a^2$，故若要(16)式成立，必然

$$f(a, b, c, \theta_1, \theta_2, \theta_3)=\frac{3}{8}a^4 \quad (18)$$

然而，要決定一個六變數的函數，談何容易！幸好，我們還有最後的一招：向量演算的硬工夫。

因為 $\overrightarrow{AC}=\vec{w}-\vec{u}$, $\overrightarrow{AB}=\vec{v}-\vec{u}$，所以

$$
\begin{aligned}
(\triangle ABC)^2 &= \left(\frac{1}{2}\left\|(\vec{w}-\vec{u})\times(\vec{v}-\vec{u})\right\|\right)^2 \\
&= \frac{1}{4}[(\vec{w}-\vec{u})\times(\vec{v}-\vec{u})]\cdot[(\vec{w}-\vec{u})\times(\vec{v}-\vec{u})] \\
&= \frac{1}{4}(\vec{w}\times\vec{v}+\vec{u}\times\vec{w}+\vec{v}\times\vec{u})\cdot(\vec{w}\times\vec{v}+\vec{u}\times\vec{w}+\vec{v}\times\vec{u}) \\
&= \frac{1}{4}[(\vec{w}\times\vec{v})\cdot(\vec{w}\times\vec{v})+(\vec{w}\times\vec{v})\cdot(\vec{u}\times\vec{w})+(\vec{w}\times\vec{v})\cdot(\vec{v}\times\vec{u}) \\
&\qquad +(\vec{u}\times\vec{w})\cdot(\vec{w}\times\vec{v})+(\vec{u}\times\vec{w})\cdot(\vec{u}\times\vec{w})+(\vec{u}\times\vec{w})\cdot(\vec{v}\times\vec{u}) \\
&\qquad +(\vec{v}\times\vec{u})\cdot(\vec{w}\times\vec{v})+(\vec{v}\times\vec{u})\cdot(\vec{u}\times\vec{w})+(\vec{v}\times\vec{u})\cdot(\vec{v}\times\vec{u})] \\
&= (\triangle OAB)^2+(\triangle OBC)^2+(\triangle OCA)^2 \\
&\qquad +\frac{1}{2}(\vec{w}\times\vec{v})\cdot(\vec{u}\times\vec{w})+\frac{1}{2}(\vec{w}\times\vec{v})\cdot(\vec{v}\times\vec{u})+\frac{1}{2}(\vec{v}\times\vec{u})\cdot(\vec{u}\times\vec{w})
\end{aligned}
$$

由 Lagrange 等式 [(8)式] 得知：

$$
\begin{aligned}
&(\vec{w}\times\vec{v})\cdot(\vec{u}\times\vec{w})+(\vec{w}\times\vec{v})\cdot(\vec{v}\times\vec{u})+(\vec{v}\times\vec{u})\cdot(\vec{u}\times\vec{w}) \\
&=(\vec{v}\cdot\vec{w})(\vec{w}\cdot\vec{u})-(\vec{v}\cdot\vec{u})(\vec{w}\cdot\vec{w})+(\vec{v}\cdot\vec{u})(\vec{w}\cdot\vec{v}) \\
&\quad -(\vec{v}\cdot\vec{v})(\vec{w}\cdot\vec{u})+(\vec{u}\cdot\vec{w})(\vec{v}\cdot\vec{u})-(\vec{u}\cdot\vec{u})(\vec{v}\cdot\vec{w}) \\
&=\|\vec{u}\|\cdot\|\vec{v}\|\cdot\|\vec{w}\|^2(\cos\theta_2\cos\theta_3-\cos\theta_1) \\
&\quad +\|\vec{u}\|\cdot\|\vec{v}\|^2\cdot\|\vec{w}\|(\cos\theta_1\cos\theta_2-\cos\theta_3) \\
&\quad +\|\vec{u}\|^2\cdot\|\vec{v}\|\cdot\|\vec{w}\|(\cos\theta_3\cos\theta_1-\cos\theta_2) \qquad \text{（內積定義）}
\end{aligned}
$$

從而 $f(a, b, c, \theta_1, \theta_2, \theta_3)$

$$
\begin{aligned}
&=\frac{1}{2}abc[a(\cos\theta_2-\cos\theta_1\cos\theta_3)+b(\cos\theta_3-\cos\theta_1\cos\theta_2) \\
&\qquad +c(\cos\theta_1-\cos\theta_2\cos\theta_3)] \qquad (19)
\end{aligned}
$$

我們很容易驗知，(19)式符合(17)與(18)兩式之特例。

總結上述，我們得到

定理 4（四面體的餘弦定律）

對於四面體 $OABC$，恆有

$$(\triangle ABC)^2 = (\triangle OAB)^2 + (\triangle OBC)^2 + (\triangle OCA)^2 - f(a, b, c, \theta_1, \theta_2, \theta_3) \tag{20}$$

其中 $f(a, b, c, \theta_1, \theta_2, \theta_3)$ 如(19)式。

注意：如果不用向量演算，那麼上述的計算會變得非常冗長。

在三角學裡有所謂的解三角形問題，此地我們也有解四面體的問題。

問題 1

如本節開頭所述，已知四面體的 $a, b, c, \theta_1, \theta_2, \theta_3$（見圖 15–8），試解四面體。即求：三個稜線長、四個面的面積、四面體的體積、三個立體角、六個兩面角、九個稜線夾角。

問題 2

在四面體中，試證任何三個面的面積和大於第四面的面積；並且等號成立 $\Leftrightarrow$ 有一個頂點落到對面三角形中。

Schneebeli（見參考文獻 8.）給出了另一種形式的四面體之餘弦定律：

定理 5（四面體的餘弦定律）

設 $OABC$ 為一個四面體，以 $\overline{OA}, \overline{OB}, \overline{OC}$ 為共同稜的兩面角分別為 α, β, γ（見圖 15–9），則

$$(\triangle ABC)^2 = (\triangle OAB)^2 + (\triangle OCA)^2 + (\triangle OCB)^2 - 2(\triangle OCA \cdot \triangle OCB \cos\gamma + \triangle OAC \cdot \triangle OAB \cos\alpha + \triangle OAB \cdot \triangle OBC \cos\beta) \tag{21}$$

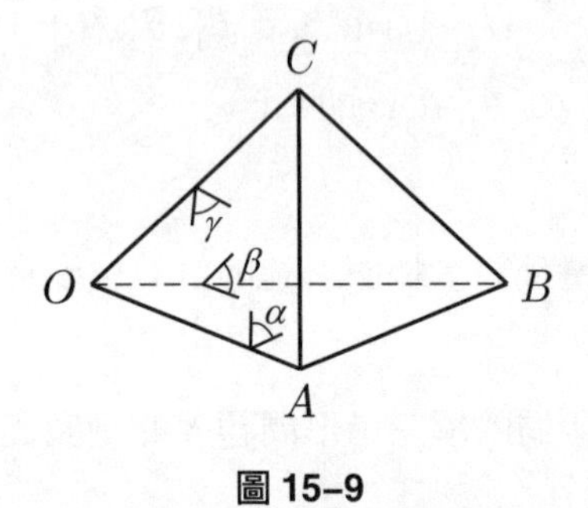

圖 15–9

這個定理的證明，只需要用到向量的內積與外積演算以及

$$\vec{a} + \vec{b} + \vec{c} + \vec{d} = \vec{0} \tag{22}$$

其中向量 $\vec{a}, \vec{b}, \vec{c}, \vec{d}$ 分別代表四面體各面向外的法向量，且其大小分別為 $\triangle OAB$、$\triangle OBC$、$\triangle OCA$ 與 $\triangle ABC$ 之面積。

3. n 維歐氏空間的畢氏定理

考慮 n 維歐氏空間 $\mathbb{R}^n = \{(x_1, x_2, \cdots, x_n) : x_k \in \mathbb{R}\}$，對於任意兩向量 $\vec{u} = (x_1, x_2, \cdots, x_n)$ 與 $\vec{v} = (y_1, y_2, \cdots, y_n)$ 的內積定義為

$$\vec{u} \cdot \vec{v} = x_1 y_1 + x_2 y_2 + \cdots + x_n y_n \tag{23}$$

內積可以捕捉住：長度、角度、垂直、投影等幾何概念，還有力學裡作功的概念。我們可以說，內積構造是這些幾何概念的精煉。

事實上，我們可以推得：

(i) $\vec{u}\cdot\vec{u}=x_1^2+x_2^2+\cdots+x_n^2=\|\vec{u}\|^2$

(ii) $\vec{u}\cdot\vec{v}=0\Leftrightarrow\vec{u}\perp\vec{v}$ （垂直）

(iii) $\vec{u}\cdot\vec{v}=\|\vec{u}\|\cdot\|\vec{v}\|\cos\theta$，$\theta$ 為 $\vec{u}$ 與 $\vec{v}$ 之夾角

特別是，當 $\vec{v}$ 取為單位向量時，$\vec{u}\cdot\vec{v}=\|\vec{u}\|\cos\theta$ 就表示 $\vec{u}$ 在 $\vec{v}$ 方向的投影。為了將畢氏定理（即定理 3）推廣到 $\mathbb{R}^n$ 空間，我們考慮 $\mathbb{R}^n$ 中的 m 個向量 $(m\le n)$ 所決定的 m 維平行多面體 (m-Parallelepiped)，作為 $\mathbb{R}^3$ 空間中的平行四邊形的類推。

設 $m\le n$，並且 $\overrightarrow{v_1}, \overrightarrow{v_2}, \cdots, \overrightarrow{v_m}$ 為 $\mathbb{R}^n$ 中的 m 個線性獨立向量 (linearly independent vectors)，則集合

$$P(\overrightarrow{v_1}, \overrightarrow{v_2}, \cdots, \overrightarrow{v_m})$$
$$=\{\vec{v}:\vec{v}=t_1\overrightarrow{v_1}+t_2\overrightarrow{v_2}+\cdots+t_m\overrightarrow{v_m},\ 0\le t_k\le 1,\ k=1, 2, \cdots, m\}$$

叫做由 $\overrightarrow{v_1}, \overrightarrow{v_2}, \cdots, \overrightarrow{v_m}$ 所生成的 m 維平行多面體。例如，圖 15–10 為三維平行多面體，事實上，它就是平行六面體。

注意：一維與二維平行多面體，分別就是線段與平行四邊形。

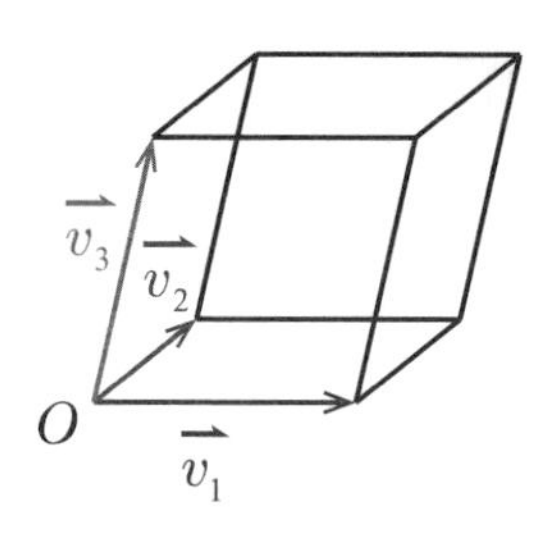

圖 15–10

甲、如何求 m 維平行多面體的體積？

我們從最簡單的情況切入，抓住形式本質，再飛躍到一般情形。

(a) 一維平行多面體的體積就是線段的長度：

$$P(\overrightarrow{v_1}) \text{ 的體積} = \overrightarrow{v_1} \text{ 的長度} = \left\|\overrightarrow{v_1}\right\| = \sqrt{\overrightarrow{v_1}\cdot\overrightarrow{v_1}} \tag{24}$$

(b) 二維平行多面體的體積就是平行四邊形的面積：

$$P(\overrightarrow{v_1}, \overrightarrow{v_2}) \text{ 的體積} = \text{由 } \overrightarrow{v_1} \text{ 與 } \overrightarrow{v_2} \text{ 所決定的平行四邊形的面積}$$

$$= \sqrt{G(\overrightarrow{v_1}, \overrightarrow{v_2})} = \sqrt{\det\left[\begin{bmatrix}\overrightarrow{v_1}\\ \overrightarrow{v_2}\end{bmatrix}\cdot(\overrightarrow{v_1}, \overrightarrow{v_2})\right]} \tag{25}$$

從表面形式上看起來，(24)與(25)兩式似乎沒有相通的地方。但是，只要我們引入矩陣的記號與演算，將向量看作是矩陣的特例，並且允許向量元之矩陣，那麼(24)與(25)兩式可以改寫成一致的形式：令

$$\overrightarrow{v_k} = (x_{k1}, x_{k2}, \cdots, x_{km}),\ k = 1, 2, \cdots, m$$

則

$$\left|P(\overrightarrow{v_1}) \text{ 的體積}\right|^2 = G(\overrightarrow{v_1}, \overrightarrow{v_1}) = \det(A_1^t \cdot A_1) \tag{26}$$

其中 $A_1 = (x_{11}, x_{12}, \cdots, x_{1m}) = [\overrightarrow{v_1}]$ 看作是 1×1 型向量元矩陣，而

$A_1^t = \begin{bmatrix} x_{11} \\ \vdots \\ x_{1m} \end{bmatrix}$ 表示 A_1 的轉置矩陣。其次，

$$[P(\overrightarrow{v_1}, \overrightarrow{v_2}) \text{ 的體積}]^2 = G(\vec{v}_1, \vec{v}_2) = \det(A_2^t \cdot A_2) \tag{27}$$

其中 A_2 為 1×2 型之向量元矩陣。

由這兩個例子，我們猜測：

$$[P(\overrightarrow{v_1}, \cdots, \overrightarrow{v_m}) \text{ 的體積}]^2$$
$$= \det(A_m^t \cdot A_m)$$
$$= \begin{vmatrix} \overrightarrow{v_1}\cdot\overrightarrow{v_1} & \overrightarrow{v_1}\cdot\overrightarrow{v_2} & \cdots & \overrightarrow{v_1}\cdot\overrightarrow{v_m} \\ \overrightarrow{v_2}\cdot\overrightarrow{v_1} & \overrightarrow{v_2}\cdot\overrightarrow{v_2} & \cdots & \overrightarrow{v_2}\cdot\overrightarrow{v_m} \\ \vdots & \vdots & \cdots & \vdots \\ \overrightarrow{v_m}\cdot\overrightarrow{v_1} & \overrightarrow{v_m}\cdot\overrightarrow{v_2} & \cdots & \overrightarrow{v_m}\cdot\overrightarrow{v_m} \end{vmatrix}$$
$$= G(\overrightarrow{v_1}, \cdots, \overrightarrow{v_m}) \tag{28}$$

其中 $A_m = (\overrightarrow{v_1}, \overrightarrow{v_2}, \cdots, \overrightarrow{v_m})$ 為 $1\times m$ 型向量元矩陣。

這個猜測成立嗎？如何證明？

首先，我們要問，什麼是 m 維平行多面體的體積？我們採用歸納定義法：

(i) 由一個非零向量 $\overrightarrow{v_1}$ 所決定的一維平行多面體之體積定義為 $\|\overrightarrow{v_1}\|$；

(ii) 假設 $(\overrightarrow{v_1}, \overrightarrow{v_2}, \cdots, \overrightarrow{v_m})$ 為 m 個獨立向量並且對於 $k<m$，k 維平行多面體的體積已有定義。令 $S=\langle\overrightarrow{v_1}, \overrightarrow{v_2}, \cdots, \overrightarrow{v_k}\rangle$ 表示由 $(\overrightarrow{v_1}, \overrightarrow{v_2}, \cdots, \overrightarrow{v_k})$ 所張成的線性子空間，再令 $\vec{b}$ 表示 $\overrightarrow{v_{k+1}}$ 投影至 S 的分向量，並且 $\vec{c}=\overrightarrow{v_{k+1}}-\vec{b}$，於是 $\vec{c}$ 垂直於 S（見圖 15–11）。我們定義：

$P(\overrightarrow{v_1}, \overrightarrow{v_2}, \cdots, \overrightarrow{v_k}, \overrightarrow{v_{k+1}})$ 的體積 $=P(\overrightarrow{v_1}, \overrightarrow{v_2}, \cdots, \overrightarrow{v_k})$ 的體積 $\cdot\|\vec{c}\|$

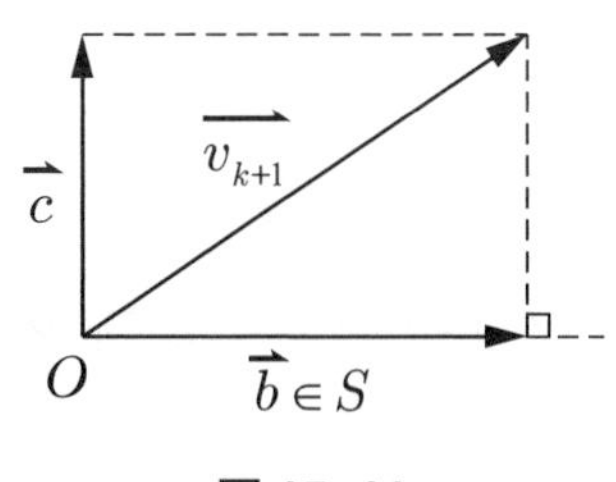

圖 15–11

注意到，如果 $\overrightarrow{v_1}, \overrightarrow{v_2}, \cdots, \overrightarrow{v_k}$ 為線性相依，則 $P(\overrightarrow{v_1}, \overrightarrow{v_2}, \cdots, \overrightarrow{v_k}, \overrightarrow{v_{k+1}})$ 的體積為 0。換言之，$P(\overrightarrow{v_1}, \overrightarrow{v_2}, \cdots, \overrightarrow{v_m})$ 的體積是指其 m 維體積。

下面我們證明(28)式成立。首先，我們觀察到：

補題

設 $\overrightarrow{a_1}, \overrightarrow{a_2}, \cdots, \overrightarrow{a_m}$ 為 $\mathbb{R}^n$ 中 m 個向量 $(m \leq n)$，令矩陣 $A = (\overrightarrow{a_1}, \overrightarrow{a_2}, \cdots, \overrightarrow{a_m})$ 且 $B = (\overrightarrow{a_1}, \overrightarrow{a_2}, \cdots, \overrightarrow{a_{m-1}}, \overrightarrow{a_m} - \alpha_1\overrightarrow{a_1} - \cdots - \alpha_{m-1}\overrightarrow{a_{m-1}})$，其中 $\alpha_1, \alpha_2, \cdots, \alpha_m \in \mathbb{R}$ 表純量，則

$$\det(A^t \cdot A) = \det(B^t \cdot B) \tag{29}$$

這個補題只不過是行列式的基本操作之結論，將一行（或列）乘以一個係數加到另一行（或列），行列式的值保持不變。

定理 6

設 $\overrightarrow{v_1}, \overrightarrow{v_2}, \cdots, \overrightarrow{v_m} \in \mathbb{R}^n$ 為 m 個獨立向量，則 m 維平行多面體：

$$P(\overrightarrow{v_1}, \overrightarrow{v_2}, \cdots, \overrightarrow{v_m}) \text{ 的體積} = \sqrt{\det(A_m^t \cdot A_m)} \tag{30}$$

其中 $A_m = (\overrightarrow{v_1}, \overrightarrow{v_2}, \cdots, \overrightarrow{v_m})$

證　明 利用 Gram-Schmidt 直交化手法與數學歸納法。

(i) 當 $m = 1, 2$ 時，(28)式化成(24)與(25)兩式，這是成立的。

(ii) 假設 $m = k > 2$ 時，(28)式成立。對於 $\overrightarrow{v_{k+1}}$，如圖 15–11 之直交化分解

$$\overrightarrow{v_{k+1}} = \vec{b} + \vec{c},$$

$$\text{其中 } \vec{b} = \alpha_1\overrightarrow{v_1} + \alpha_2\overrightarrow{v_2} + \cdots + \alpha_k\overrightarrow{v_k},\ \alpha_1, \alpha_2, \cdots, \alpha_k \in \mathbb{R}$$

並且 $\vec{c}=\overrightarrow{v_{k+1}}-\vec{b}=\overrightarrow{v_{k+1}}-\alpha_1\overrightarrow{v_1}-\cdots-\alpha_k\overrightarrow{v_k}$

垂直於 $S=\langle\overrightarrow{v_1},\overrightarrow{v_2},\cdots,\overrightarrow{v_k}\rangle$。

令矩陣 $A_{k+1}=(\overrightarrow{v_1},\overrightarrow{v_2},\cdots,\overrightarrow{v_k},\overrightarrow{v_{k+1}})$ 且 $B=(\overrightarrow{v_1},\overrightarrow{v_2},\cdots,\overrightarrow{v_k},\vec{c})$，則得

$$\det(B^t\cdot B)=\begin{vmatrix}\overrightarrow{v_1}\cdot\overrightarrow{v_1} & \cdots & \overrightarrow{v_1}\cdot\overrightarrow{v_k} & 0\\ \vdots & \cdots & \vdots & \vdots\\ \overrightarrow{v_k}\cdot\overrightarrow{v_1} & \cdots & \overrightarrow{v_k}\cdot\overrightarrow{v_k} & 0\\ 0 & \cdots & 0 & \vec{c}\cdot\vec{c}\end{vmatrix}=\|\vec{c}\|^2\begin{vmatrix}\overrightarrow{v_1}\cdot\overrightarrow{v_1} & \cdots & \overrightarrow{v_1}\cdot\overrightarrow{v_k}\\ \vdots & \vdots & \vdots\\ \overrightarrow{v_k}\cdot\overrightarrow{v_1} & \cdots & \overrightarrow{v_k}\cdot\overrightarrow{v_k}\end{vmatrix}$$

由歸納假設與補題知

$$\begin{aligned}\det(A_{k+1}^t\cdot A_{k+1})&=\det(B^t\cdot B)\\&=\|\vec{c}\|^2\cdot[P(\overrightarrow{v_1},\overrightarrow{v_2},\cdots,\overrightarrow{v_k})\text{ 的體積}]^2\\&=[P(\overrightarrow{v_1},\overrightarrow{v_2},\cdots,\overrightarrow{v_k},\overrightarrow{v_{k+1}})\text{ 的體積}]^2\end{aligned}$$

所以 $m=k+1$ 時，(28)式也成立。 ∎

對於任何 m 個向量 $\overrightarrow{a_1},\overrightarrow{a_2},\cdots,\overrightarrow{a_m}$，令矩陣 $A=[\overrightarrow{a_1},\overrightarrow{a_2},\cdots,\overrightarrow{a_m}]$，則 Gram 行列式

$$G(\overrightarrow{a_1},\overrightarrow{a_2},\cdots,\overrightarrow{a_m})=\det(A^t\cdot A)$$

代表由 $\overrightarrow{a_1},\overrightarrow{a_2},\cdots,\overrightarrow{a_m}$ 所決定的平行多面體的體積平方，因此，下面的推論是顯然的：

推論 1

(i) $G(\overrightarrow{a_1},\overrightarrow{a_2},\cdots,\overrightarrow{a_m})\geq 0$

(ii) $\overrightarrow{a_1},\overrightarrow{a_2},\cdots,\overrightarrow{a_m}$ 線性獨立 $\Leftrightarrow G(\overrightarrow{a_1},\overrightarrow{a_2},\cdots,\overrightarrow{a_m})>0$

推論 2（Hadamard 行列式不等式）

(i) $\det(A^t \cdot A) \le \|\overrightarrow{a_1}\|^2 \cdots \|\overrightarrow{a_m}\|^2$

(ii) 如果 $m=n$，則 $\det(A) \le \|\overrightarrow{a_1}\| \cdots \|\overrightarrow{a_n}\|$

推論 3

設 $\overrightarrow{v_1}, \overrightarrow{v_2}, \cdots, \overrightarrow{v_n} \in \mathbb{R}^n$ 且 $A=(\overrightarrow{v_1}, \overrightarrow{v_2}, \cdots, \overrightarrow{v_n})$ 所決定的 n 維平行多面體的體積為 $|\det(A)|$。換言之，$\det(A)$ 代表 n 維平行多面體的有號體積。

乙、高維空間的畢氏定理

現在我們可以將三維歐氏空間的畢氏定理（定理 3）推廣到 n 維歐氏空間。結論很容易猜測到：一個 m 維平行多面體的體積平方，等於它投影到各個 m 維坐標空間的體積平方和。這同時含納了定理 2 與定理 6 為特例。

設 $\overrightarrow{v_1}, \overrightarrow{v_2}, \cdots, \overrightarrow{v_m} \in \mathbb{R}^n$ $(m \le n)$。考慮矩陣 $A=(\overrightarrow{v_1}, \overrightarrow{v_2}, \cdots, \overrightarrow{v_m})$，這可以看成 $n \times m$ 型矩陣。如果 $I=(i_1, i_2, \cdots, i_m)$ 滿足 $1 \le i_1 \le i_2 \le \cdots \le i_m \le n$，則稱 I 為從 1, 2, 3, ⋯, n 中取出 m 元遞升指標。令 A_I 表示從矩陣 A 中取出 $i_1, i_2, \cdots, i_m$ 列所成的 $n \times m$ 型子矩陣。

定理 7（n 維歐氏空間的畢氏定理）

設 $\overrightarrow{v_1}, \overrightarrow{v_2}, \cdots, \overrightarrow{v_m}$ 為 $\mathbb{R}^n$ 中的任何 m 個向量，則

$$G(\overrightarrow{v_1}, \overrightarrow{v_2}, \cdots, \overrightarrow{v_m}) = \sum_{[I]} [\det(A_I)]^2 \tag{31}$$

其中 $\sum$ 表示對 1, 2, 3, ⋯, n 的所有 m 元遞升指標求和，因此總共有 C_m^n 項。

〔證　明〕 假設矩陣

$$\overrightarrow{v_1}=\begin{bmatrix} v_{11} \\ \vdots \\ v_{1n} \end{bmatrix}, \cdots, \overrightarrow{v_m}=\begin{bmatrix} v_{m1} \\ \vdots \\ v_{mn} \end{bmatrix}$$

$$A=(\overrightarrow{v_1}, \overrightarrow{v_2}, \cdots, \overrightarrow{v_m})=\begin{bmatrix} v_{11} & v_{21} & \cdots & v_{m1} \\ v_{12} & v_{22} & \cdots & v_{m2} \\ \vdots & \vdots & \cdots & \vdots \\ v_{1n} & v_{2n} & \cdots & v_{mn} \end{bmatrix}$$

令 $G(A)=\det(A^t \cdot A)$，且 $F(A)=\sum_{[I]}[\det(A_I)]^2$。我們要證明：

$$G(A)=F(A) \tag{32}$$

對所有 $n\times m$ 型矩陣 A 皆成立。我們分成五個步驟：

(i) 當 $m=1$ 或 $m=n$ 時，(32)式成立：若 $m=1$，則

$$G(A)=\sum_{i=1}^{n} v_{1i}^2=F(A)$$

若 $m=n$，則求和只有一項而已，並且有 $G(A)=|\det(A)|^2=F(A)$。

(ii) 若 $\overrightarrow{v_1}, \overrightarrow{v_2}, \cdots, \overrightarrow{v_m}$ 為直交 (orthogonal)，則

$$G(A)=\|\overrightarrow{v_1}\|^2\cdot\|\overrightarrow{v_2}\|^2\cdots\|\overrightarrow{v_m}\|^2$$

(iii) 由行列式的性質知，A 的兩行互換或一行乘以一個常數加到另一行，並不影響 F 或 G 的值。

(iv) 經過 Gram-Schmidt 直交化手法與(iii)之操作，可以將 A 的各行向量變成直交並且呈下形

$$\begin{bmatrix} * & \cdots & * & * \\ 0 & \cdots & 0 & \lambda \end{bmatrix}$$

其中 $\lambda\neq 0$ 或 $\lambda=0$，這樣並不影響 F 或 G 的值。

(v) 現在對空間的維數 n 進行歸納法證明：當 $n=1$ 時，則 $m=1$，由(i)證畢。當 $n=2$ 時，則 $m=1$ 或 $m=2$，仍然由(ii)證畢。

假設對於 A 的列數比 n 少的情形 $F(A)=G(A)$。令 A 為 $n\times m$ 型矩陣，由(i)知，只需考慮 $1<m<n$ 就好了。由(iv)知，可設 A 如下形

$$A=\begin{bmatrix} \overrightarrow{b_1} & \cdots & \overrightarrow{b_{m-1}} & \overrightarrow{b_m} \\ 0 & \cdots & 0 & \lambda \end{bmatrix}$$

其中 $b_i\in\mathbb{R}^{n-1}$ 皆為直交，因為 A 的每一行向量在 $\mathbb{R}^n$ 中已直交。令

$$B=(\overrightarrow{b_1},\cdots,\overrightarrow{b_m}) \text{ 且 } C=(\overrightarrow{b_1},\cdots,\overrightarrow{b_{m-1}})$$

由(ii)知

$$\begin{aligned} F(A)&=\left\|\overrightarrow{b_1}\right\|^2\cdots\left\|\overrightarrow{b_{m-1}}\right\|^2\left(\left\|\overrightarrow{b_m}\right\|^2+\lambda^2\right) \\ &=F(B)+\lambda^2F(C) \end{aligned}$$

其次計算 $G(A)$。將求和式按 i_m 分成兩部分

$$G(A)=\sum_{i_m<n}\left|\det(B_I)\right|^2+\sum_{i_m=n}\left|\det(A_I)\right|^2$$

令 $I=(i_1,i_2,\cdots,i_m)$ 為遞升的 m 元指標。如果 $i_m<n$，則 $A_I=B_I$，於是

$$G(B)=\sum_{i_m<n}\left|\det(B_I)\right|^2+\sum_{i_m=n}\left|\det(A_I)\right|^2$$

如果 $i_m=n$，則

$$\det(A(i_1,i_2,\cdots,i_{m-1},n))=\pm\lambda\cdot\det(C(i_1,i_2,\cdots,i_{m-1}))$$

所以 $$\sum_{i_m=n}\left|\det(A_I)\right|^2=\lambda^2G(C)$$

從而 $$G(A)=G(B)+\lambda^2G(C)$$

由歸納法假設知 $F(B)=G(B)$ 且 $F(C)=G(C)$，

因此 $F(A)=G(A)$。

4. 幾何的向量代數化

歐氏幾何不外是研究空間與圖形的長度、角度、垂直、面積、體積，以及全等與相似等等。歐氏採取公理化的推理手法（或所謂的綜合法）來研究幾何。由於不能施展代數演算，所以長久以來難以進展。直到 17 世紀，笛卡兒與費瑪發明解析幾何，引入坐標系，將平面上的點 P 與數對 (x, y) 對應起來，使得幾何圖形與方程式可以互相轉化，溝通了幾何與代數。不過，這種轉化方法還是有其局限性，因為點 $P=(x, y)$ 無法作運算。

到了 19 世紀，再引入向量的代數演算體系，幾何完全向量代數化。代數的威力才真正發揮。幾何的向量代數化，整個構想相當單純，只包括：一個概念（即向量），以及四種演算（即向量加法、係數乘法、內積與外積）。它們滿足一些運算律，運算律就是代數學的「憲法」。

對於三維空間的情形，要將空間向量化很容易：將點 $P=(x, y, z)$ 看作是從原點 O 到 P 的位置向量（或有向線段）$\overrightarrow{OP}$ 就好了。所有的（位置）向量全體就是一個向量空間。向量的概念（具有方向與大小的量）在大自然的運動現象中隨處可見，例如作用力、速度、加速度等等。在研究幾何圖形的全等時，歐氏採用移形疊合的手法，後世更進一步採用「變換法」來研究幾何。這些都涉及空間的搬動，其中以空間的平移為最基本。空間的一個平移（乾坤大挪移）就是一個向量，有方向也有大小。

空間兩個平移的合成，就對應兩向量的加法，即平行四邊形法則。其次，歐氏幾何研究圖形的相似，這就是空間的伸縮，對應了向量與純量的係數乘法。

畢氏定理的「二元化」或物理學中的「作功」，就產生了內積運算。它吸納了長度、角度、垂直、投影等重要的幾何概念。最後，考慮空間的一個平移相對於另一個平移的旋轉量或物理學的力矩概念，就產生了外積運算，它含納了有號面積這個幾何要素。

因此，我們可以說，大自然不但提供了數學素材，而且還啟示我們數學方法。從大自然的運動或空間的「乾坤大挪移」所精煉出來的向量代數大法，果然是威力強大。不但在物理學中有大用，而且更是研究幾何學的一個根本大法。它可以更有系統地用計算來處理幾何問題，並且可以推展到高維空間，超乎歐氏幾何的範圍，發展出向量分析與線性代數。

愛因斯坦 5 歲時觀察羅盤針，對其恆指著南北向的現象，得到生平第一次驚奇，深深地感受到空間的神奇奧祕。到了 12 歲，首次接觸歐氏幾何，對其所展示的明確性與證明，又得到生平第二次驚奇。兩次都跟幾何有密切的關係，影響著他一生的科學思想之發展。

對事物的驚奇感 (the sense of wondering) 與對大自然的規律感 (the sense of orders)，以及對事物的追尋、發現過程的親身體驗，這些都是最寶貴的經驗，在科學教育中應該大大地強調。

參考文獻

1. 黃敏晃〈畢氏定理的一些推廣(一)〉《數學傳播》第 8 卷第 2 期，1984。
2. 黃敏晃〈畢氏定理的一些推廣(二)〉《數學傳播》第 8 卷第 3 期，1984。
3. 黃敏晃〈畢氏定理的一些推廣(三)〉《數學傳播》第 9 卷第 1 期，1985。
4. 蔡聰明〈四邊形的面積〉《數學傳播》第 17 卷第 3 期，1993。
5. 王九逵、胡門昌〈談向量的外積〉《數學傳播》第 4 卷第 3 期，1980。
6. Crowe, M. J., *A History of Vector Analysis*, Univ. of Notre Dame Press, 1967.
7. Coolidge, J. L., *A History of Geometrical Methods*, Dover, 1963.
8. Schneebeli, H. R., Pythagoras-Space Traveller with a one-way Ticket, *Mathematics Magazine* 66: 283–289, 1993.

16 幾個常用的不等式

1. 行列式的觀點
2. 一些推廣
3. 算幾平均不等式
4. 應用到極值問題
5. Cauchy-Schwarz 不等式
6. 排序不等式
7. 統計的相關係數
8. 結語

行列式是數（一階行列式）的推廣，緊密連結矩陣與線性變換，在線性代數中扮演著重要的角色。中學生最早遇到的是，解一次聯立方程組時，用行列式來表達解答就得到 Cramer 公式。行列式的幾何意義是，由各行的行向量所張成的平行多面體之有號體積，包括二維時的有號面積，或線性變換的放大率。

本章我們要來闡釋行列式在代數上的另一個用途。我們由一個簡單的因式分解公式切入，利用行列式把一些代數的因式分解公式與相關的不等式連結在一起。例如算幾平均不等式與 Cauchy-Schwarz 不等式，這是中學數學最重要的兩個不等式。其中的 Cauchy-Schwarz 不等式緊密連結到統計迴歸分析中的相關係數。

我們特別要介紹**排序不等式** (Rearrangement inequality)，用它來統合本章所介紹的不等式。目前的中學數學被批評為零碎，不連貫，造成學習上的沒有效率。排序不等式正好可以當作一個範例，呈現統合與連貫的精神。

1. 行列式的觀點

中學生都遇過下面的因式分解公式：

$$a^3+b^3+c^3-3abc=(a+b+c)(a^2+b^2+c^2-ab-bc-ca) \tag{1}$$

許多學生都只是把它背記下來，然後作雙向的運用。這樣的學習是被動的，填鴨式的，孤立的，不容易得到數學的理解與樂趣。

若要對(1)式作一番驗證，以求得安心，不外是下列三種方法：

(i) 把右項乘開來，經過化簡，果然得到左項。

(ii) 利用配立方法，對左項作因式分解，證得(1)式。

(iii) 以 $a=-(b+c)$ 代入右項得到 0，故由因式定理得 $a^3+b^3+c^3-3abc$ 有因式 $a+b+c$。再用長除法計算 $(a^3+b^3+c^3-3abc)\div(a+b+c)$ 就得到(1)式。

先從一個簡單例子開始。大家都知道因式分解公式：

$$a^2-b^2=(a+b)(a-b) \tag{2}$$

我們給它「配音」為：乒乒 − 乓乓 = (乒 + 乓)(乒 − 乓)。

(1)式與(2)式表面上看起來似乎不相干，但是如果我們採用行列式的觀點就可以發現它們具有密切的內在的類推與推廣之連繫。

考慮二階行列式

$$\begin{vmatrix} a & b \\ b & a \end{vmatrix}=a^2-b^2 \tag{3}$$

再根據行列式的運算性質得到

$$\begin{vmatrix} a & b \\ b & a \end{vmatrix} (+) = \begin{vmatrix} a+b & a+b \\ b & a \end{vmatrix} = (a+b)\begin{vmatrix} 1 & 1 \\ b & a \end{vmatrix}$$

$$= (a+b)(a-b) \tag{4}$$

因此，(2)式只是同一個行列式的兩種演算法之結論。

值得注意的是，極端化的一階行列式 $|a|$ 其實就是實數 a 本身：$|a| = a$。換言之，行列式可以看作是實數的推廣。此地請不要將一階行列式與絕對值混淆。

2. 一些推廣

模仿(3)式，我們考慮類似的三階行列式的展開

$$\begin{vmatrix} a & b & c \\ c & a & b \\ b & c & a \end{vmatrix} = a^3 + b^3 + c^3 - 3abc \tag{5}$$

另一方面，由行列式的運算性質得到

$$\begin{vmatrix} a & b & c \\ c & a & b \\ b & c & a \end{vmatrix} (+) = \begin{vmatrix} a+b+c & a+b+c & a+b+c \\ c & a & b \\ b & c & a \end{vmatrix}$$

$$= (a+b+c)\begin{vmatrix} 1 & 1 & 1 \\ c & a & b \\ b & c & a \end{vmatrix} = (a+b+c)(a^2 + b^2 + c^2 - ab - bc - ca) \tag{6}$$

由(5)、(6)兩式立得(1)式。

因此，(1)式只是同一個行列式的兩種展現。行列式扮演著(1)式兩端的橋梁，使得兩方連結在一起。

再推廣到四階、五階，乃至更高階行列式的情形，在理論上是可行的，不過計算量會加大，並且所得到的因式分解公式也會變得很繁瑣而不切實際。簡單才會有用！

利用配方法，我們知道

$$a^2+b^2+c^2-ab-bc-ca=\frac{1}{2}[(a-b)^2+(b-c)^2+(c-a)^2]$$

從而

$$a^3+b^3+c^3-3abc=\frac{1}{2}(a+b+c)[(a-b)^2+(b-c)^2+(c-a)^2]$$

由此立即得到下面的結果：

定理 1

假設 $a, b, c \geq 0$，則

$$a^3+b^3+c^3 \geq 3abc \tag{7}$$

並且等號成立的充要條件為 $a=b=c$。

假設 $x, y, z \geq 0$。取 $a=\sqrt[3]{x}$，$b=\sqrt[3]{y}$，$c=\sqrt[3]{z}$，代入(7)式，就得到著名的三變量的算幾平均不等式：

定理 2

假設 $x, y, z \geq 0$，則

$$\frac{x+y+z}{3} \geq \sqrt[3]{xyz} \tag{8}$$

並且等號成立的充要條件為 $x=y=z$。

反過來，由(8)式也可推導出(7)式。因此，定理 1 與定理 2 是等價的。特別地，我們有兩變量的算幾平均不等式：

定理 3

假設 $x, y \geq 0$，則

$$\frac{x+y}{2} \geq \sqrt{xy} \tag{9}$$

並且等號成立的充要條件為 $x=y$。

證　明 因為負負得正，所以對任意實數 α，恆有 $\alpha^2 \geq 0$ 並且等號成立的充要條件為 $\alpha=0$。於是 $(\sqrt{x}-\sqrt{y})^2 \geq 0$，化開來就得到(9)式，並且等號成立的充要條件為 $x=y$。

3. 算幾平均不等式

進一步，我們可以將(8)與(9)式再推廣成一般 n 變量的算幾平均不等式：

定理 4

假設 $x_1, x_2, \cdots, x_n \geq 0$，$n \geq 2$，則

$$\frac{x_1+x_2+\cdots+x_n}{n} \geq \sqrt[n]{x_1 x_2 \cdots x_n} \tag{10}$$

並且等號成立的充要條件為 $x_1=x_2=\cdots=x_n$。

證　明 這個定理有 10 多種證法，此地我們採用初等的數學歸納法，不過是數學歸納法的主題變奏：先跳著前進，再後退。

(i) 前進跳躍歸納：對於 $n=2^m$ 的自然數 m 作歸納證明。

當 $m=1$ 時，$n=2^1=2$，此時由定理 3 知(10)式成立。

假設 $m\leq k$，即 $n\leq 2^k$ 時，(10)式成立，底下我們證明：

當 $m=k+1$，即 $n=2^{k+1}$ 時，(10)式也成立。

$$\begin{aligned}&\frac{x_1+x_2+\cdots+x_{2^k}+x_{2^k+1}+\cdots+x_{2^{k+1}}}{2^{k+1}}\\&=\frac{1}{2}\left(\frac{x_1+x_2+\cdots+x_{2^k}}{2^k}+\frac{x_{2^k+1}+\cdots+x_{2^{k+1}}}{2^k}\right)\\&\geq\frac{1}{2}\left(\sqrt[2^k]{x_1x_2\cdots x_{2^k}}+\sqrt[2^k]{x_{2^k+1}\cdots x_{2^{k+1}}}\right)\\&\geq\sqrt{\sqrt[2^k]{x_1x_2\cdots x_{2^k}}\sqrt[2^k]{x_{2^k+1}\cdots x_{2^{k+1}}}}\\&=\sqrt[2^{k+1}]{x_1x_2\cdots x_{2^k}x_{2^k+1}\cdots x_{2^{k+1}}}\end{aligned}$$

我們已證明了：對於 n 等於 $2, 2^2, 2^3, \cdots, 2^m, \cdots$ 的情形，(10)式都成立。

(ii) 後退歸納：假設 $n=k+1$ 時，(10)式成立，底下我們證明：當 $n=k$ 時，(10)式也成立。

令 $A_k=\dfrac{x_1+x_2+\cdots+x_k}{k}$，$G_k=\sqrt[k]{x_1x_2\cdots x_k}$，則由假設得

$$\sqrt[k+1]{x_1x_2\cdots x_kA_k}\leq\frac{x_1+x_2+\cdots+x_k+A_k}{k+1}=\frac{kA_k+A_k}{k+1}=A_k$$

利用指數律化簡，就得證 $G_k\leq A_k$。

將(i)與(ii)合起來，(10)式就及於所有自然數都成立。最後，不難看出(10)式的等號成立的充要條件為 $x_1=x_2=\cdots=x_n$。 ∎

算幾平均不等式也是一把好用的兩面刃：

推論

設 $x_1, x_2, \cdots, x_n$ 為 n 個非負的實數，則有

(i) 若其和 $x_1+x_2+\cdots+x_n=L$ 固定，則其乘積 $x_1x_2\cdots x_n$ 在 $x_1=x_2=\cdots=x_n$ 時，有最大值 $(\frac{L}{n})^n$。

(ii) 若其乘積 $x_1x_2\cdots x_n=M$ 固定，則其和在 $x_1=x_2=\cdots=x_n$ 時，有最小值 $n\sqrt[n]{M}$。

習題 1

三個非負實數 x, y, z 的乘積 $xyz=M$ 固定，試求 $x^3+y^3+z^3$ 之最小值。

4. 應用到極值問題

我們舉兩個極值問題的應用例子。

例 1

從前有一位阿倫公主，她招親時很特別，不用「拋繡球」，而採用「智商測驗」：她發給每一位男士一張邊長為 a 的正方形紙，必須在四個角截去相同的小正方形，剩下的部分摺成一個長方體容器，容積最大者就是勝利者。如果你是其中一位男士，問應如何截法？

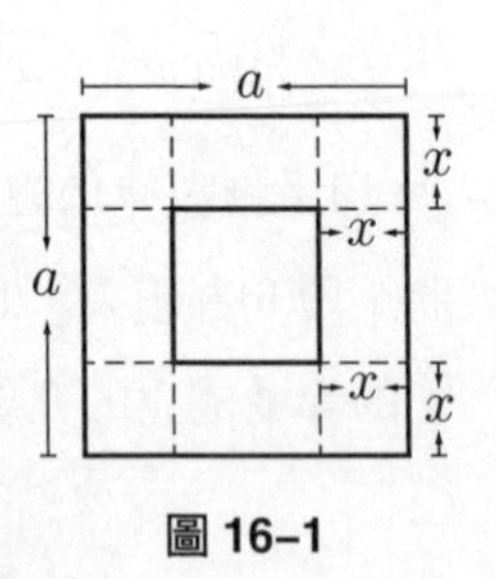

圖 16–1

〔解　答〕 設所截小正方形的邊長為 x，則長方體容器的容積為

$$V(x)=x(a-2x)^2,\ 0\leq x\leq\frac{a}{2}$$

欲求 $V(x)$ 的最大值，最方便的工具是微分法。但是此地我們要用初等的算幾平均不等式來做。為了讓 $x, a-2x, a-2x$ 之和為定數，我們改考慮函數

$$F(x)=4x(a-2x)^2,\ 0\leq x\leq\frac{a}{2}$$

這並不影響 $V(x)$ 的極值點。因為 $4x, a-2x, a-2x$ 為三個非負實數，且其和為定數 $2a$，所以由算幾平均不等式知，當 $4x=a-2x$，即 $x=\frac{a}{6}$ 時，$F(x)$ 取到最大值。從而，當 $x=\frac{a}{6}$ 時，$V(x)$ 的最大值為

$$V(\frac{a}{6})=\frac{a}{6}(a-\frac{a}{3})^2=\frac{2}{27}a^3$$ ■

例 2（1961 年 IMO 的試題）

對於三邊長為 a, b, c，面積為 A 之任意三角形，試證

$$a^2+b^2+c^2\geq 4\sqrt{3}A$$

並且等號成立的充要條件為 $a=b=c$，即三角形為正三角形。

〔證　明〕 由 Heron 公式知

$$16A^2=(a+b+c)(b+c-a)(c+a-b)(a+b-c)$$

再由算幾平均不等式

$$\frac{(b+c-a)+(c+a-b)+(a+b-c)}{3}$$
$$\geq\sqrt[3]{(b+c-a)(c+a-b)(a+b-c)}$$

得到

$$(\frac{a+b+c}{3})^3\geq(b+c-a)(c+a-b)(a+b-c)$$

因此
$$16A^2 \le (a+b+c)\left(\frac{a+b+c}{3}\right)^3$$

$$4A \le \sqrt{3}\left(\frac{a+b+c}{3}\right)^2 \le \sqrt{3}\,\frac{a^2+b^2+c^2}{3}$$

從而
$$a^2+b^2+c^2 \ge 4\sqrt{3}A$$

上述各式的等號成立之充要條件為 $a=b=c$，證畢。

習題 2

假設 $a, b, c \ge 0$，試證

$$\frac{a+b+c}{3} \le \sqrt{\frac{a^2+b^2+c^2}{3}}$$

並且等號成立的充要條件為 $a=b=c$，即算術平均小於等於方均根 (root mean square)。例 2 用到此結果。

習題 3

在 $\triangle ABC$ 內求一點 P，使得這點到三邊的距離之乘積取到最大值。

解　答　P 點為三角形的重心。

習題 4

三角形三邊長為 a, b, c，面積為 A。令 $s=\dfrac{a+b+c}{2}$，試證

$$A \le \frac{\sqrt{3}}{9}s^2$$

並且等號成立的充要條件為 $a=b=c$。

5. Cauchy-Schwarz 不等式

我們先觀察三維空間的特例，由內積與外積的定義切入。假設 $\vec{u}=(a_1, a_2, a_3)$ 與 $\vec{v}=(b_1, b_2, b_3)$ 為兩個向量，$\|\cdot\|$ 表示向量的長度，則

$$\text{內積 } \vec{u}\cdot\vec{v}=\|\vec{u}\|\|\vec{v}\|\cos\theta=a_1b_1+a_2b_2+a_3b_3$$

$$\text{外積 } \vec{u}\times\vec{v}=\|\vec{u}\|\|\vec{v}\|\sin\theta\vec{n}=\begin{vmatrix}\vec{i} & \vec{j} & \vec{k}\\ a_1 & a_2 & a_3\\ b_1 & b_2 & b_3\end{vmatrix}$$

其中 θ 為 $\vec{u}$ 與 $\vec{v}$ 的夾角，$\vec{n}$ 為單位向量並且 $\vec{u}$、$\vec{v}$ 與 $\vec{n}$ 形成右手系。兩式平方相加，又由三角學中的畢氏定理 $\cos^2\theta+\sin^2\theta=1$，立即得到三維的 Lagrange 恆等式：

$$\|\vec{u}\|^2\cdot\|\vec{v}\|^2=(\vec{u}\cdot\vec{v})^2+\|\vec{u}\times\vec{v}\|^2 \tag{11}$$

或寫成

$$\|\vec{u}\times\vec{v}\|^2=\begin{vmatrix}\vec{u}\cdot\vec{u} & \vec{u}\cdot\vec{v}\\ \vec{u}\cdot\vec{v} & \vec{v}\cdot\vec{v}\end{vmatrix}$$

用向量的分量來表示就是

$$(a_1^2+a_2^2+a_3^2)(b_1^2+b_2^2+b_3^2)$$

$$=(a_1b_1+a_2b_2+a_3b_3)^2+[(a_1b_2-a_2b_1)^2+(a_2b_3-a_3b_2)^2+(a_3b_1-a_1b_3)^2]$$

$$\text{或 } (\sum_{k=1}^{3}a_k^2)(\sum_{k=1}^{3}b_k^2)=(\sum_{k=1}^{3}a_kb_k)^2+\sum_{1\le i<j\le 3}(a_ib_j-a_jb_i)^2$$

$$\text{或 } (\sum_{k=1}^{3}a_k^2)(\sum_{k=1}^{3}b_k^2)=(\sum_{k=1}^{3}a_kb_k)^2+\frac{1}{2}\sum_{i=1}^{3}\sum_{j=1}^{3}(a_ib_j-a_jb_i)^2 \tag{12}$$

從而得到三維空間的 Cauchy-Schwarz 不等式：

$$(\vec{u}\cdot\vec{v})^2 \le \|\vec{u}\|^2\cdot\|\vec{v}\|^2 \text{ 或 } (a_1b_1+a_2b_2+a_3b_3)^2 \le (a_1^2+a_2^2+a_3^2)(b_1^2+b_2^2+b_3^2) \quad (13)$$

並且等號成立的充要條件為 $\vec{u}\times\vec{v}=\vec{0}$，或 $\vec{u}$ 與 $\vec{v}$ 為線性相依，或 $\vec{u}$ 與 $\vec{v}$ 中有一個向量可以表為另一個向量的倍數。

因此，Cauchy-Schwarz 不等式是 Lagrange 恆等式的簡單推論。注意到，我們也可以不必透過 Lagrange 恆等式，直接從內積定義加上 $|\cos\theta|\le 1$ 的性質，就得到 Cauchy-Schwarz 不等式，它跟向量內積、外積與 Lagrange 恆等式連成一體，具有密切的關係。

要將 Lagrange 恆等式推廣到一般 n 維空間的情形，只需把(12)式裡的 3 改為 n 就好了。再利用行列式的演算就可以得到證明。

定理 5（Lagrange 恆等式）

假設 $a_k, b_k, k=1, 2, 3, \cdots, n$ 為任意實數，則有

$$(\sum_{k=1}^n a_k^2)(\sum_{k=1}^n b_k^2)=(\sum_{k=1}^n a_kb_k)^2+\sum_{1\le i<j\le n}(a_ib_j-a_jb_i)^2 \quad (14)$$

證明 令

$$D=(\sum_{k=1}^n a_k^2)(\sum_{k=1}^n b_k^2)-(\sum_{k=1}^n a_kb_k)^2$$

利用行列式的性質得到

$$D=\begin{vmatrix} a_1^2+a_2^2+\cdots+a_n^2 & a_1b_1+a_2b_2+\cdots+a_nb_n \\ a_1b_1+a_2b_2+\cdots+a_nb_n & b_1^2+b_2^2+\cdots+b_n^2 \end{vmatrix}$$

$$=\sum_{i=1}^n\begin{vmatrix} a_1^2+a_2^2+\cdots+a_n^2 & a_ib_i \\ a_1b_1+a_2b_2+\cdots+a_nb_n & b_i^2 \end{vmatrix}=\sum_{i=1}^n\sum_{j=1}^n\begin{vmatrix} a_j^2 & a_ib_i \\ a_jb_j & b_i^2 \end{vmatrix}$$

$$=\sum_{i=1}^n\sum_{j=1}^n a_jb_i\begin{vmatrix} a_j & a_i \\ b_j & b_i \end{vmatrix}$$

同理，又因為

$$D=\sum_{j=1}^{n}\sum_{i=1}^{n}a_ib_j\begin{vmatrix}a_i & a_j\\ b_i & b_j\end{vmatrix}=\sum_{j=1}^{n}\sum_{i=1}^{n}a_ib_j(-1)\begin{vmatrix}a_j & a_i\\ b_j & b_i\end{vmatrix}$$

$$=\sum_{i=1}^{n}\sum_{j=1}^{n}a_ib_j(-1)\begin{vmatrix}a_i & a_j\\ b_i & b_j\end{vmatrix}=\sum_{i=1}^{n}\sum_{j=1}^{n}a_ib_j(-1)\begin{vmatrix}a_j & a_i\\ b_j & b_i\end{vmatrix}$$

所以兩式相加除以 2，得到

$$D=\frac{1}{2}\sum_{i=1}^{n}\sum_{j=1}^{n}(a_jb_i-a_ib_j)\begin{vmatrix}a_i & a_j\\ b_i & b_j\end{vmatrix}=\frac{1}{2}\sum_{i=1}^{n}\sum_{j=1}^{n}(a_jb_i-a_ib_j)^2$$

亦即

$$(\sum_{k=1}^{n}a_k^2)(\sum_{k=1}^{n}b_k^2)=(\sum_{k=1}^{n}a_kb_k)^2+\sum_{1\le i<j\le n}(a_ib_j-a_jb_i)^2$$ ◆

下面的一般 Cauchy-Schwarz 不等式只是 Lagrange 恆等式的簡單推論。

定理 6（Cauchy-Schwarz 不等式）

假設 $\vec{u}=(a_1, a_2, \cdots, a_n)$ 與 $\vec{v}=(b_1, b_2, \cdots, b_n)$ 為任意兩個 n 維向量，則有

$$(a_1b_1+a_2b_2+\cdots+a_nb_n)^2\le(a_1^2+a_2^2+\cdots+a_n^2)(b_1^2+b_2^2+\cdots+b_n^2) \tag{15}$$

或簡寫為 $(\sum_{k=1}^{n}a_kb_k)^2\le\sum_{k=1}^{n}a_k^2\sum_{k=1}^{n}b_k^2$

並且等號成立的充要條件為 $\vec{u}$ 與 $\vec{v}$ 線性相依。

我們只剩要考慮在⒂式中等號成立的充要條件，分成兩個情況：

(i) 向量 $\vec{u}$ 與 $\vec{v}$ 至少有一個為零向量，此時 Cauchy-Schwarz 不等式是顯然的

(ii) 兩向量皆不為零向量

並且等號成立的充要條件是：$|\cos\theta| = 1$。這等價於兩向量共線，即線性相依。這又等價於：

$$\text{存在常數 } \lambda \in \mathbb{R} \text{ 使得 } b_k = \lambda a_k,\ \forall k = 1, 2, \cdots, n$$

將上述推廣 n 維的情形：

採用向量記號來表示就是 $(\vec{u}\cdot\vec{v})^2 \le \|\vec{u}\|^2\|\vec{v}\|^2$；並且等號成立的充要條件：存在實數 $\lambda \ne 0$，使得 $b_k = \lambda \cdot a_k$, $k = 1, 2, \cdots, n$。也就是向量 $\vec{u}$ 與 $\vec{v}$ 的同向或反向。亦即兩個 n 維向量 $\vec{u} = (a_1, a_2, \cdots, a_n)$ 與 $\vec{v} = (b_1, b_2, \cdots, b_n)$ 為線性相依。

其次考慮等號成立的情形：(許多書都沒有處理好！)

(i) 若 $\vec{u} = (a_1, a_2, \cdots, a_n)$，$\vec{v} = (b_1, b_2, \cdots, b_n)$ 至少有一個為零向量時，則它們線性相依，此時⒂式的等號成立。

(ii) 其次，假設 $\vec{u}$ 與 $\vec{v}$ 都不是零向量。考慮二次方程式 $p(x) = (\sum_{k=1}^{n} a_k^2)x^2 - 2(\sum_{k=1}^{n} a_k b_k)x + (\sum_{k=1}^{n} b_k^2) = 0$（圖形凹口向上）。若存在實數 $\lambda \ne 0$，使得 $b_k = \lambda \cdot a_k$, $k = 1, 2, \cdots, n$，則 $p(\lambda) = 0$。此時二次方程式 $p(x) = 0$ 有相等實根，故判別式為 0，亦即 Cauchy-Schwarz 不等式中的等號成立。反過來，假設在 Cauchy-Schwarz 不等式中的等號成立，這表示二次方程式 $p(x) = 0$ 的判別式為 0，於是有相等的實根 λ，並且

$\lambda \neq 0$（$\lambda = 0$ 會導致 $\sum_{k=1}^{n} b_k^2 = 0$ 的矛盾），從而

$$(\sum_{k=1}^{n} a_k^2)\lambda^2 - 2(\sum_{k=1}^{n} a_k b_k)\lambda + (\sum_{k=1}^{n} b_k^2) = 0$$

或等價地

$$(a_1\lambda - b_1)^2 + (a_2\lambda - b_2)^2 + \cdots + (a_n\lambda - b_n)^2 = 0$$

因此 $b_k = \lambda \cdot a_k$, $k = 1, 2, \cdots, n$。這是 H. Schwarz 的巧證。

(iii) 設 $\vec{u}$ 或 $\vec{v}$ 皆為零向量，亦即 $\sum_{k=1}^{n} a_k^2 = 0$ 或 $\sum_{k=1}^{n} b_k^2 = 0$

此時則顯然 Cauchy-Schwarz 不等式成立且為等號，$\vec{u}$ 與 $\vec{v}$ 相依。

(iv) 設 $\vec{u}$ 與 $\vec{v}$ 皆為非零向量，亦即 $\sum_{k=1}^{n} a_k^2 \neq 0$ 或 $\sum_{k=1}^{n} b_k^2 \neq 0$

令 $\alpha_k = \dfrac{a_k^2}{\sum_{k=1}^{n} a_k^2}$，$\beta_k = \dfrac{b_k^2}{\sum_{k=1}^{n} b_k^2}$，代入算幾平均不等式 $\sqrt{\alpha\beta} \leq \dfrac{\alpha + \beta}{2}$ 得到

$$\frac{a_k}{\sqrt{\sum_{k=1}^{n} a_k^2}} \cdot \frac{b_k}{\sqrt{\sum_{k=1}^{n} b_k^2}} \leq \frac{1}{2}\left(\frac{a_k^2}{\sum_{k=1}^{n} a_k^2} + \frac{b_k^2}{\sum_{k=1}^{n} b_k^2}\right)$$

由 $k = 1$ 到 n 求和

$$\frac{\sum_{k=1}^{n} a_k b_k}{\sqrt{\sum_{k=1}^{n} a_k^2}\sqrt{\sum_{k=1}^{n} b_k^2}} \leq \frac{1}{2}\left(\frac{\sum_{k=1}^{n} a_k^2}{\sum_{k=1}^{n} a_k^2} + \frac{\sum_{k=1}^{n} b_k^2}{\sum_{k=1}^{n} b_k^2}\right) = \frac{1}{2}(1+1) = 1$$

二維與三維空間有自然的角度概念，但 n 維空間 $\mathbb{R}^n$, $n \geq 4$，卻沒有。此時在邏輯順序上，我們對兩個向量 $\vec{u} = (a_1, a_2, \cdots, a_n)$, $\vec{v} = (b_1, b_2, \cdots, b_n)$ 先定義

$$\text{內積為 } \vec{u} \cdot \vec{v} = \sum_{k=1}^{n} a_k b_k$$

$$\text{長度為 } \|\vec{u}\| = \sqrt{\sum_{k=1}^{n} a_k^2}$$

然後證明 Cauchy-Schwarz 不等式，再定義兩向量的夾角 θ 為：

$$\cos\theta = \frac{\vec{u}\cdot\vec{v}}{\|\vec{u}\|\|\vec{v}\|} = \frac{\sum_{k=1}^{n} a_k b_k}{\sqrt{\sum_{k=1}^{n} a_k^2}\sqrt{\sum_{k=1}^{n} b_k^2}}$$

這樣就是適定的 (well-defined)。從而才有內積的另一種定義的形式

$$\vec{u}\cdot\vec{v} = \|\vec{u}\|\|\vec{v}\|\cos\theta$$

有人不察先後的因果關係 ，誤以為 Cauchy-Schwarz 不等式只不過是 $|\cos\theta| \le 1$ 的結論

$$(\vec{u}\cdot\vec{v})^2 \le \|\vec{u}\|^2\|\vec{v}\|^2$$

習題 5

假設 $a_1, a_2, \cdots, a_n$ 為任意實數，證明：

$$\frac{a_1 + a_2 + \cdots + a_n}{n} \le \sqrt{\frac{a_1^2 + a_2^2 + \cdots + a_n^2}{n}}$$

亦即算術平均小於等於方均根。

提示：利用 Cauchy-Schwarz 不等式。

6. 排序不等式

讓我們思考一個簡單的例子：這裡有百元鈔、五百元鈔、千元鈔三種，你從中可以取 3、7、10 張，例如千元鈔取 7 張，五百元鈔取 3 張，百元鈔取 10 張，你得到的總金額為

$$1000 \times 7 + 500 \times 3 + 100 \times 10 = 9500 \text{ 元}$$

若千元鈔取 10 張，五百元鈔取 3 張，百元鈔取 7 張，得到的總金額為

$$1000 \times 10 + 500 \times 3 + 100 \times 7 = 12200 \text{ 元}$$

我們的問題是，如何取法會得到最大金額？最小金額？

習題 6

總共有 $3!=6$ 種取法，請你算出其它 4 種取法所得到的總金額。

結論是：逆序乘積之和 ≤ 亂序乘積之和 ≤ 同序乘積之和。

這叫做**排序不等式**，對於一般有 n 種選擇的情形也成立。

我們可以比喻為兩隊兵的對陣：

兵對兵，…，將對將，可得最大值

兵對將，砲對士，…，得到最小值

其它的亂序，則介於上述兩者之間。兵來將擋，上駟對下馬都是下策。

甲、二維的特殊情形

考慮兩個二維向量

$$\vec{a}=(a_1, a_2), \vec{b}=(b_1, b_2)$$

不妨假設

$$a_1 \le a_2 \text{ 且 } b_1 \le b_2$$

我們要來證明**二維的排序不等式**：

$$a_1b_2+a_2b_1 \le a_1b_1+a_2b_2 \tag{16}$$

今因

$$\begin{aligned}&(a_1b_1+a_2b_2)-(a_1b_2+a_2b_1)\\&=a_2(b_2-b_1)-a_1(b_2-b_1)=(b_2-b_1)(a_2-a_1)\ge 0\end{aligned}$$

所以(16)式成立。

我們也可以用向量內積的演算來證明⑾式。為此，令向量 $\vec{u}=(b_2, b_1)$，它跟 $\vec{b}=(b_1, b_2)$ 恰好對稱於直線 $y=x$，並且

$$\|\vec{u}\|=\|\vec{b}\|=\sqrt{b_1^2+b_2^2}$$

因為 $a_1 \le a_2$ 且 $b_1 \le b_2$，所以向量 $\vec{a}, \vec{b}, \vec{u}$ 可以圖解如下：

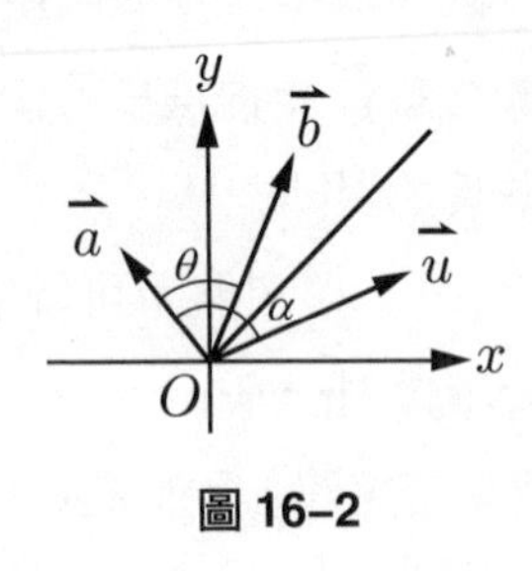

圖 16–2

令 $\vec{a}$ 與 $\vec{b}$ 的夾角為 θ，而 $\vec{a}$ 與 $\vec{u}$ 的夾角為 α，則 $\alpha>\theta$。由內積的定義知

$$\begin{aligned} a_1b_2+a_2b_1 &= \langle \vec{a}, \vec{u} \rangle = \|\vec{a}\|\|\vec{u}\|\cos\alpha \\ &\le \|\vec{a}\|\|\vec{u}\|\cos\theta = \langle \vec{a}, \vec{b} \rangle = a_1b_1+a_2b_2 \\ &\le \|\vec{a}\|\|\vec{b}\| = \sqrt{a_1^2+a_2^2}\cdot\sqrt{b_1^2+b_2^2} \end{aligned} \tag{17}$$

上式以含有排序不等式與 Cauchy-Schwarz 不等式（特例），故兩者同時得證。就排序不等式而言，當向量 $\vec{b}=(b_1, b_2)$ 的成分 b_1 與 b_2 之排序由小至大 $b_1 \le b_2$ 改成由大至小 $b_2 \ge b_1$（$\vec{a}=(a_1, a_2)$ 不動），則相應的乘積和就會從較大的 $a_1b_1+a_2b_2$ 變成較小的 $a_1b_2+a_2b_1$。

乙、n 維的一般情形

利用上述二維的特例，立即就可以證明 n 維的排序不等式。特殊可以證明一般情形，這值得留意。

令 $\vec{a}$ 與 $\vec{b}$ 為 $\mathbb{R}^n$ 中的兩個向量：

$$\vec{a}=(a_1,\ a_2,\ \cdots,\ a_n),\ \vec{b}=(b_1,\ b_2,\ \cdots,\ b_n)$$

並且

$$a_1 \le a_2 \le \cdots \le a_n,\ b_1 \le b_2 \le \cdots \le b_n$$

再令 σ 為 $\{1, 2, \cdots, n\}$ 的一個置換 (permutation)，記成

$$\sigma=\begin{bmatrix} 1, & 2, & \cdots, & n \\ \sigma(1), & \sigma(2), & \cdots, & \sigma(n) \end{bmatrix}$$

我們要來比較

$$a_1b_1+a_2b_2+\cdots+a_nb_n \text{ 與 } a_1b_{\sigma(1)}+a_2b_{\sigma(2)}+\cdots+a_nb_{\sigma(n)}$$

的大小。

如果當 $i<j$ 時，有 $\sigma(i)>\sigma(j)$，則由二維之排序不等式知

$$a_ib_{\sigma(i)}+a_jb_{\sigma(j)} \le a_ib_i+a_jb_j$$

換言之，只要 σ 將原順序 $1<2<3<\cdots<n$ 對調任何兩個，相應的乘積之和就會變小。對於置換 σ，令

$$\Sigma(\sigma) \equiv a_1b_{\sigma(1)}+a_2b_{\sigma(2)}+\cdots+a_nb_{\sigma(n)}$$

於是，當 σ 為恆等置換 I 時，即

$$I=\begin{bmatrix} 1, & 2, & \cdots, & n \\ 1, & 2, & \cdots, & n \end{bmatrix}$$

乘積之和

$$\Sigma(I) \equiv a_1b_1+a_2b_2+\cdots+a_nb_n$$

為最大。同理，當 σ 為逆序置換 r 時，即

$$r=\begin{bmatrix} 1, & 2, & 3, & \cdots, & n \\ n, & n-1, & n-2, & \cdots, & 1 \end{bmatrix}$$

乘積之和

$$\Sigma(r)\equiv a_1b_n+a_2b_{n-1}+a_3b_{n-2}+\cdots+a_nb_1$$

為最小。如此這般，我們就證明了下面的排序不等式。

定理 7（排序不等式）

$$\Sigma(r)\le\Sigma(\sigma)\le\Sigma(I) \tag{18}$$

並且等號成立的充要條件是 $a_1=a_2=\cdots=a_n$ 或 $b_1=b_2=\cdots=b_n$。

注意：跟其它不等式不同，此地我們沒有要求 a_k 與 b_k 的正負號。

推論 1

設 $a_1, a_2, \cdots, a_n$ 為實數，σ 為任何一個置換，則

$$a_1^2+a_2^2+\cdots+a_n^2\ge a_1a_{\sigma(1)}+a_2a_{\sigma(2)}+\cdots+a_na_{\sigma(n)}$$

推論 2

設 $a_1, a_2, \cdots, a_n$ 為正的實數，σ 為任何一個置換，則

$$\frac{a_1}{a_{\sigma(1)}}+\frac{a_2}{a_{\sigma(2)}}+\cdots+\frac{a_n}{a_{\sigma(n)}}\ge n$$

證　明　不妨假設 $0<a_1\le a_2\le\cdots\le a_n$，則 $\frac{1}{a_1}\ge\frac{1}{a_2}\ge\cdots\ge\frac{1}{a_n}>0$。由排序不等式（亂序之和 ≥ 逆序之和）得到

$$\frac{a_1}{a_{\sigma(1)}}+\frac{a_2}{a_{\sigma(2)}}+\cdots+\frac{a_n}{a_{\sigma(n)}}\ge\frac{a_1}{a_1}+\frac{a_2}{a_2}+\cdots+\frac{a_n}{a_n}=n$$

丙、利用排序不等式證明算幾平均不等式

我們再回到定理 4，現在改採排序不等式來證明。

定理 4

假設 $x_1, x_2, \cdots, x_n \geq 0, n \geq 2$，則

$$\frac{x_1+x_2+\cdots+x_n}{n} \geq \sqrt[n]{x_1 x_2 \cdots x_n} \tag{10}$$

並且等號成立的充要條件為 $x_1 = x_2 = \cdots = x_n$。

證明 考慮 $0 < x_1 \leq x_2 \leq \cdots \leq x_n$，令

$$G = \sqrt[n]{x_1 x_2 \cdots x_n}$$

再令

$$a_1 = \frac{x_1}{G},\ a_2 = \frac{x_1 x_2}{G^2},\ \cdots,\ a_n = \frac{x_1 x_2 \cdots x_n}{G^n} = 1$$

由推論 2 得到

$$\begin{aligned} n \leq \frac{a_1}{a_n} + \frac{a_2}{a_1} + \cdots + \frac{a_n}{a_{n-1}} &= \frac{x_1}{G} + \frac{x_2}{G} + \cdots + \frac{x_n}{G} \\ &= \frac{x_1+x_2+\cdots+x_n}{G} \end{aligned}$$

從而

$$\frac{x_1+x_2+\cdots+x_n}{n} \geq \sqrt[n]{x_1 x_2 \cdots x_n}$$

等號成立 $\Leftrightarrow a_1 = a_2 = \cdots = a_n \Leftrightarrow x_1 = x_2 = \cdots = x_n$。

丁、利用排序不等式證明 Cauchy-Schwarz 不等式

我們回到定理 6，改採排序不等式來證明。

定理 6（Cauchy-Schwarz 不等式）

假設 $\vec{u}=(a_1, a_2, \cdots, a_n)$ 與 $\vec{v}=(b_1, b_2, \cdots, b_n)$ 為任意兩個 n 維向量，則有

$$(a_1b_1+a_2b_2+\cdots+a_nb_n)^2 \le (a_1^2+a_2^2+\cdots+a_n^2)(b_1^2+b_2^2+\cdots+b_n^2) \quad (15)$$

$$\text{或簡寫為 } (\sum_{k=1}^{n} a_kb_k)^2 \le \sum_{k=1}^{n} a_k^2 \sum_{k=1}^{n} b_k^2$$

並且等號成立的充要條件為 $\vec{u}$ 與 $\vec{v}$ 線性相依。

證　明　當 $a_1=a_2=\cdots=a_n=0$ 或 $b_1=b_2=\cdots=b_n=0$ 時，結論是顯然的。否則，定義

$$R=\sqrt{a_1^2+a_2^2+\cdots+a_n^2},\ S=\sqrt{b_1^2+b_2^2+\cdots+b_n^2}$$

因為 R 與 S 皆為正數，故可令

$$x_k=\frac{a_k}{R},\ x_{n+k}=\frac{b_k}{S},\ k=1, 2, \cdots, n$$

由推論 1 得到

$$\begin{aligned} 2 &= \frac{a_1^2+a_2^2+\cdots+a_n^2}{R^2}+\frac{b_1^2+b_2^2+\cdots+b_n^2}{S^2}=x_1^2+x_2^2+\cdots+x_{2n}^2 \\ &\ge x_1x_{n+1}+x_2x_{n+2}+\cdots+x_nx_{2n}+x_{n+1}x_1+x_{n+2}x_2+\cdots+x_{2n}x_n \\ &= \frac{2(a_1b_1+a_2b_2+\cdots+a_nb_n)}{RS} \end{aligned}$$

由此立得(15)式。

7. 統計的相關係數

Cauchy-Schwarz 不等式啟發了線性相關係數。令

$$\rho=\frac{\sum_{k=1}^{n} a_kb_k}{\sqrt{\sum_{k=1}^{n} a_k^2}\sqrt{\sum_{k=1}^{n} b_k^2}}$$

則 Cauchy-Schwarz 不等式就是：

$$|\rho| \le 1 \text{ 並且等號成立} \Leftrightarrow \vec{u} \text{ 與 } \vec{v} \text{ 線性相依}$$

令 $a_k = x_k - \overline{x}$，$b_k = y_k - \overline{y}$ 就得到（線性）相關係數：

$$r = \frac{\sum_{k=1}^{n}(x_k - \overline{x})(y_k - \overline{y})}{\sqrt{\sum_{k=1}^{n}(x_k - \overline{x})^2}\sqrt{\sum_{k=1}^{n}(y_k - \overline{y})^2}}$$

它具有：$|r| \le 1$ 且等號成立 $\Leftrightarrow$ 統計數據 $\{(x_k, y_k) : k = 1, 2, \cdots, n\}$ 全部都落在迴歸直線 $y - \overline{y} = \lambda(x - \overline{x})$ 上。

利用行列式或配方法的演算，看出 Lagrange 恆等式，看出 Cauchy-Schwarz 不等式，再看出在什麼條件下 Cauchy-Schwarz 不等式會變成等式，最後洞察出相關係數的形影。

8. 結語

值得注意的是，每個不等式的背後都有個等式，而且很重要；反之亦然。同理，每個定理的背後都有個逆敘述，可能會成立。這往往使得公式或定理變成雙面刃，而且兩面都很有用。

找到一個觀點將一些數學的公式或定理統合起來，這是數學的妙趣之一。數學公式或定理，都不是孤立的，而是處在知識網中的某一個連結點上，要透過推理、類推、歸納、推廣、特殊化等的方法論來編織成知識網。這個知識網要不斷地錘煉、更新、整合、延拓，以作為吸納新知的根據地，就像蜘蛛結網捕捉獵物一般。

一次就學習一堆相關的公式，比起孤立地背記一個公式，不但更有趣，而且還可收到事半功倍的效果。支離破碎的知識只是背記的負擔，只有連貫的知識才能得到真實的理解與了悟之樂。

17 用行列式統合幾個幾何量

傾聽公式的聲音，你才能談論其它的事情。

公式只是沉默，並非沉睡。

—德國數學家 Felix Klein (1849～1925)—

1. 兩點的距離
2. 三角形的面積
3. 四面體的體積
4. 多邊形的面積
5. 醉月湖的面積

1. 一維實數線上兩點的有號距離：

$$(A, B)=x_1-x_2=\frac{1}{1!}\begin{vmatrix} x_1 & 1 \\ x_2 & 1 \end{vmatrix}$$

2. 二維坐標平面上三角形的有號面積：

$$(A, B, C)=\frac{1}{2!}\begin{vmatrix} x_1 & y_1 & 1 \\ x_2 & y_2 & 1 \\ x_3 & y_3 & 1 \end{vmatrix}=\frac{1}{2}\sum_{k=1}^{3}\begin{vmatrix} x_k & y_k \\ x_{k+1} & y_{k+1} \end{vmatrix}$$

規定 $x_4=x_1,\ y_4=y_1$。

3. 三維坐標空間中四面體的有號體積：

$$(A, B, C, D) = \frac{1}{3!}\begin{vmatrix} x_1 & y_1 & z_1 & 1 \\ x_2 & y_2 & z_2 & 1 \\ x_3 & y_3 & z_3 & 1 \\ x_4 & y_4 & z_4 & 1 \end{vmatrix}$$

右手系（或逆時針）為正號，左手系（或順時針）為負號。

4. 假設臺大醉月湖的邊界為 Γ，它的面積為

$$\frac{1}{2}\oint_{\Gamma}\begin{vmatrix} x & y \\ dx & dy \end{vmatrix} = \frac{1}{2}\oint_{\Gamma}(xdy - ydx)$$

長度（距離）、面積與體積的計算，是幾何學的重要論題。本書最後一章我們要用行列式來表現這些計算公式，達到統合、類推與推廣的效果。

我們還要將三角形的面積公式推廣到多邊形的面積公式，再作連續化就變成醉月湖（或平面上一般封閉曲線所圍成的區域）的面積公式，深深觸及微積分與向量分析的根本。

1. 兩點的距離

考慮一維直線（x 軸）上兩個點 A 與 B，坐標分別為 $A=(x_1)$ 與 $B=(x_2)$，則線段 AB 的有號長度為

$$(A, B) = x_1 - x_2 = \begin{vmatrix} x_1 & 1 \\ x_2 & 1 \end{vmatrix} = \frac{1}{1!}\begin{vmatrix} x_1 & 1 \\ x_2 & 1 \end{vmatrix} \tag{1}$$

當 A 在 B 的左側或右側時，(A, B) 分別為負或為正。在(1)式中寫成最後項的形式是為了往後的類推與推廣。

我們來考慮正、負號問題。數線向右是正向，相當於順時針；向左是逆向，相當於逆時針。觀察從 A 點到 B 點的方向，若 A 點在 B 點的左側，這是順時針方向，(A, B) 為負號，見圖 17–1；若 A 點在 B 點的右側，這是逆時針方向，(A, B) 為正號，見圖 17–2。

顯然

$$\text{兩點重合} \Leftrightarrow x_1 = x_2 \Leftrightarrow \begin{vmatrix} x_1 & 1 \\ x_2 & 1 \end{vmatrix} = 0$$

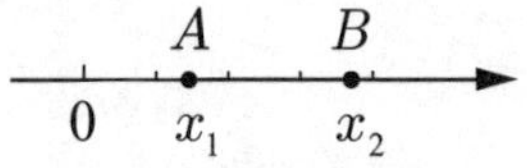

圖 17–1　順時針

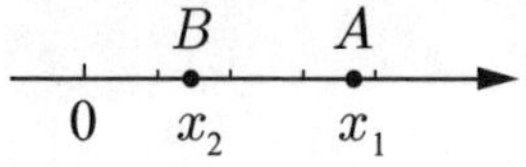

圖 17–2　逆時針

2. 三角形的面積

假設 $A = (x_1, y_1)$, $B = (x_2, y_2)$, $C = (x_3, y_3)$ 為坐標平面上的三個點，則三角形 $\triangle ABC$ 的有號面積為

$$(A, B, C) = \frac{1}{2!}\begin{vmatrix} x_1 & y_1 & 1 \\ x_2 & y_2 & 1 \\ x_3 & y_3 & 1 \end{vmatrix} \tag{2}$$

這是(1)式的類推！我們來考慮如何推得(2)式。

甲、由特例切入

考慮三個點有一點是原點的情形，亦即 $O = (0, 0)$, $A = (x_1, y_1)$, $B = (x_2, y_2)$。在圖 17–3 中，O–A–B 形成逆時針方向或右手系。在圖 17–4 中，O–A–B 形成順時針方向或左手系。

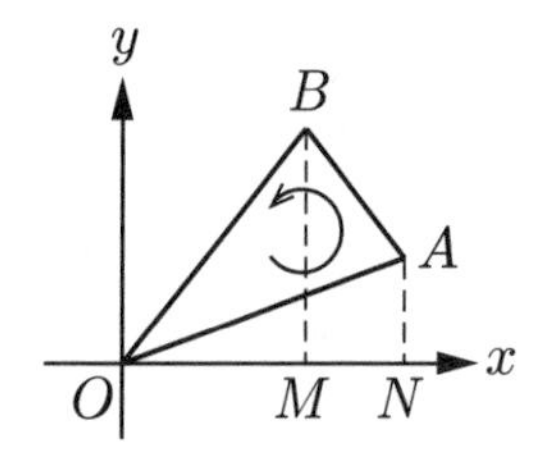

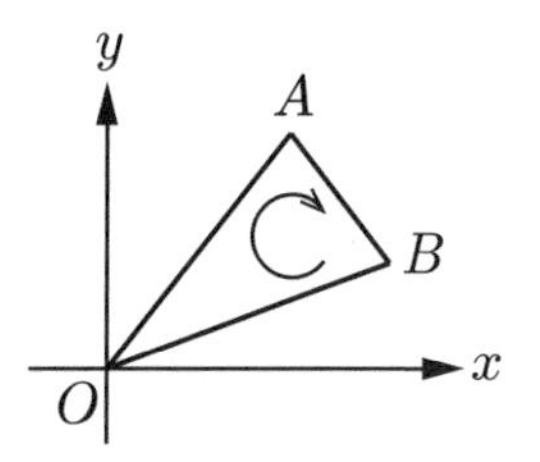

圖 17–3 逆時針或右手系　圖 17–4 順時針或左手系

我們來計算面積 (O, A, B)。在圖 17–3 中，作 $\overline{BM}$ 與 $\overline{AN}$ 垂直 x 軸，則

$$\begin{aligned}(O, A, B) &= \triangle OBM + \text{梯形 } ABMN - \triangle AON \\ &= \frac{1}{2}x_2y_2 + \frac{1}{2}[(y_1+y_2)(x_1-x_2)] - \frac{1}{2}x_1y_1 \\ &= \frac{1}{2}(x_1y_2 - x_2y_1) = \frac{1}{2}\begin{vmatrix} x_1 & y_1 \\ x_2 & y_2 \end{vmatrix} \qquad (3)\end{aligned}$$

同理，在圖 17–4 中

$$(O, A, B) = \frac{1}{2}(x_2y_1 - x_1y_2) = \frac{1}{2}\begin{vmatrix} x_2 & y_2 \\ x_1 & y_1 \end{vmatrix} \qquad (4)$$

兩者恰好差了一個正負號。

正負號可透過向量的內積與外積運算來決定：

逆時針（或右手系）為正，順時針（或左手系）為負

因此，(3)式為正，(4)式為負。

乙、一般三角形

假設 $A=(x_1, y_1)$, $B=(x_2, y_2)$, $C=(x_3, y_3)$ 為坐標平面上的三個點，見圖 17–5，這是按序逆時針的情形，所以有號面積 (A, B, C) 是正的。

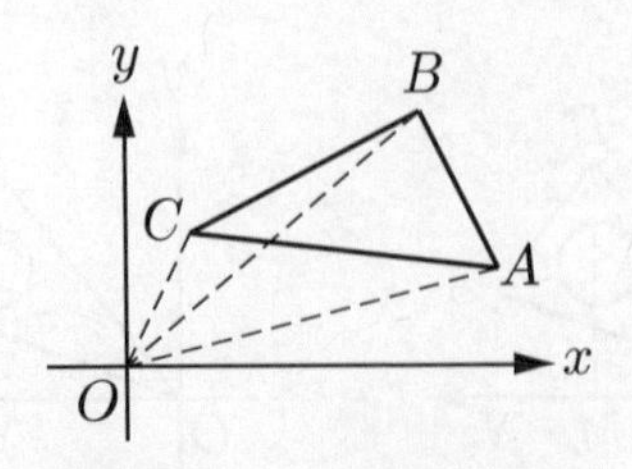

圖 17–5　逆時針或右手系

連結 $\overline{OA}$、$\overline{OB}$、$\overline{OC}$，則

$$\begin{aligned}(A, B, C) &= \triangle OAB + \triangle OBC - \triangle OAC \\ &= \frac{1}{2}\begin{vmatrix} x_1 & y_1 \\ x_2 & y_2 \end{vmatrix} + \frac{1}{2}\begin{vmatrix} x_2 & y_2 \\ x_3 & y_3 \end{vmatrix} - \frac{1}{2}\begin{vmatrix} x_1 & y_1 \\ x_3 & y_3 \end{vmatrix} \\ &= \frac{1}{2}\left[\begin{vmatrix} x_1 & y_1 \\ x_2 & y_2 \end{vmatrix} + \begin{vmatrix} x_2 & y_2 \\ x_3 & y_3 \end{vmatrix} + \begin{vmatrix} x_3 & y_3 \\ x_1 & y_1 \end{vmatrix}\right] \\ &= \frac{1}{2}\left[\begin{vmatrix} x_1 & x_2 \\ y_1 & y_2 \end{vmatrix} + \begin{vmatrix} x_2 & x_3 \\ y_2 & y_3 \end{vmatrix} + \begin{vmatrix} x_3 & x_1 \\ y_3 & y_1 \end{vmatrix}\right]\end{aligned}$$

因此 $(A, B, C) = \dfrac{1}{2}\sum_{k=1}^{3}\begin{vmatrix} x_k & x_{k+1} \\ y_k & y_{k+1} \end{vmatrix}$，其中規定 $x_4 = x_1,\ y_4 = y_1$　(5)

這又可以寫成下形：

定理 1

三點 $A = (x_1, y_1), B = (x_2, y_2), C = (x_3, y_3)$ 所形成的三角形，它的有號面積為

$$(A, B, C) = \frac{1}{2!}\begin{vmatrix} x_1 & y_1 & 1 \\ x_2 & y_2 & 1 \\ x_3 & y_3 & 1 \end{vmatrix} \qquad (6)$$

當 A、B、C 為右手系時其值為正，左手系時其值為負。

在計算上可以排成下形，由左上至右下相乘取正號，由左下至右上相乘取負號：

$$\frac{1}{2}\begin{vmatrix} x_1 & x_2 & x_3 & x_1 \\ y_1 & y_2 & y_3 & y_1 \end{vmatrix}$$

$$= \frac{1}{2}(x_1y_2 - y_1x_2 + x_2y_3 - y_2x_3 + x_3y_1 - y_3x_1) \tag{7}$$

例 1

設 $A=(1, 0)$, $B=(0, 1)$, $O=(0, 0)$，見圖 17–6，則

$$(A, B, O) = \frac{1}{2}\begin{vmatrix} 1 & 0 & 1 \\ 0 & 1 & 1 \\ 0 & 0 & 1 \end{vmatrix} = \frac{1}{2}$$ ■

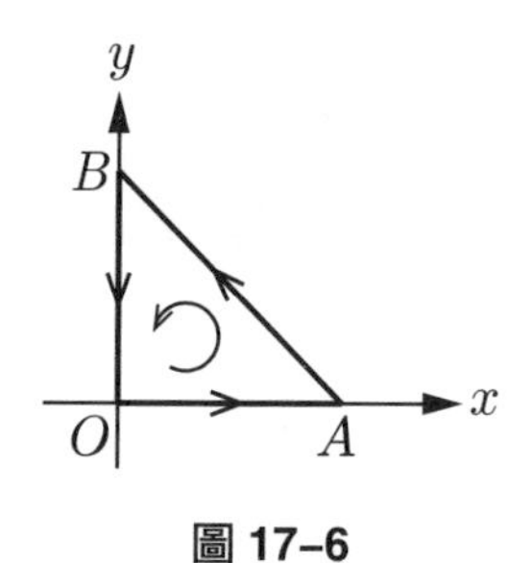

圖 17–6

例 2

設 $A=(3, 2)$, $B=(6, 6)$, $C=(-1, -1)$（右手系），則 $\triangle ABC$ 的面積為

$$(A, B, C) = \frac{1}{2}\begin{vmatrix} 3 & 2 & 1 \\ 6 & 6 & 1 \\ -1 & -1 & 1 \end{vmatrix} = \frac{7}{2}$$ ■

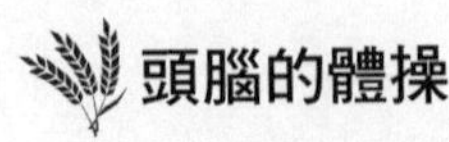

頭腦的體操

請利用 Heron 公式驗證例 2 的結果。

3. 四面體的體積

把二維平面推廣到三維空間。三角形的面積為

$$\frac{底\times高}{2}，即\ \frac{1}{2}bh$$

三角形在三維空間的類推為四面體，它的體積為

$$\frac{底\times高}{3}，即\ \frac{1}{3}Bh$$

即以 B 為底，h 為高的稜柱體體積的三分之一。

現在我們改變所給的條件。在笛卡兒坐標空間 $\mathbb{R}^3$ 中，假設四面體四個頂點的坐標為

$$A=(x_1,\ y_1,\ z_1),\ B=(x_2,\ y_2,\ z_2),\ C=(x_3,\ y_3,\ z_3),\ D=(x_4,\ y_4,\ z_4)$$

退化情形除外，見圖 17–7。如何求四面體 $ABCD$ 的體積？

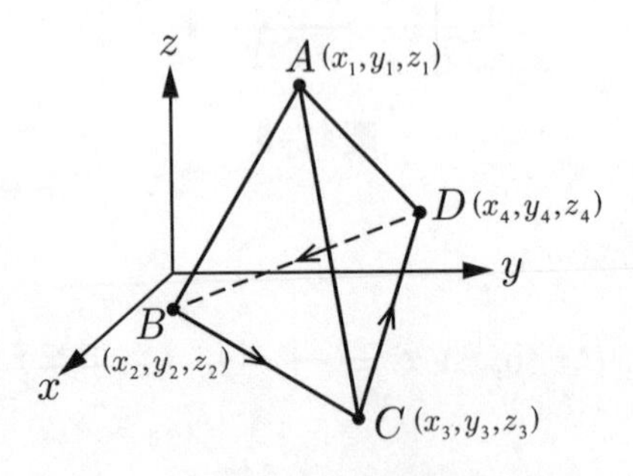

圖 17–7　四面體

我們複習向量內積與外積的定義及其幾何意義。假設

$$\vec{u}=(x_1, y_1, z_1), \vec{v}=(x_2, y_2, z_2)$$

為三維空間中的兩個向量。向量的長度（或大小）定義為

$$\|\vec{u}\|=\sqrt{x_1^2+y_1^2+z_1^2}, \|\vec{v}\|=\sqrt{x_2^2+y_2^2+z_2^2}$$

兩向量的內積有兩種等價的定義：

$$\vec{u}\cdot\vec{v}=x_1x_2+y_1y_2+z_1z_2=\|\vec{u}\|\|\vec{v}\|\cos\theta$$

其中 θ 為 $\vec{u}$ 與 $\vec{v}$ 的夾角。當 $\vec{v}$ 為單位向量時，即 $\|\vec{v}\|=1$，則 $\vec{u}\cdot\vec{v}$ 表示 $\vec{u}$ 在 $\vec{v}$ 方向的投影長度。

兩向量的外積也有兩種等價的定義：

$$\vec{u}\times\vec{v}=\begin{vmatrix} \vec{i} & \vec{j} & \vec{k} \\ x_1 & y_1 & z_1 \\ x_2 & y_2 & z_2 \end{vmatrix}=\|\vec{u}\|\|\vec{v}\|\sin\theta\vec{n}$$

其中 $\vec{n}$ 為單位向量，並且 $\vec{u}$、$\vec{v}$ 與 $\vec{n}$ 按序形成右手系。外積向量的長度

$$\|\vec{u}\times\vec{v}\|=\|\vec{u}\|\|\vec{v}\|\sin\theta$$

表示向量 $\vec{u}$ 與 $\vec{v}$ 所張拓出的平行四邊形的面積，見圖 17–8。

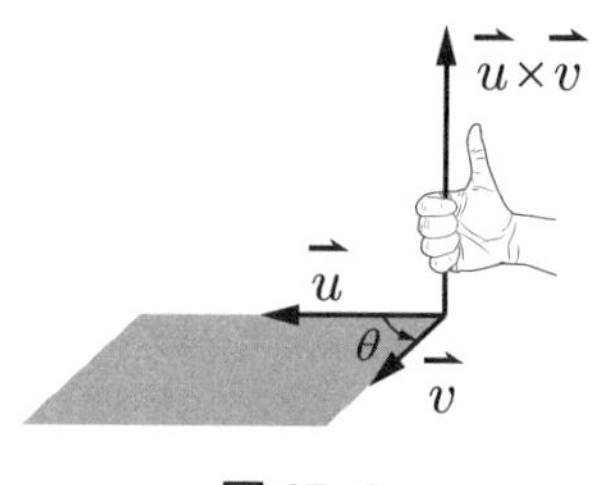

圖 17–8

最後，考慮純量三重積 (scalar triple product)。假設空間中三個向量

$$\vec{u}=(x_1, y_1, z_1),\ \vec{v}=(x_2, y_2, z_2),\ \vec{w}=(x_3, y_3, z_3)$$

張拓成一個平行六面體，見圖 17–9。

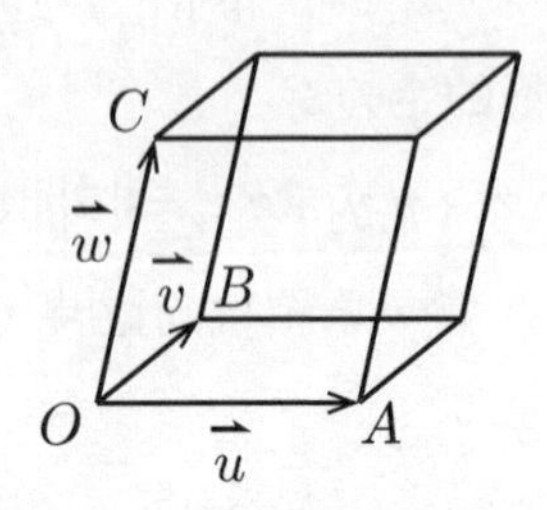

圖 17–9 平行六面體

根據向量外積的定義

$$\vec{u}\times\vec{v}=\begin{vmatrix} \vec{i} & \vec{j} & \vec{k} \\ x_1 & y_1 & z_1 \\ x_2 & y_2 & z_2 \end{vmatrix}=(y_1z_2-y_2z_1)\vec{i}+(x_2z_1-x_1z_2)\vec{j}+(x_1y_2-x_2y_1)\vec{k}$$

計算三重積

$$\begin{aligned}(\vec{u}\times\vec{v})\cdot\vec{w}&=[(y_1z_2-y_2z_1)\vec{i}+(x_2z_1-x_1z_2)\vec{j}+(x_1y_2-x_2y_1)\vec{k}]\cdot(x_3\vec{i}+y_3\vec{j}+z_3\vec{k})\\&=x_3(y_1z_2-y_2z_1)+y_3(x_2z_1-x_1z_2)+z_3(x_1y_2-x_2y_1)\\&=\begin{vmatrix} x_1 & y_1 & z_1 \\ x_2 & y_2 & z_2 \\ x_3 & y_3 & z_3 \end{vmatrix}\end{aligned}$$

代表平行六面體的有號體積。當 $\vec{u}$、$\vec{v}$、$\vec{w}$ 按序成為右手系時，其值為正；左手系時為負。

由 $\vec{u}$、$\vec{v}$、$\vec{w}$ 所張拓出的三稜柱之體積為平行六面體之半：

$$\frac{1}{2}[(\vec{u}\times\vec{v})\cdot\vec{w}]=\frac{1}{2}\begin{vmatrix} x_1 & y_1 & z_1 \\ x_2 & y_2 & z_2 \\ x_3 & y_3 & z_3 \end{vmatrix}$$

又四面體 $AOCD$ 的體積為三稜柱之三分之一，即：

$$\frac{1}{6}[(\vec{u}\times\vec{v})\cdot\vec{w}]=\frac{1}{6}\begin{vmatrix} x_1 & y_1 & z_1 \\ x_2 & y_2 & z_2 \\ x_3 & y_3 & z_3 \end{vmatrix}$$

再回到圖 17–7 的一般四面體，我們把它做平移，使得 B 點為原點，亦即下面三個向量

$$\vec{u}=(x_3-x_2,\ y_3-y_2,\ z_3-z_2),$$
$$\vec{v}=(x_4-x_2,\ y_4-y_2,\ z_4-z_2),$$
$$\vec{w}=(x_1-x_2,\ y_1-y_2,\ z_1-z_2)$$

所張拓出的四面體 $ABCD$，其體積為

$$(A,\ B,\ C,\ D)=\frac{1}{6}[(\vec{u}\times\vec{v})\cdot\vec{w}]$$
$$=\frac{1}{6}\begin{vmatrix} x_3-x_2 & y_3-y_2 & z_3-z_2 \\ x_4-x_2 & y_4-y_2 & z_4-z_2 \\ x_1-x_2 & y_1-y_2 & z_1-z_2 \end{vmatrix}$$

根據行列式的運算性質，此式又可以寫成：

定理 2

四點 $A=(x_1,\ y_1,\ z_1)$, $B=(x_2,\ y_2,\ z_2)$, $C=(x_3,\ y_3,\ z_3)$, $D=(x_4,\ y_4,\ z_4)$ 所形成的四面體，它的有號體積為

$$(A, B, C, D) = \frac{1}{3!}\begin{vmatrix} x_1 & y_1 & z_1 & 1 \\ x_2 & y_2 & z_2 & 1 \\ x_3 & y_3 & z_3 & 1 \\ x_4 & y_4 & z_4 & 1 \end{vmatrix} \tag{8}$$

當 A、B、C、D 為右手系時其值為正，左手系時其值為負，見圖 17–10 與圖 17–11。

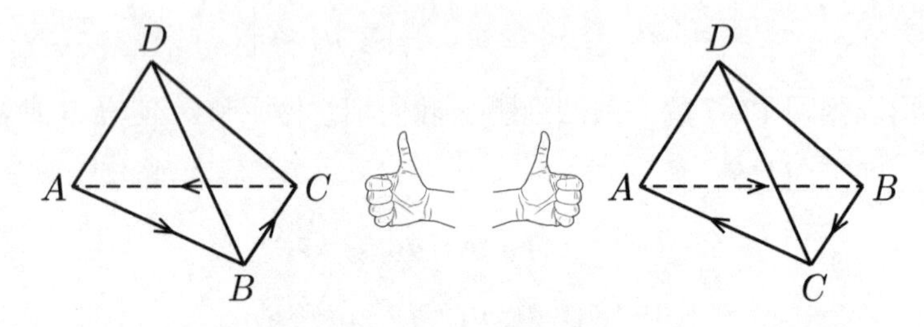

圖 17–10 *ABCD* 形成右手系　　圖 17–11 *ABCD* 形成左手系

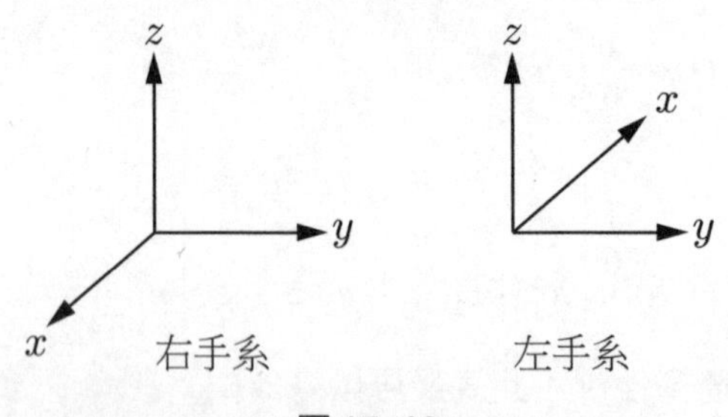

圖 17–12

例 3

設 $A=(a, 0, 0)$, $B=(0, b, 0)$, $O=(0, 0, 0)$, $C=(0, 0, c)$ （右手系），見圖 17–13，則四面體 $ABOC$ 的面積為

$$(A, B, O, C)=\frac{1}{3!}\begin{vmatrix} a & 0 & 0 & 1 \\ 0 & b & 0 & 1 \\ 0 & 0 & 0 & 1 \\ 0 & 0 & c & 1 \end{vmatrix}=\frac{1}{6}abc$$

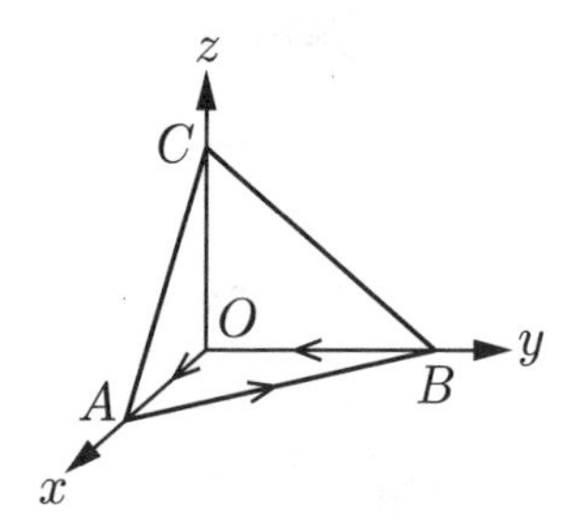

圖 17–13

4. 多邊形的面積

上述(5)式與(6)式的三角形有號面積公式

$$(A, B, C)=\frac{1}{2}\sum_{k=1}^{3}\begin{vmatrix} x_k & x_{k+1} \\ y_k & y_{k+1} \end{vmatrix}，其中規定\ x_4=x_1,\ y_4=y_1 \tag{5}$$

以及

$$(A, B, C)=\frac{1}{2!}\begin{vmatrix} x_1 & y_1 & 1 \\ x_2 & y_2 & 1 \\ x_3 & y_3 & 1 \end{vmatrix} \tag{6}$$

兩者雖然等價，但是形式不同，前者比後者更方便於推廣到平面上 n 邊形的情形：只要將求和的 $\sum_{k=1}^{3}$ 改成 $\sum_{k=1}^{n}$ 就好了。

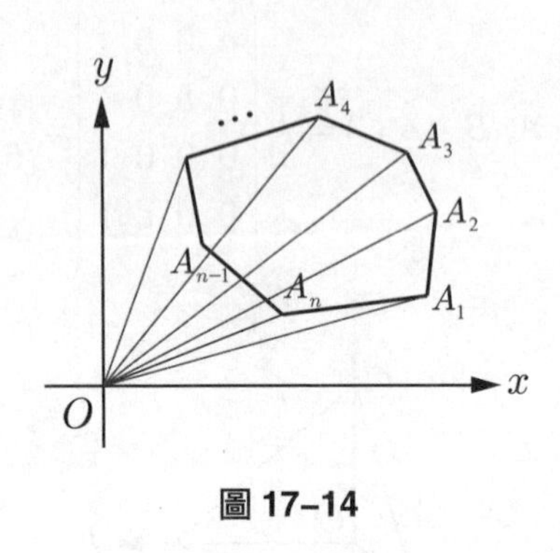

圖 17–14

假設 $A_1=(x_1,\ y_1),\ A_2=(x_2,\ y_2),\ A_3=(x_3,\ y_3),\ \cdots,\ A_n=(x_n,\ y_n)$ 為平面上 n 個點，按序形成右手系，並且連結成一個 n 邊形，見圖 17–14。連結 $\overline{OA_k},\ k=1,\ 2,\ \cdots,\ n$，得到諸三角形 $\triangle OA_1A_2,\ \triangle OA_2A_3,\ \cdots,\ \triangle OA_{n-2}A_{n-1},\ \triangle OA_{n-1}A_n,\ \triangle OA_nA_1$，前面一些是右手系，面積取正號，後面三個是左手系，面積取負號。全部加起來恰好是 n 邊形的有號面積。因此，我們得到：

定理 3

平面上 n 個點 $A_1=(x_1,\ y_1),\ A_2=(x_2,\ y_2),\ A_3=(x_3,\ y_3),\ \cdots,$ $A_n=(x_n,\ y_n)$ 形成一個右手系的 n 邊形，則其面積為

$$(A_1,\ A_2,\ A_3,\ \cdots,\ A_n)=\frac{1}{2}\sum_{k=1}^{n}\begin{vmatrix} x_k & x_{k+1} \\ y_k & y_{k+1} \end{vmatrix}\text{，規定 } x_{n+1}=x_1,\ y_{n+1}=y_1 \qquad (9)$$

此式叫做測量師公式。

頭腦的體操

六個點 (5, 2)、(6, 4)、(4, 7)、(3, 6)、(2, 4)、(3, 3) 形成一個六邊形，求其面積。

5. 醉月湖的面積

我們可以這樣看待一個圓：圓的內接正 n 邊形，當 n 趨近於無窮大時，就是圓。因此，圓可以看作無窮多邊的正多邊形，每一邊都是無窮小。

一條封閉曲線 Γ，如臺大醉月湖，可以看作是無窮多邊形，每一邊皆為無窮小。在圖 17–15 中，令 $A=(x, y)$、$B=(x+dx, y+dy)$ 為曲線 Γ 上無限靠近的兩點。連結 $\overline{OA}$ 與 $\overline{OB}$，則無窮小三角形 ΔOAB 的面積為

$$\frac{1}{2}\begin{vmatrix} x & y \\ x+dx & y+dy \end{vmatrix} \text{ 或 } \frac{1}{2}\begin{vmatrix} x & y \\ dx & dy \end{vmatrix}$$

沿著醉月湖的邊界 Γ 連續求和，即積分，就得到醉月湖的面積公式。

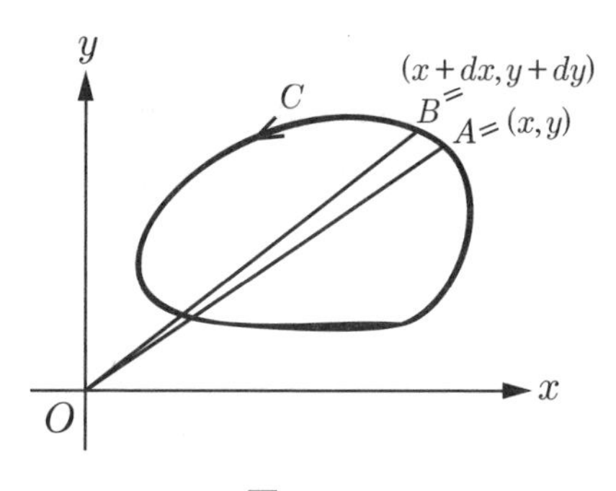

圖 17–15

定理 4

假設 Γ 為醉月湖的封閉邊界，那麼它的面積就是

$$\frac{1}{2}\oint_{\Gamma}\begin{vmatrix} x & y \\ dx & dy \end{vmatrix} = \frac{1}{2}\oint_{\Gamma}(xdy - ydx) \tag{10}$$

這是逆時針方向沿著 Γ 作線積分。

例 4

橢圓 Γ 的參數方程式為

$$\begin{cases} x = a\cos t \\ y = b\sin t \end{cases},\ 0 \le t \le 2\pi$$

橢圓的面積為

$$\frac{1}{2}\oint_{\Gamma}(xdy - ydx) = \frac{1}{2}\int_0^{2\pi}[a\cos t \cdot b\cos t - b\sin t(-a\sin t)]dt$$

$$= \frac{1}{2}ab\int_0^{2\pi}dt = \pi ab$$

這恰是通常熟悉的橢圓面積公式。 ■

最神奇的是，(10)式是一粒種子，可以生出 Green 定理，表現為兩種形式：法向式與切向式 (normal form and tangential form)，再推廣到三維空間，分別就是 Gauss 的散度定理與 Stokes 的旋度定理，深深觸及向量微積分（或向量分析）的核心，這是研究電磁學必備的工具。詳情見參考資料。

希爾伯特的話自然響起：

> 做數學的要訣在於找到那個特例，
> 它含有生成普遍結果的所有胚芽。

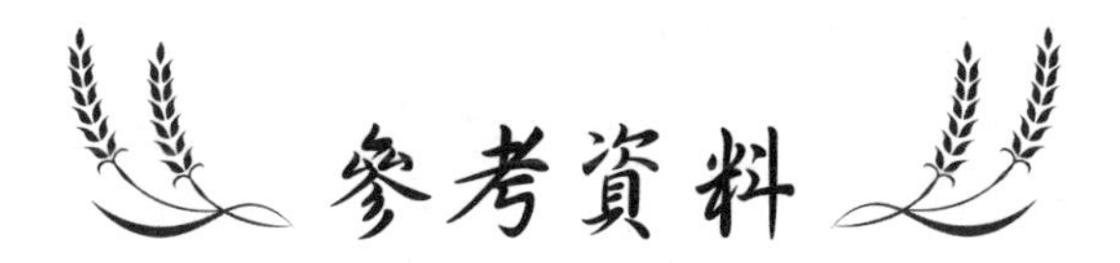

蔡聰明〈從醉月湖的面積談起：向量微積分簡介〉《數學傳播》第 21 卷第 2 期，1997。

鸚鵡螺數學叢書介紹

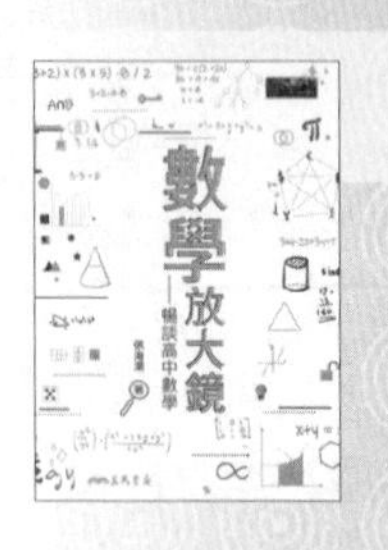

數學放大鏡 ——暢談高中數學

張海潮／

本書精選許多貼近高中生的數學議題，詳細說明學習數學議
都應該經過探索、嘗試、推理、證明而總結為定理或公式，
此才能切實理解進而靈活運用。共分成代數篇、幾何篇、極
與微積分篇、實務篇四個部分，期望對高中數學進行本質探
和正確應用，重建正確的學習之路。

數學的發現趣談

蔡聰明／

一個定理的誕生，基本上跟一粒種子在適當的土壤、陽光
氣候……之下，發芽長成一棵樹，再開花結果的情形沒有
樣——而本書嘗試盡可能呈現這整個的生長過程。讀完後，
不要忘記欣賞和品味花果的美麗！

微積分的歷史步道

蔡聰明／

微積分如何誕生？微積分是什麼？微積分研究兩類問題：求
線與求面積，而這兩弧分別發展出微分學與積分學。
微積分最迷人的特色是涉及無窮步驟，落實於無窮小的演算
極限操作，所以極具深度、難度與美。